世界海洋文化与历史研究译丛

太平洋历史
海洋、陆地与人

Pacific Histories
Ocean, Land, People

王松林　丛书主编

［美］大卫·阿米蒂奇（David Armitage）
［澳］艾利森·巴希福特（Alison Bashford）　编

杨新亮　刘春慧　蒋宜轩　译

海洋出版社

2025年·北京

图书在版编目(CIP)数据

太平洋历史：海洋、陆地与人 /（美）大卫·阿米蒂奇（David Armitage），（澳）艾利森·巴希福特（Alison Bashford）编；杨新亮，刘春慧，蒋宜轩译. 北京：海洋出版社，2025.2. --（世界海洋文化与历史研究译丛 / 王松林主编）. -- ISBN 978-7-5210-1489-1

Ⅰ. P721

中国国家版本馆 CIP 数据核字第 2025H9D634 号

版权合同登记号　图字：01-2016-4201

Taipingyang lishi：haiyang、ludi yu ren

First published in English by Palgrave Macmillan, a division of Macmillan Publishers Limited under the title Pacific Histories edited by David Armitage and Alison Bashford. This edition has been translated and published under licence from Palgrave Macmillan. The authors have asserted their rights to be identified as the authors of this work.

责任编辑：向思源　苏　勤
责任印制：安　淼

海洋出版社出版发行

http://www.oceanpress.com.cn
北京市海淀区大慧寺路 8 号　邮编：100081
鸿博昊天科技有限公司印刷　新华书店北京发行所经销
2025 年 5 月第 1 版　2025 年 5 月第 1 次印刷
开本：710 mm×1000 mm　1/16　印张：28.25
字数：300 千字　定价：98.00 元
发行部：010-62100090　总编室：010-62100034
海洋版图书印、装错误可随时退换

《世界海洋文化与历史研究译丛》
编 委 会

主　编：王松林

副主编：段汉武　杨新亮　张　陟

编　委：（按姓氏拼音顺序排列）

程　文　段　波　段汉武　李洪琴

梁　虹　刘春慧　马　钊　王松林

王益莉　徐　燕　杨新亮　应　葳

张　陟

丛书总序

　　众所周知，地球表面积的71%被海洋覆盖，人类生命源自海洋，海洋孕育了人类文明，海洋与人类的关系一直以来备受科学家和人文社科研究者的关注。21世纪以来，在外国历史和文化研究领域兴起了一股"海洋转向"的热潮，这股热潮被学界称为"新海洋学"（New Thalassology）或曰"海洋人文研究"。海洋人文研究者从全球史和跨学科的角度对海洋与人类文明的关系进行了深度考察。本丛书萃取当代国外海洋人文研究领域的精华译介给国内读者。丛书先期推出10卷，后续将不断补充，形成更为完整的系列。

　　本丛书从天文、历史、地理、文化、文学、人类学、政治、经济、军事等多个角度考察海洋在人类历史进程中所起的作用，内容涉及太平洋、大西洋、印度洋、北冰洋、黑海、地中海的历史变迁及其与人类文明之间的关系。丛书以大量令人信服的史料全面描述了海洋与陆地及人类之间的互动关系，对世界海洋文明的形成进行了全面深入的剖析，揭示了从古至今的海上探险、海上贸易、海洋军事与政治、海洋文学与文化、宗教传播以及海洋流域的民族身份等各要素之间千丝万缕的内在关联。丛书突破了单一的天文学或地理学或海洋学的学科界限，从全球史和跨学科的角度将海洋置于人类历史、文化、文学、探险、经济乃至民族个性的形成等视域中加以系统考察，视野独到开阔，材料厚实新颖。丛书的创新性在于融科学性与人文性于一体：一方面依据大量最新研究成果和发掘的资料对海洋本身的变化进行客观科学的考究；另一方面则更多地从人类文明发展史微观和宏观相结合的角度对海洋与人类的关系给予充分的人文探究。丛书在书目的选择上充分考虑著作的权威性，注重研究成果的广泛性和代表性，同时顾及著作的学术性、科普性和可读性，有关大西洋、太平洋、印度洋、地中海、黑海等海域的文化和历史研究成果均纳入译介范围。

太平洋文化和历史研究是 20 世纪下半叶以来海洋人文研究的热点。大卫·阿米蒂奇（David Armitage）和艾利森·巴希福特（Alison Bashford）编的《太平洋历史：海洋、陆地与人》（Pacific Histories: Ocean, Land, People）是这一研究领域的力作，该书对太平洋及太平洋周边的陆地和人类文明进行了全方位的考察。编者邀请多位国际权威史学家和海洋人文研究者对太平洋区域的军事、经济、政治、文化、宗教、环境、法律、科学、民族身份等问题展开了多维度的论述，重点关注大洋洲区域各族群的历史与文化。西方学者对此书给予了高度评价，称之为"一部太平洋研究的编年史"。

印度洋历史和文化研究方面，米洛·卡尼（Milo Kearney）的《世界历史中的印度洋》（The Indian Ocean in World History）从海洋贸易及与之相关的文化和宗教传播等问题切入，多视角、多方位地阐述了印度洋在世界文明史中的重要作用。作者对早期印度洋贸易与阿拉伯文化的传播作了精辟的论述,并对16世纪以来海上列强(如葡萄牙和后来居上的英国)对印度洋这一亚太经济动脉的控制和帝国扩张得以成功的海上因素做了深入的分析。值得一提的是,作者考察了历代中国因素和北地中海因素对印度洋贸易的影响,并对"冷战"时代后的印度洋政治和经济格局做了展望。

黑海位于欧洲、中亚和近东三大文化区的交会处,在近东与欧洲社会文化交融以及欧亚早期城市化的进程中发挥着持续的、重要的作用。近年来,黑海研究一直是西方海洋史学研究的热点。玛利亚·伊万诺娃(Mariya Ivanova)的《黑海与欧洲、近东以及亚洲的早期文明》(The Black Sea and the Early Civilizations of Europe, the Near East and Asia)就是该研究领域的代表性成果。该书全面考察了史前黑海地区的状况,从考古学和人文地理学的角度剖析了由传统、政治与语言形成的人为的欧亚边界。作者依据大量考古数据和文献资料,把史前黑海置于全球历史语境的视域中加以描述,超越了单一地对物质文化的描述性阐释,重点探讨了黑海与欧洲、近东和亚洲在早期文明形成过程中呈现的复杂的历史问题。

把海洋的历史变迁与人类迁徙、人类身份、殖民主义、国家形象与民族性格等问题置于跨学科视野下予以考察是"新海洋学"研究的重要内容。邓肯·雷德福(Duncan Redford)的《海洋的历史与身份:现代世界的海洋与文化》(Maritime History and Identity: The Sea and Culture in the Modern World)就是这方面的代表性著作。该书探讨了海洋对个体、群体及国家文化特性形成过程的影响，侧重考察了商业航海与海军力量对民族身份的塑造产生的影响。作者以英国皇家海军为例，阐述了强大的英国海军如何塑造了其帝国身份，英国的文学、艺术又如何构建了航海家和海军的英雄形象。该书还考察了日本、意大利和德国等具有海上军事实力和悠久航海传统的国家的海洋历史与民族性格之间的关系。作者从海洋文化与国家身份的角度切入，角度新颖，开辟了史学研究的新领域，研究成果值得海洋史和海军史研究者借鉴。此外，伯恩哈德·克莱因（Bernhard Klein）和格萨·麦肯萨恩（Gesa Mackenthun）编的《海洋的变迁：历史化的海洋》（*Sea Changes*：*Historicizing the Ocean*）对海洋在人类历史变迁中的作用做了创新性的阐释。克莱因指出，海洋不仅是国际交往的通道，而且是值得深度文化研究的历史理据。该书借鉴历史学、人类学以及文化学和文学的研究方法，秉持动态的历史观和海洋观，深入阐述了海洋的历史化进程。编者摒弃了以历史时间顺序来编写的惯例，以问题为导向，相关论文聚焦某一海洋地理区域问题，从太平洋开篇，依次延续到大西洋。所选论文从不同的侧面反映真实的和具有象征意义的海洋变迁，体现人们对船舶、海洋及航海人的历史认知，强调不同海洋空间生成的具体文化模式，特别关注因海洋接触而产生的文化融合问题。该书融海洋研究、文化人类学研究、后殖民研究和文化研究等理论于一炉，持守辩证的历史观，深刻地阐述了"历史化的海洋"这一命题。

由大卫·坎纳丁（David Cannadine）编的《帝国、大海与全球史：1763—1840年前后不列颠的海洋世界》（*Empire*, *the*

Sea and Global History: Britain's Maritime World, c. 1763-c. 1840）就18世纪60年代到19世纪40年代的一系列英国与海洋相关的重大历史事件进行了考察，内容涉及英国海外殖民地的扩张与得失、英国的海军力量、大英帝国的形成及其身份认同、天文测量与帝国的关系等；此外，还涉及从亚洲到欧洲的奢侈品贸易、海事网络与知识的形成、黑人在英国海洋世界的境遇以及帝国中的性别等问题。可以说，这一时期的大海成为连结英国与世界的纽带，也是英国走向强盛的通道。该书收录的8篇论文均以海洋为线索对上述复杂的历史现象进行探讨，视野独特新颖。

海洋文学是海洋文化的重要组成部分，也是海洋历史的生动表现，欧美文学有着鲜明的海洋特征。从古至今，欧美文学作品中有大量的海洋书写，海洋的流动性和空间性从地理上为欧美海洋文学的产生和发展提供了诸种可能，欧美海洋文学体现的欧美沿海国家悠久的海洋精神成为欧美文化共同体的重要纽带。地中海时代涌现了以古希腊、古罗马为代表的"地中海文明"和"地中海繁荣"，从而产生了欧洲的文艺复兴运动。随着早期地中海沿岸地区资本主义萌芽的兴起和航海及造船技术的进步，欧洲冒险家开始开辟新航线，发现了新大陆，相关的海上历险书写成为后人了解该时代人与大海互动的重要文献。之后，海上贸易由地中海转移至大西洋，带动大西洋沿岸地区的文学和文化的发展。一方面，海洋带给欧洲空前的物质繁荣，为工业革命的到来创造了充分的条件；另一方面，海洋铸就了沿海国家的民族性格，促进了不同民族的文学与文化之间的交流，文学思想得以交汇、碰撞和繁荣。可以说，"大西洋文明"和"大西洋繁荣"在海洋文学中得到了充分的体现，海洋文学也在很大程度上反映了沿海各国的民族性格乃至国家形象。

希腊文化和文学研究从来都是海洋文化研究的重要组成部分，希腊神话和《荷马史诗》是西方海洋文学研究不可或缺的内容。玛丽-克莱尔·博利厄（Marie-Claire Beaulieu）的专著《希腊想象中的海洋》（*The Sea in the Greek Imagination*）堪称该研究领域的一部奇书。作者把海洋放置在神界、凡界和冥界三个不同的宇宙空间的边界来考察希腊神话和想象中各种各样的海洋表征和海上航行。从海豚骑士到狄俄尼索斯、从少女到人鱼，博利厄着重挖掘了海洋在希腊神话中的角色和地位，论证详尽深入，结论令人耳目一新。西方学者对此书给予了高度评价，称其研究方法"奇妙"，研究视角"令人惊异"。在"一带一路"和"海上丝路"的语境下，中国的海洋文学与文化研究应该可以从博利厄的研究视角中得到有益的启示。把中外神话与民间传说中的海洋想象进行比照和互鉴，可以重新发现海洋在民族想象、民族文化乃至世界政治版图中所起的重要作用。

在研究海洋文学、海洋文化和海洋历史之间的关系方面，菲利普·爱德华兹（Philip Edwards）的《航行的故事：18世纪英格兰的航海叙事》（*The Story of the Voyage: Sea-narratives in Eighteenth-century England*）是一部重要著作。该书以英国海洋帝国的扩张竞争为背景，根据史料和文学作品的记叙对18世纪的英国海洋叙事进行了研究，内容涉及威廉·丹皮尔的航海经历、库克船长及布莱船长和"邦蒂"（Bounty）号的海上历险、海上奴隶贸易、乘客叙事、水手自传，等等。作者从航海叙事的视角，揭示了18世纪英国海外殖民与扩张过程中鲜为人知的一面。此外，约翰·佩克（John Peck）的《海洋小说：英美小说中的水手与大海，1719—1917》（Maritime Fiction: Sailors and the Sea in British and American Novels, 1719-1917）是英美海洋文学研究中一部较系统地讨论英美小说中海洋与民族身份之间关系的力作。该书研究了从笛福到康拉德时代的海洋小说的文化意义，内容涉及简·奥斯丁笔下的水手、马里亚特笔下的海军军官、狄更斯笔下的大海、维多利亚中期的海洋小说、约瑟夫·康拉德的海洋小说以及美国海洋小说家詹姆士·库柏、赫尔曼·麦尔维尔等的海洋书写。这是一部研究英美海洋文学与文化关系的必读参考书。

　　海洋参与了人类文明的现代化进程，推动了世界经济和贸易的发展。但是，人类对海洋的过度开发和利用也给海洋生态带来了破坏，这一问题早已引起国际社会和学术界的关注。英国约克大学著名的海洋环保与生物学家卡勒姆·罗伯茨（Callum Roberts）的《生命的海洋：人与海的命运》（The Ocean of Life: The Fate of Man and the Sea）一书探讨了人与海洋的关系，详细描述了海洋的自然历史，引导读者感受海洋环境的变迁，警示读者海洋环境问题的严峻性。罗伯茨对海洋环境问题的思考发人深省，但他对海洋的未来始终保持乐观的态度。该书以通俗的科普形式将石化燃料的应用、气候变化、海平面上升以及海洋酸化、过度捕捞、毒化产品、排污和化肥污染等要素对环境的影响进行了详细剖析，并提出了阻止海洋环境恶化的对策，号召大家行动起来，拯救我们赖以生存的海洋。可以说，该书是一部海洋生态警示录，它让读者清晰地看到海洋所面临的问题，意识到海洋危机问题的严重性；同时，它也是一份呼吁国际社会共同保护海洋的倡议书。

古希腊政治家、军事家地米斯托克利（Themistocles，公元前524年至公元前460年）很早就预言：谁控制了海洋，谁就控制了一切。21世纪是海洋的世纪，海洋更是成为人类生存、发展与拓展的重要空间。党的十八大报告明确提出"建设海洋强国"的方略，十九大报告进一步提出要"加快建设海洋强国"。一般认为，海洋强国是指在开发海洋、利用海洋、保护海洋、管控海洋方面拥有强大综合实力的国家。我们认为，"海洋强国"的另一重要内涵是指拥有包括海权意识在内的强大海洋意识以及为传播海洋意识应该具备的丰厚海洋文化和历史知识。

本丛书由宁波大学世界海洋文学与文化研究中心团队成员协同翻译。我们译介本丛书的一个重要目的，就是希望国内从事海洋人文研究的学者能借鉴国外的研究成果，进一步提高国人的海洋意识，为实现我国的"海洋强国"梦做出贡献。

王松林
于宁波大学
2025年1月

译者序

辽阔的太平洋（Pacific Ocean）位于亚洲、大洋洲、北美洲、南美洲和南极洲之间，是世界第一大洋。其水域面积约占地球水域总面积的49.8%，约占世界大洋总面积的50%，约占全球总面积的35%，是地球上最大、最深和岛屿最多的洋。太平洋南、北跨度从南极大陆海岸延伸至白令海峡，南北最长达15 800千米，东西最宽达19 500千米。

太平洋历史悠久，其名称源自受雇于西班牙的葡萄牙航海家麦哲伦。1520年10月，他率领5艘船从西班牙横渡大西洋，在其西南找到一个出口，即后来的麦哲伦海峡，从此向西航行，经过38天的惊涛骇浪后到达一个风平浪静的洋面，他由此称之为"Mare Pacificum"（太平洋）。

环太平洋地区在自然和经济方面具有丰富的多样性，能源、矿产、渔业等自然资源储量巨大。依据亚太经合组织的数据，亚太区域总人口达27亿人，约占世界总人口的40.5%；国际货币基金组织的数据显示，APEC成员经济总量约占世界经济总量的56%，贸易总量约占世界贸易总量的43%。因此，亚太区域经济在全球经济活动中具有举足轻重的地位，目前在中国、东盟及其他亚洲国家经济的驱动下，太平洋地区成为世界经济最具活力的区域。

位于太平洋西岸的世界第二大经济体中国，其大陆海岸线绵延18 000千米，主张管辖的海域面积超过300万平方千米。21世纪，人类进入了大规模开发利用海洋的新时期。我国"21世纪海上丝绸之路"倡议的实施，彰显了海洋在我国未来发展中的重要地位。因此，加强海洋文化、历史与科学研究，增强国民海洋意识，已成为社会和学界关注的热点。在此背景下，我们经过多年的努力，成功地实施了世界海洋文化与历史研究译丛项目，发掘世界海洋研究前沿成果，结合国情，翻译推介，为我国海洋发展战略的实施和海洋文化、历史学术研究提供参考和借鉴。

大卫·阿米蒂奇和艾利森·巴希福特编著的《太平洋历史：海洋、陆地与人》一书被西方学者高度评价为"一部太平洋研究的编年史"。全书分为四个部分：太平洋时代、纽带、文化与身份，"描绘了一个四维的太平洋，即岛屿和沿岸，大洋与航海"。对太平洋历史及其内涵的不同领域进行了独到的阐释和探讨，清晰地勾勒出了太平洋数千年的历史脉络，并以史为鉴，展望未来。不同的学者以各自独特的学术视野，解析了太平洋宏观的历史进程，阐释了太平洋历史进程中，环境、经济和联通，科学、法律和宗教，种族、性别和政治等要素的作用和动态的发展与演变。

鉴于此，我们把此书纳入宁波大学承担的"十三五"国家

译者序

重点出版物出版规划项目——《世界海洋文化与历史研究译丛》系列。本书由杨新亮、刘春慧、蒋宜轩合作研读、翻译。为了给读者奉献一本好书,我们花费了大约一年的时间分别通读全书。利用网上查阅、图书馆检索、书店海淘,多渠道收集海洋历史与文化方面的国内外相关文献,熟悉与海洋、历史、地理、文学、航海、原住民文化等方面相关的背景知识,把握全书的主题概要,厘清其语言特征,准确翻译著作中的术语、地名、人名和物名等,正确传达其历史和文化内涵。

为此,在翻译的过程中,我们统一列出各章频繁出现的术语、人名和地名,与丛书其他著作列表比照,然后,统一参阅出版合作单位提供的翻译参考书和电子工具书,以保证全书及整个丛书在这些方面的协调性和统一性。其中的人名和地名翻译是我们遇到的最棘手和耗时的问题,为了确保其通用性和准确性,除了参阅参考资料外,我们还参阅了大量的双语地图、相关学术翻译文献,咨询了与法语、西班牙语、荷兰语等相关的语言老师。

为把握各章翻译的衔接和连贯,我们以其中一章为样篇,通读全文,采用统一的标记,标记与主题相关的词汇群,以准确理解全篇的主题并做好主题词群的翻译。例如,我们以第七章为样篇,为了准确翻译文章题目 Movement,我们各自通读,以统一的方式标记文中出现的与题目相关的词汇群:interact, interaction, contact, cross, shift, relate to, connect, integrate, tie together, frame, relationship, association, move, intermingle, penetrate, connection, migrate, migration, link, incorporate, integration, annex, annexation, mobility, migrate, migration, immigrant, emigration, emigrant, emigrate, move away, move in, move to, globalize, globalization, communication, network, alliance, fragmentation, isolate, exclude, exclusion 以及 movement 和这些词的出现频率，参照其搭配词块 goods, labor, islanders, indigenous people, transcontinental 等，从而确定文章的中心论题"互联互通"，而不是简单的"移动、运动、迁移"。据此，我们可以宏观预测和把控全篇的主题及表达词汇块和群。

又经过半年多的艰苦工作，我们初步完成了全书的翻译、通稿和校对，终于提交了《太平洋历史：海洋、陆地与人》译著的定稿。在此我们对参与如下章节翻译的老师表示衷心的感谢：序言及第一部分由宁波大学外国语学院的杨新亮负责翻译，刘春慧校对；第二部分至第三部分由刘春慧翻译，杨新亮校对；第四部分由河南中医药大学的蒋宜轩翻译，杨新亮校对。全书最后的定稿校对由杨新亮负责。此外，感谢为此书的文献和翻译提供帮助的其他译丛项目人员。同时，欢迎大家对译著中的不妥之处批评指正。

杨新亮

2025 年 1 月

目　录

序　言　太平洋及其历史

………　大卫·阿米蒂奇，艾利森·巴希福特　（1）

第一部分　太平洋时代

第一章　原住民时代的太平洋

………………………………　戴曼·萨勒丝　（26）

第二章　太平洋：1500—1800年间的帝国前时代

………………………　乔伊斯·E. 查普林　（55）

第三章　太平洋的帝国时代

………………………　尼克拉斯·托马斯　（82）

第四章　太平洋世纪

………………………………………　入江昭　（110）

第二部分　纽　带

第五章　环　境

……………………………………　伊恩·琼斯　（136）

第六章　互联互通

……………………………………　亚当·麦克沃恩　（161）

第七章　1800年后的经济

………………………………………… 杉原熏　（189）

第三部分　文　化

第八章　宗　教

………………………………… 布朗温·道格拉斯　（222）

第九章　法　律

………………………………………… 莉萨·福特　（250）

第十章　科　学

…………………………… 苏吉特·斯瓦森达拉姆　（271）

第四部分　身　份

第十一章　种　族

………………………………… 詹姆斯·贝里奇　（298）

第十二章　社会性别

…………………………… 帕特丽西亚·奥布莱恩　（320）

第十三章　政　治

………………………………… 罗伯特·阿尔德里奇　（345）

后　记　太平洋的交叉洋流

………………………………………… 马特·松田　（373）

参考文献 ……………………………………………（383）

序 言
太平洋及其历史

大卫·阿米蒂奇，艾利森·巴希福特

大洋洲代表着人类，来自海洋深处，源自充满激情的、沉静的、深深的海底。大洋洲就是我们。

——埃波利·霍欧法《我们的岛与海》(1993)

……这个神秘又神圣的太平洋几乎辐射了世界的整个板块，把所有的海岸连成了一个大海湾，宛如地球随潮跳动的心脏。

——赫尔曼·麦尔维尔《白鲸》(1851)

太平洋通常被看作一个中心。在它的居民如汤加-斐济文人埃波利·霍欧法看来，太平洋是文化、物质和政治之源，是他们实实在在的家;[1]而在外部想象太平洋的人如美国小说家赫尔曼·麦尔维尔看来，这个心状的大洋本身就是地球的心脏。对于那个岛民霍欧法而言，太平洋就是他的世界中心，而对于麦尔维尔这个美国作家而言，它就是整个世界的中心。太平洋常常如此广泛地被视为世界的支点，那么它的历史是什么呢？如果它是不同世界依赖的中心，那么其世界历史的地位又怎样呢？

太平洋历史涉及其自身半个地球大的海域的过去。[2]与任何同样大的海洋区域相比，它基本上是一个完整的整体，一个地质结构体。太平洋涵盖了地球上由构造运动形成的最大盆地，继而又产生了环太平洋的火山和地震活动区，形成了著名的"太平洋火环"（the Ring of Fire）。[3]这些潜在的构造特征相互关联，既具破坏性，又具产生性，把大洋周围陆地上和岛上居民的命运连在了一起。在这个地质脆弱地区，地震掀起横跨半球的海啸，在整个太平洋盆地形成了间歇的灾难链。正如本书中伊恩·琼斯（Ryan Jones）看到的那样，"海啸是较好的例子，喻示了太平洋的环境史，寓指了大洋本身相通的自然力，可以远距袭击人类。"同样，这些能量巨大的地震在产生冲击波的同时，也形成了宝贵的矿产，从而引发了19世纪中期环绕太平洋的淘金潮。太平洋也有其特征鲜明的水文和气候形式，使其成为"一个独特的、系统的海洋空间"，如系统中循环的暖洋流和冷空气形成的厄尔尼诺现象/南方涛动（El Niño/Southern Oscillation，ENSO），同样也影响着印度洋、大西洋以及非洲的气候形式。因此，"独特、系统的海洋空间"是一个恰当的比喻，意味着太平洋与世界既相互关联，又相互融合。[4]

尽管太平洋盆地是一个系统的整体，但是它的历史毫无疑问却是复杂纷繁、支系庞杂的。众多的分界线跨越大洋，把它划为不同的区域。赤道从制图的视角横向一个方向把太平洋分为南北两半球，国际日期变更线则纵向蜿蜒，就像500多年前

序言 太平洋及其历史

在西班牙和葡萄牙帝国之间，依据1494年的《托德西利亚斯条约》(Treaty of Tordesillas)划的分界线一样任意。南北回归线界定了陆地、海洋和人的特征。在生物地理方面，华莱士线穿越印度尼西亚中部，确定了亚洲与澳大利亚之间的生态和动物分界线，标示了古代巽他大陆（今天的东南亚和印度尼西亚）与萨赫尔（新几内亚和澳大利亚之间曾经连接的陆地）之间的边界。

太平洋是欧洲人首先使用的名称，此前的数个世纪，他们一直称其为"南海"(South Sea)。太平洋北至北冰洋，南至南极大陆，东西横跨第180条子午线，或东西两个半球。[5]在其区域内有3个"尼西亚"(nesias)区，即密克罗尼西亚、美拉尼西亚和波利尼西亚。它们共同组成了"大洋洲"，现在也再分为"近大洋洲"和"远大洋洲"，这本来是欧洲人种族化的称谓，但是逐渐被该地区的居民接受了。[6]因此，与其他任何大洋相比，太平洋很像19世纪中期麦尔维尔想象的那样，是世界相会的地方，是人类向往的地方。

太平洋引发了些许极端的认知。20世纪20年代初期，德国地缘政治作家卡尔·豪斯霍费尔(Karl Haushofer)和麦尔维尔一样，认为太平洋成了敏感地区，不断成为政治团体和帝国代理纵横交错的竞技场。"这个庞大的三角形海域绝对是世界上最大的、最完整的生活空间。"[7]可是，就在同一年代，小说家戴维·赫伯特·劳伦斯(D. H. Lawrence)从南加州远望太平洋看到的却是空旷"沉寂的太平洋"。现在，没有人再会这样把它描述为"地球上1/4的空旷地带"，这种认知对于生活在这个浩瀚的大洋中的人而言是完全荒谬的。[8]但是，两种认知都是对太

3

平洋的辽阔而浩瀚的一种反映。太平洋从某种意义上讲能给人以整个世界的联想，这是其他大洋所不及的。

在过去的100年间，历史学家不遗余力地成功构建了人类的历史叙事，几乎涵盖了世界各地不同地域和国家之间的互动、融合及互通，形成了国际关系史、跨国史、全球史和世界史等不同的学科称谓。[9]现在，他们正聚焦世界的海与洋，努力构建那里世界交互与融合的历史。首先是地中海，被形象地比喻为文明的摇篮，即使不是一个文化整体，也是一个环境整体。[10]印度洋已成为普遍关注的商贸、移民和宗教融合的重要海域。[11]大西洋的历史不仅连接滨海的欧洲、南北美洲、加勒比海和非洲，而且本质地改变了人们对这些地区的理解。[12]这些新的历史研究，尽管仍有古代历史的脉络，但是整体上已共称为"海洋学"（thalassology），即研究转向世界的海洋、沿海和岛屿的居民以及海洋空间相互作用的方式。[13]

长期以来，虽然关注太平洋的学者整体上仍在旁观这种新兴的海洋学，有时也认为是不在意，但是，太平洋已经历史化了，而且是真实的历史存在。以此观点来看，这种新的超越民族历史的海洋研究方法相对于太平洋而言出现得晚了些。"与大西洋和印度洋相比，尽管太平洋非常辽阔，但很少受到史学的关注。"[14]结果，正如一位国际史学家所述，"至今仍没有一个有组织的学术团体可以像研究大西洋一样来关注太平洋的历史"。另一位史学家也认为，"在许多历史学家看来，西班牙裔的美国人和太平洋世界仍是单独的部分史学"，仍游离于世界主流史学之外。[15]太平洋的历史重要性与其当代史学中的地位似乎是不相称的。尽管目前处于经济、人口和战略的中心，但是最近在超越民族和国家的历史、扩大历史视野的研究中，太平洋及其史学家的作为并不突出。这意味着我们需要新的模式和新的叙事，来撰写太平洋的历史。正如本书后面的入江昭（Akira Iriye）所言，太平洋的历史可以更有概括性地成为跨国史的重要研究模式以及重新构建整个曾经冲突地区历史记忆的重要方法。[16]

太平洋变化的历史很明显与其在史学中的地位变迁不相称。那些大洋洲的岛屿史学家，最直接地认为自己就是太平洋的史学家。他们抗议说，过去的几十年，专注于太平洋历史的学术界和顶尖的专业期刊以及研究中心受到了冷遇。然而，他们承认太平洋在史学上仍缺乏足够的研究空间，"太平洋研究和人类研究之间的对话在某个地方停滞了"，以致在聚焦于世界其他地区的史学调研中看不到太平洋的影子，难怪"在太平洋之外，鲜有所闻，太平洋被边缘化了，被否认了，甚或被完全抹掉了"。[17]

但是，依据另一种观点，太平洋岛屿历史的悠久传统如果不被普遍认可的话，那么也许可以更好地视为海洋学本身的原创模式。大洋洲的史学家长期以来把大陆、岛屿、海洋和人作为标准的研究对象，相互联系起来，而民族国家从来都没有引起这些史学家的兴趣和关注，也就从没对该区域的历史进行有意义的探讨。这必然给"北半球"作为成功的跨国史研究的起源的自我认知带来麻烦。我们甚至可以用另一种方法来划分世界、海洋和史学家的群体，把它们视为史学的南、北派系之分。可是，这样的区分对太平洋史本身也产生局限和不利。正是这样从半球的视角分界导致了相互分离的传统。那么，北太平洋如何才能与南太平洋相关联呢？无数的岛屿如何才能与太平洋周边或亚-太的概念相关联呢？或者，大洋洲的历史最终又如何融入大太平洋的历史呢？[18]这些问题仍然很敏感。本书将把所有这些问题置于一个统一的框架，这标志着向泛太平洋历史对话与融合的形成迈出了重要的一步。

对太平洋史学存在与否的认识和评价，好像依赖于这部历史的撰写是以太平洋本身的视角，还是以全球其他地区的视角，这很正常。对其地理和看待历史的视角可以进行绘图式的类比，在以大西洋为中心、以格林尼治子午线为顺序的地图上，整个太平洋很难理得清。可是，那些在太平洋地区接受教育的人经常从不同的视角审视世界地图的绘制，以太平洋为中心，把它表征为一个整体，依据任意的经度线来划分其他的海洋。显而易见，历史的视角往往更多的是"标准"地图式的，大西洋是完整的，而不是地图"变异"式的。因而，为确保太平洋的完整以及周边区域的存在，本书将尽力纠正这种失衡的历史观。

太平洋相对缺乏融合的一个明显的原因是难以理解它的辽阔与庞大。它的规模和范围对于史学和史学家而言都是挑战。它拥有世界上最大的自然特征，面积约 16 500 万平方千米（大约 6300 万平方英里），是大西洋的两倍，比世界陆地面积的总和还要大。北边最远到北冰洋，南到南极洲，西到东南亚，东到中美洲。四周毗邻环绕南极洲、亚洲、澳大拉西亚（大洋洲)、北美洲和南美洲五大洲,点缀着 25 000 多个岛屿,在世界大洋中成为独一无二的"万岛之海"。然而,太平洋的外围并没有清晰的边界。不知道哪里是头,哪里是尾。与印度洋和大西洋的边界在哪里?印度尼西亚和菲律宾是否属于太平洋?是否能够简单地、任意地把它划为世界大洋的一个部分?[19]周边沿岸地区的气候范围也不能简单地同质化,甚至太平洋的深度也难以想象,它比任何其他的海洋都深,关岛附近的"挑战者"号深渊(马里亚纳海沟)深达 11 000 米。

太平洋地理上的辽阔与浩瀚意味着这个区域的过去和现在具有人类和环境的多样性特征。在一个单一的历史框架内,很难,也不可能包含它所有的环境范畴和人居特色,如人与非人,常住居民和新近移民等。太平洋的居民讲世界上 1/3 的语言,其中讲英语、汉语和西班牙语者居多。其区域内及周边人类社会的外延范围之大,几乎难以一概而论,其中包括大洋洲的岛民,西伯利亚移民,美洲人和澳大拉西亚人以及东亚传统的政治团体等。的确,从远离俗世的独特视角撰写的单一太平洋历史只能是人为的、不可信的,正如民族志史学家格雷格·戴宁(Greg Dening)讽刺的那样,"太平洋是一个很难认识的地方,这么大的洋,那么多的岛"。[20]结果是,太平洋历史的撰写就成了千变万化的万花筒,如果多少有些情节式的话,那么,"'太平洋'已经经历了无数次历史的想象了。"马特·马特苏达(Matt Matsuda)指出,"从古代的波利尼西亚和现代早期的麦哲伦航行空间,到情欲天堂的启蒙戏剧舞台;再到劳工运动的战略格局和'军事过渡岛',最终成为资本主义的盆地,太平洋经

7

历了无数次的嬗变。"[21]然而，太平洋的多元视角没能形成其在世界历史范畴内特色鲜明的叙事或对其历史发展轨迹的界定。

与此形成鲜明对比的是大西洋的历史。它形成了自己自15世纪晚期至19世纪晚期的历史叙事，讲述了发现、移民和定居的历史故事，记载了对原住民的掠夺，记载了大西洋奴隶贸易和美洲种植园生成的奴役以及政治独立运动和奴隶解放运动对自由的追求。[22]而与大西洋的这些历史情节相类似的太平洋则必然是不确切的，而且往往是误导的。太平洋上最伟大的航行者是波利尼西亚人，而不是欧洲人，用詹姆斯·库克充满敬意的话说，前者是"地球上航行最远的民族"，而后者正如乔伊斯·查普林（Joyce Chaplin）在其文章中表明的那样，是跌跌撞撞地误入了太平洋，到18世纪70年代，他们失去了关岛之外的所有太平洋岛屿。约翰·麦克尼尔（J. R. McNeill）也看到了一个鲜明的差异[23]，与1492年后哥伦比亚在整个大西洋地区的动植物交换相比，"在整个太平洋没有任何重要的、突发的麦哲伦大交换，1521年后岛的动、植物交换就更不用说了"。[24]太平洋的劳工贸易充满了暴力和动荡，这是肯定的。但是，其规模无法与大西洋的奴隶贸易相提并论，而且大部分移民都是自愿的，奴仆也没有可继承性，也没有像大西洋世界那样发生大规模的解放运动，救赎奴役的罪孽。[25]然而，如詹姆斯·贝里奇（James Belich）的文章所述，与大西洋一样，太平洋同样也是现代种族概念产生的温床。[26]同样，由于在该地区的皮特凯恩岛和法属波利尼西亚仍有世界上形式帝国的残余，因此太平洋的去殖民化和独立运动尽管发展得相对较快，但是至今仍不彻底。[27]综上所述,"太平洋历史没有一个与大西洋历史可以相比的范畴",其部分原因是"太平洋世界"的历史仍没有任何整合的领域可以与其他大洋"世界"的历史相提并论。[28]也许可以用多肤色的太平洋进行对比,如同大西洋的黑、白、绿和红一样,太平洋也是一个由棕色、黑色、白色和黄色组成的世界。[29]这些都是多样的、"跨区域的"和有争论的太平洋世界的历史范畴,它们有时是重叠的,又经常是交互的,总之是多元的。[30]

同时,大西洋和太平洋的历史也是相互联系的。美国独立战争促进了"东方国家的纷纷独立",推动了澳大利亚和新西兰的殖民化;随着奴隶制的废除,19世纪出现了其他非自由劳动力,即罪犯和契约奴仆。太平洋历史的许多后殖民部分可以成为大西洋历史的模式,可以弥补其对原住民问题研究的缺陷。这样的话,来自大洋洲并从事有关大洋洲研究的那些重要的思想家的确可能在几十年前就已经融入了大西洋的历史,同样他们也许更有可能整体上成为众所周知的后殖民理论学家。[31]

用亚当·麦克沃恩(Adam McKeown)的话讲,如果把太平洋视为"孤立的模块,而不是相互关联的区域",那么其部分原因是太平洋历史本身包含了所有自认为从事其研究的人——岛上的、滨海的、南北的、东西的——背景极具多样性和派系性。[32]已经构建的太平洋历史源自不同的地理学家和人类学家、地质学家和海洋学家、文学家和艺术史学家以及那些自称为某一专业系列的历史学家。他们对太平洋的框架构建差异巨大,其所参照的点存在很大的分歧,相互之间也就没有过任何对话,每一个群体的学者和思想者都有各自对太平洋独特的理解。同样，莉萨·福特(Lisa Ford)把太平洋历史的合理性描述为"学派众多，闭门独行"时，她可能是指该地区其他潜在的史学。[33]

直到最近10年，仍没有任何综合性的著说，来利用这些纷繁杂乱的历史文论，而导致这种结果的主因可能就是相互独立的模块历史研究。在外人看来，这就是戴曼·萨勒丝(Damon Salesa)所谓的"只见树木，不见森林"。[34]但是，最近接连不断地来自日本、法国、美国和英国的一系列泛太平洋研究表明，不同的太平洋史之间的一些障碍正在逐渐消除[35]，随之而来的是区域内亚海洋区域(sub-oceanic regions)历史的产生，如大洋洲的原住民海洋，北太平洋和日益受美国影响的东太平洋等。[36]这样就逐步形成了与其他大洋的历史类似的全面的"太平洋史"。过去半个多世纪业已成形的各种太平洋历史研究成果也日显重要，研究范围不断扩大，继而也常常借鉴此前数百年的文献资源。富有多重性的太平洋历史，在21世纪初，终于开始逐渐打破派系孤立，走向融合。

太平洋历史的三个系统的谱系可以说明其最近几十年该领域研究的多样性和多产性，同时也说明了研究的败落。每个谱系都源自太平洋区域的不同位置，即东北边缘的加利福尼亚大学，西南角的澳大利亚国立大学以及接近大洋中心的夏威夷大学，它们都出现在各自确切的时间，分别是20世纪的30年代、50年代和60年代。这三种太平洋历史各自独立发展壮大，第一个是太平洋背景下的国家史，第二个是跨国史与重要的后殖民编年史，第三个则是历史、太平洋及其他领域的交互。它们的出现是连续的，具有一定的竞争性，但不是谱系之间的相互竞争，而是与其他国家编史的系列竞争。因此，都以太平洋史为主要的学术空间，长期质疑国家的确切性，对帝国史与世界史之间的联系进行了早期的整合。

1932年，加利福尼亚大学出版社出版了第一期《太平洋史评论》。作为美国历史协会太平洋海岸分会的季刊，该期刊以西方史学家丹·克拉克(Dan E. Clark)著名的演讲《天命和太平洋》为刊头文章。他宣称该期刊将"致力于整个太平洋盆地的历史研究"，可是，在第一期中却没有太多有关"盆地"的文章，而都是太平洋的"边缘"文章，讨论有关澳大拉西亚、中美关系和加利福尼亚州与日本的联系等问题。[37]随着时间的推移，《太平洋史评论》发行量翻倍增长，成为西海岸史学家、美国西部史学家和太平洋盆地史学家重要的发文渠道。甚至在今天，仍像初创时一样，如刊头文所述，期刊的天赋使命就是"致力于美国向太平洋及以外地区扩张的历史研究，致力于20世纪美国西部后边疆时代发展的历史研究，致力于美国海外扩张与近期西部发展之间相互关系的研究"。[38]

尽管如此，最近的期刊内容实际上有了更广的扩展，融入了重要的跨国研究。可是，这种自我界定等于诚实地宣布"太平洋史"是以美国为取向的，也就是一种特殊的北半球以太平洋为取向的美国史。加利福尼亚海岸把美洲陆地长期的扩张史与边疆向太平洋的延伸史联系起来，与夏威夷的并入，20世纪中期地缘政治上与日本的碰触，20世纪后期经济上又与中国的接触联系起来。这种方法显示了一种运动的重要优势，即把最内向的国家编纂史转变成了外向太平洋的历史,伴随着美国历史向太平洋的转变,这种趋势近年已经收获了许多著名的论断、论著和调研。[39]

太平洋历史的第二个谱系以其自己的视角,把太平洋视为一个辽阔的地区,在不断地扩张发展,充满了生机,而不是四分五裂的,实质上,也不是空旷的。它的出现比加利福尼亚大学派系晚了10年,出现在去殖民化时期的澳大利亚堪培拉国立大学。而这时,这个地区的政治进程中,正是太平洋岛国纷纷独立的高峰期,因此,这个特别的太平洋史学植根于后殖民时期的新兴政治,致力于以"岛国为中心"的历史研究。它的出现与非洲史学,或早期的太平洋史学家转向泛非主义,不无巧合地同时出现。[40]例如,史学家吉姆·戴维森(Jim Davidson)既是澳大利亚国立大学太平洋历史的创始教授,同时又是1967年《萨摩亚人的萨摩亚》一书的作者,还是新独立的库克群岛、瑙鲁岛、密克罗尼西亚和巴布亚新几内亚宪法起草的顾问。在他的密切关注下,《太平洋历史杂志》于1966年开始出版发行,并宣布位于大洋西南偏隅的澳大利亚为太平洋学术研究的重要领域。[41]以此为视角,太平洋历史的概念化具有了不同学科的视野。在该国立大学,艺术史学家伯纳德·史密斯(Bernard Smith)于1960年编著出版了《欧洲视野与南太平洋》[42];地理学家奥斯卡·斯佩特(Oskar Spate)于1979年至1988年编写了权威的太平洋三卷史[43];该校的学生格雷格·戴宁,后来在墨尔本从教,修订了他1980年哈佛大学的博士论文《岛屿和海滩》,从此成为从事太平洋人类学史学和历史人类学研究的一代史学家之一。[44]

《太平洋史评论》在北太平洋诞生，也旨在进行北太平洋研究，而《太平洋历史杂志》的出现则着眼于南太平洋及其群岛。美国杂志的知识起源是外交史，而澳大利亚的杂志则更倾向于人类学和种族史学，隐含着后殖民的研究，但有时也有显性的后殖民研究。在两个流派之间，还成立了一个英语学术中心，起着沟通美国西海岸与澳大利亚东海岸的作用。在夏威夷大学，太平洋历史研究发展十分繁荣，融合了本地的原住民和波利尼西亚研究与传统的历史叙事。夏威夷大学出版社自1983年以来主持出版了《太平洋岛屿论题丛书》，推动夏威夷岛屿、夏威夷地区及其原住民和美国历史等领域的重要研究。[45]这已经很好地说明了学者之间已经形成了对太平洋身份的共识，并为澳大利亚、新西兰和其他岛国史学家提供了出版渠道，尽管各自相距万里，但是，研究的基点和内容也都是太平洋历史。这个学术和出版中心代表了太平洋历史研究的方法论和地理中心，融合了本地对东亚、北亚和大洋洲的学术研究。正是有了这样的专题性研究，才能构建太平洋的综合史，通过大家的共同努力，把太平洋历史发展成为在区域框架内如何研究跨国史的典范。[46]

这些谱系表明，太平洋史学拥有的特殊地理使之区别于其他的大洋历史和跨国历史，是一部写满历史的地理，合理地平衡了边缘与中心的规范评价。在太平洋及其历史中，岛处于中心位置，而其边缘却是经济和政治上更加强大的"环绕带"。因此，太平洋的中心，即无数中心海岛，同时可能又是本土的和后殖民的。[47]可是，太平洋的后殖民历史，公正地以本土民族和移民的方法论，从政治的视角，借助帝国档案资料，以帝国为中心来撰写。[48]本书与最近有关定居者殖民主义历史的学术研究相吻合，文献重要的观点受到许多以太平洋为中心的史学家的普遍赞同，有力地形成了国家历史。这使太平洋成为更广泛意义上的后殖民历史发展和实践基地，甚至是史学研究正常化的重要基地。[49]

如果说太平洋自身是一个水、陆合一的半球，并据此给人以全球的联想，那么，这又如何转化成了世界历史的时间轴来划分历史时期呢？一系列的时间性和时间深度伴随着太平洋的庞大区域和环境多样性，从不同方面挑战着业已存在的历史划分。人类最早移入太平洋是约5万年前通过新几内亚从东南亚进入了澳大利亚大陆，从那时开始至今，不同的原住民社会作为连续不断的文化，居住在澳大利亚大陆的太平洋边缘。远古至现代的联系、另类宇宙学和太平洋居民持续的非农业经济都表明了人类与文明历史的偏向和特殊性，无论是新石器时代还是现代，都赋予农业革命以特权。试图把这种特殊的太平洋历史融入从农业或工业"革新"的视角讲述的世界历史，其结果只能是混乱。同样，要对"史前史"和"历史"做出明确的区分，结果也一样。

其他像讲奥斯特罗尼西亚语的移民，来自现在的中国台湾地区。他们先后接连不断地占领了美拉尼西亚、密克罗尼西亚和波利尼西亚，向东最远到达了大拉帕岛或复活节岛。这批移民一直延续到上个千年的中期，几乎与庞大的中国探险船队于

15世纪早期到达非洲东海岸之后撤回是同一时期。有可能是波利尼西亚移民发现了南美,那里发现了他们遗留的鸡骨,[50]他们的后代直到今天一直居住在太平洋的岛上和周边的大陆。正如本书第一章的题目那样,"原住民时代"揭示了不同历史时期的整体划分,甚至不同时期的时间性。原住民时代的太平洋涵盖了数千年,蔑视任何"史前至现代"的叙事,太平洋史独立存在于其他世界历史潮流之外。但是,它是世界历史的一部分,需要自己的历史叙事。

最近太平洋历史的本土和后殖民研究在于回应早期对兴起于传统帝国历史的欧洲探险和殖民的广泛研究。这向历史学家提出了挑战,他们试图在此阐述布朗温·道格拉斯(Bronwen Douglas)所称的16世纪以来"这个广阔的多样化地区所存在的有关福音传道、殖民主义和去殖民化的参差不齐的大事记"。[51]早期现代欧洲人航行进入太平洋与西班牙、葡萄牙和英国对美洲的殖民时间大致是一致的,但是,其整体的结果和影响在16世纪和17世纪相对更小。西班牙人开拓了南美与中国之间的帆船航线,以马尼拉为主要港口,关岛为停靠站。否则的话,尽管水手们不辞千辛万苦跨越了太平洋,可是却一无所获。整体上讲,以欧洲人的视角看,太平洋"新世界"是18世纪后期和19世纪的现象,[52]与兴起于启蒙运动的欧洲现代性同期。"帝国时代"的太平洋与"现代世界的兴起"相伴而生。[53]

詹姆斯·库克船长于1768年至1771年,1772年至1775年和1776年至1779年间的3次太平洋探险之旅引起了众多学者的关注,彰显了欧洲人的新视野,把太平洋视为启蒙运动的目标和空间以及预见了太平洋的半球性。库克第一次航行的最初使命是从塔希提岛观测金星穿越太阳的天象,如果可能的话,也负责搜寻神秘的南部大陆——南极,并绘制海图。在这个过程中,他绕行了新西兰群岛和澳大利亚的太平洋海岸线。他的第二次航行南向更远,进入了南极圈;第三次航行从西南太平洋,穿越夏威夷,远到东北,沿北美海岸线北上,到白令海峡,以探索太平洋的西北航道。这些海洋探险的确已经成为18世纪科学史和海洋航海史领域学术研究普遍关注的焦点,[54]出现了描写英国人跨越太平洋与原住民碰撞的详细而丰富的作品和读物。[55]例如,乘欧洲船旅行的原住民男人的故事,最著名的是波利尼西亚领航员图培亚(Tupai'a),他随同库克船长航行,绘制数千英里范围内的岛屿海图。出现了大量对随船回到英国的原住民的研究。[56]有的学者关注碰撞中的暴力,研究其最直接的对人与自然的破坏[57];有的强调探险和交换,正如帕特丽西亚·奥布莱恩(Patricia O'Brien)指出的那样,他们借助性别史学,自20世纪70年代开始转向太平洋的历史研究;有的探讨著名的航海家[58];有的则着重研究岛民与普通的"海岛流浪者"、贸易商贩和后来的传教士之间更持久的接触[59]。随着这些太平洋碰撞研究的不断发展,最有特色的、最具影响的太平洋历史流派开始涌现,致力于探讨文化和自我相会的海滩史,后来又拓展到对船上和其他有限空间碰撞的研究。[60]

同样模式的跨文化研究关注18世纪和19世纪早期所有欧洲超凡的海洋航行,分析成为整个太平洋岛屿和海岸线地名的领航员和探险家的名字,如布干维尔、拉彼鲁兹(La Pérouse)

和温哥华等。稍晚一些的一次太平洋航行在声誉上也许可以与库克船长匹敌，即1831年至1836年毕格尔（Beagle）的探险航行，堪称达尔文"物竞天择"进化论的启蒙之旅。可以说，这个思想产生于太平洋岛屿，那里是一代科学史学家所称的"达尔文实验室"。但是，苏吉特·斯瓦森达拉姆（Sujit Sivasundaram）却认为，把太平洋视为"实验室"的观点可能会使它失去应有的力量和生命，以牺牲原住民的知识能力为代价，高估移民者的能力。欧洲人和太平洋岛民都有各自的宇宙知识，借以定位他们对世界及其起源的感知，借助这些感知生成了混合的知识形式，如达尔文的珊瑚礁形成理论，恰与原住民的宇宙发生论概念相呼应。[61]即使不能完全成功地应用或实施，也能期待认识、研究和融合其他知识和宇宙观。一方面，这种对其他方法论的意识也许在太平洋的政治史学中体现得最为清晰；另一方面，则突出地体现在航海和导航史领域。[62]其结果是扰乱了政治和科学进步的传统目的论，促使太平洋史学家决定放弃沿袭源自其他空间和另类传统的世界历史叙事。

太平洋历史排斥这些外来的历史叙事，因为它们源自遥远的海洋和地区的历史，可是，这并不意味着，没有，或不可能会有，围绕始自太平洋的历史进程和经历而构成的世界史。例如，随着跨太平洋银贸易把该地区的大陆和经济首次联通构成了跨陆的甚至是全球的交易体系，太平洋成为早期全球化的发源地。正是西班牙与中国联通之后，才最初把欧洲人引向了太平洋，他们从墨西哥南部的阿卡普尔科港出发向西航行，经过菲律宾的马尼拉港，到达中国的广州。1571年之后，西班牙帆船往来航行了数百年，受广州经济发展的驱动随之也吸引来了荷兰人、葡萄牙人和英国人。[63]同样，这种经济也在欧洲整个经济体之外发挥着作用，这种跨语言的、跨国的贸易联通了澳大利亚北部的原住民、今天印度尼西亚群岛众多岛上的渔民以及中国的广州。可以说，太平洋的联通经济始于17世纪中期。[64]

中国的市场、品位、需求和商品的重要性长期以来受到太平洋几代经济史学家的关注。在这个过程中，经济史学研究表明，尽管概念本身直到19世纪后期才出现，但是经济上联通的"环太平洋圈"的观点却源自16世纪西班牙人对太平洋的愿景和想象。[65]这在一定程度上成为世界如何经济全球一体化的一段史话，反映了早期的历史。但是，可以清晰地看出，早期的现代经济的发展已经跨越了海洋和陆地的空间。世界在帆船与商队之间联通，形成了史学家现在所谓的"古老的"和"原型的国际化"过程。[66]

经济史学探讨并常常发现的联通、交换和一体化，在其他史学看到的则是显著的差异。由亚当·麦克沃恩和杉原熏（Kaoru Sugihara）撰写的两章聚焦跨太平洋的人、货物和资本的流动、流通和交流。麦克沃恩认为，19世纪中期是"太平洋融合的高峰期"，达到了经济全球化的水平。[67]这意味着麦尔维尔视太平洋为地球的心脏，即世界历史支点的想象，在其1851年问世时就已疾驶而过了。重要的商品流通日益兴旺，其中，与中国的跨太平洋贸易、太平洋岛屿的檀香出口和全球的捕鲸业赋予了麦尔维尔创作《白鲸》的灵感。19世纪40年代加利福尼亚的淘金热和麦尔维尔小说首现的那年始于澳大利亚的淘金热加速了环太平洋周边国家之间的移民潮。同时，也促使卡尔·马克思在大英博物馆里研究政治经济学，以弄清"资本主义社会伴随着加利福尼亚和澳大利亚的淘金潮似乎已进入了的发展新时期"，并最终在来自太平洋发展的驱动下完成了巨著《资本论》。[68]

1850年前后的10年见证了史无前例的流动繁荣，众多海岛的港口连接了亚洲、美洲和澳大拉西亚，这个时期移入的白人甚至想象自己就是"太平洋人"。[69]然而，这种繁荣延续的时间不长。到19世纪末，伴随着世界经济的衰退，欧洲、美洲和亚洲的国家和帝国更大程度地渗入了太平洋。国家逐步开始更直接地控制人的迁移，帝国开始打造更强大的、更具竞争力的影响势力范围。他们的行为把太平洋的融合推向相反的方向，从更广的众多领域背离了后来所谓的"全球化"。尼克拉斯·托马斯（Nicholas Thomas）提示我们说，19世纪的转型就像是刺青，"瞬间成为永恒，但十分肤浅。我们不清楚的是，'肤浅'是否意味着只是表面的，还是事实上很深刻的"。[70]19世纪中期太平洋的经济繁荣被证明是暂时的，但是，从长远看，它的核心性终将回归。

假如我们快速转向我们自己的时代，21世纪初，太平洋在许多领域似乎又成为"世界潮流的中心"，而同时又从没否认它是"我们原住民的岛屿之海"。世界人口的1/3居住在太平洋岛屿及其周边沿海的大陆，该地区的国民生产总值（GDP）约占世界总量的60%，世界贸易的50%几乎都要穿越太平洋，是大西洋贸易运输量的3倍。[71]进入21世纪20年代，中国人口和经济的崛起，尽管沿袭了实力与繁荣的历史模式，但也把全球地缘政治的焦点又重新引向了太平洋。

"环太平洋圈"的话语青睐东亚及其经济体日本、韩国、新加坡以及中国。但是，主要看它们与北美以及与澳大拉西亚的联系。在一定程度上，尽管在现代早期很多方面不是很清晰，但它们与南美洲的经济体也有一定的关系。[72]正如历史学家布鲁斯·康明斯（Bruce Cumings）1998年所述，20世纪后期"环太平洋圈"的话语取向的是未来，而不是过去。他认为这种思想与早期传统的"天命"观念有关，因此，借鉴斯佩特的概念"西班牙湖"，把"环太平洋圈"称为"盎格鲁-撒克逊湖"。可是，十几年之后，以日本为概念中心的"盎格鲁-撒克逊湖"形成的"资本主义列岛"似乎更像是早已预见的终结曲，中心转向了中国，太平洋圈的中心完全成了全新的中国移民社会，完全不再是"盎格鲁-撒克逊湖"了，而在一些人的眼里，已经完全变成了"中国湖"。[73]

回顾这一切，可以看出，20世纪80年代对于太平洋的史学家而言好像是高度政治化的时代。随着"环太平洋圈"概念的发展，与其密切相关的"亚太"地区进入了构建外交、经济和智力的进程，尤其是形成了由堪培拉倡议而构建的亚太经合组织（Asia-Pacific Economic Cooperation，APEC）。同时，在世界的另一半球，出于完全不同的考虑，在巴黎的太平洋研究院宣布太平洋成为新的世界中心。[74]法国介入太平洋的历史特别地痛苦，而且身败名裂，对它的争议仅仅停留在了巴黎奥赛博物馆展出的大洋洲艺术品和文物上。[75]法国在这个世界的中心进行了几十年的核武试验[76]，因此，作为回应，13个南太平洋国家自己宣布，如果没有法国，那么太平洋至少可以无核化。1985年的《拉罗汤加条约》，又称《南太平洋无核区条约》，正式宣布"南太平洋为无核区"。特别是新西兰在国际公共领域把自己树立为太平洋和平的卫士，反对核武强国美国和法国。法国的核试验以及苏联的捕鲸业，促成了绿色和平组织的成立，即使不是有意的，也使现代环保运动对当下全球的太平洋意识产生了永久的影响。[77]

同样是在20世纪的80年代，随着日本的经济崛起以及该地区不断增长的经济活力，专家开始预见一个新"太平洋世纪"的到来，即以所谓的亚太为中心的全球经济的未来，但通常忽略了大洋洲。这个地区的所有史学家都记得21世纪不是第一个被预言为"太平洋"的世纪。早在100年前，同样的地缘政治预言非常普遍。1892年日本的政治经济学家稻垣满次郎（Inagaki Manjirō）首先称，未来的世纪将是继19世纪的大西洋时代之后的"太平洋的时代"。[78] 1895年，一位德国评论家在香港撰文支持此观点，说，"事实是，世界力量平衡的支点已经从西方移向了东方，从地中海转向了太平洋"。[79] 20世纪上半叶，证明是日本打造了地缘政治上的太平洋。英语世界普遍宣称，日本打败俄国以及其快速的工业化和经济增长，预示了"太平洋时代"的兴起。1912年，澳大利亚的新闻记者弗兰克·福克斯（Frank Fox）明确地说，"太平洋就是未来"。这些预言在20世纪不断地出现，如出现在国际性的"两次世界大战之间"，这时中日实际上已经处于交战状态；出现在真正形成

"世界"大战的太平洋战争时期，这很像19世纪后30余年，世界处于混战状态。[80] 1937年俄国社会学家格利戈里·毕安士铎（Gregory Bienstock）写道："人类的历史现在正迈入太平洋时代。也就是说，未来百年的重大历史事件将发生在太平洋地区。"[81] 4年之后，日本哲学家西谷敬治（Keiji Nishitani）同样看到了世界继地中海和大西洋时代之后正进入一个新兴的太平洋时期。[82]

太平洋世纪思想的回归始于20世纪60年代的后期，一直持续到80年代中期。[83] 日本军事入侵战败后数十年的经济增长，尽管出人意料，但在世界舆论看来似乎已经实现了这个预言。只是随着90年代后期日本经济的停滞，太平洋世纪的千禧年论才暂时有所消退。而当美国的奥巴马政府2011年实施所谓"亚太再平衡战略"时，这种言论又以新的名义再次出现。这年12月，美国国务卿希拉里撰文说，"亚太已成为世界政治的重要推动者"，预示着一个新的"太平洋世纪"的到来。同月，奥巴马总统在澳大利亚议会演讲时对希拉里的这种命运感做出了响应，说："在此，我们看到了未来。"[84] 依据早期的这些愿景，诸如此类的当代预言家预见了一个新的太平洋世纪，但他们也许会记得，太平洋有许多的未来，如同它有许多的过去一样，不是所有的都令人鼓舞，令人乐观。正如罗伯特·阿尔德里奇（Robert Aldrich）的章节结束语所概述的那样，太平洋政治研究所揭示的这个"分割的而非整体的半球"表明，构建以美国、中国或其他为支点的"新世界中心"的想法是从矫枉过正走向了简单化。[85]

很清楚，太平洋拥有辉煌的未来，但是，未来的实现以什么样的历史为基础呢？为回答这个问题，《太平洋历史：海洋、陆地与人》这本书首次以单册的形式，汇集了整个领域的史学家有关太平洋以及该地区和周边的人与陆地的研究成果。如霍欧法和麦尔维尔，他们来自不同的地理区域，或来自太平洋及周边地区，或来自更远的其他地区。本书没有要求作者有一致的太平洋历史视野，也没有就论题的概念和范围达成共识。相反，他们都有各自对太平洋历史的独立视角，选录的每一章的最新研究论题及其观点都颇具启发意义。

从一个方面可以看到他们的付出。其中，本书要求4位作者探讨太平洋人类历史的概貌，作为书的第一部分。这些开篇文章从最早的移民开始到我们这个时代视角下的太平洋的未来，对太平洋的人类史进行了时期划分。其余的章节跨越众多的时间和空间，探讨太平洋历史的不同方面，研究的重要论题集合为几个大的领域，即："纽带：环境、联通和经济""文化：宗教、法律与科学""身份：种族、社会性别与政治"。要求每个论题章节的作者明确地或含蓄地回答以下问题：太平洋独特的视野对该论题有什么样的启示？从更广泛的意义上讲，该论题对太平洋历史有什么样的认识？

我们希望，这本既独具特色又包罗万象的论文集可以为读者提供更广的视野。整体来看，无论是书中所有的论题，还是论题系列，都起到了巩固太平洋历史的作用，反映了该地区的多样性和研究方法的多样性。本书尽可能地涵盖大洋的南北半球和东西半球的各个区域。萨勒丝、托马斯、道格拉斯和奥布莱恩等撰写的章节集中关注大洋洲研究，这些岛屿更加肯定地隶属于太平洋历史的范围。相比之下，周边的陆地沿海地区同时还有自己的大陆史，例如：日本是太平洋的一部分，同时又是东亚的一部分；广州如许多章节表明的那样是重要的太平洋港口，同时又是充满活力的中国的一部分；其他还有俄罗斯、智利、加拿大、加利福尼亚等，都一样具有双重属性。因此，大洋洲与本书中探讨的其他太平洋亚区域不能同等看待，如亚太，西、南太平洋，澳大拉西亚，西、北太平洋，中国海等。可以说，这是一本单独的太平洋历史。但是，也有其他几个章节跨越了半球，包含了南、北半球，岛屿和太平洋海岸，动态探索马特苏达所说的"一系列重合的角色、转换和变更"。[86]

　　本书的宗旨在于探讨，而不是人为地融合。太平洋岛屿和沿岸大陆的历史，如沿岸的南、北美洲，亚洲和澳大拉西亚大陆，揭示它们跨越时间和空间的关系的更迭与变迁。书中的许多章节也从过去跨越4000年的太平洋环境史和探险、旅行史等领域把岛和环洋岸陆地的历史与太平洋的过去衔接起来。从此意义上讲，本书描绘了一个四维的太平洋，即岛屿和沿岸、大洋与航海，这样既是为了着眼于现在，但也是为了着眼于长久的未来。本书中的全体作者期待，论文集应该能够再次把太平洋融入今天世界历史的编写和重著中。

第一部分
太平洋时代

第一章
原住民时代的太平洋

戴曼·萨勒丝

2011年5月9日，德维塔·玛拉（Tevita Mara）中校在斐济沿海被汤加皇家海军的巡逻船救起。他是斐济最著名的领导人之一拉图·卡米塞塞·玛拉爵士（Ratu Sir Kamasese Mara）的儿子。从2006年开始，他曾是斐济军事集团重要的支持者，2011年被指控参与叛乱。在太平洋岛的国际关系背景下，汤加皇家海军的干预的确令人震惊。重要的是命令好像是来自高层，来自汤加国王乔治·图普五世（Siaosi Tupou V）。当问及为什么要采取致使国际关系复杂化的行为，冒险升级与比自己国家大，而且军事实力强的国家对抗的时候，乔治国王简单地回答说，玛拉是他的"亲戚"。没有人会认为这是什么好的理由，但是大多数的波利尼西亚人却能够理解，认为这理由很充分，很有用。汤加人很快就会意识到这是他们干涉斐济东部劳岛（Lau）的悠久历史传统。更具体地说，是马阿福（Ma'afu）的历史传统，是与玛拉的父母有关，可能是因他有名的父亲，或是因他一样有名的母亲，他母亲与汤加皇室有血统关系。对于汤加人、斐济人，甚至萨摩亚人而言，这无须多余的解释，他们自己心里都很清楚。

要理解萨摩亚、汤加和斐济当代错综复杂的政治，就必须先理清图伊·劳(Tui Lau)、图伊·卡诺库柏鲁(Tuʻi Kanokupolu)、萨·马列托阿(Sā Malietoa)这些岛屿原住民之间庞杂的血统关系。这些血统及其他的世系在目前不仅仍起着重要的作用，而且还在发展壮大。这些血统在庞大的原住民体系中只是冰山一角。太平洋原住民的习俗、历史和语言与目前后殖民主义、发展、全球化和商业化等的潮流并不冲突，相反，它们相互交织，与久远而共鸣的历史相交融。原住民性、民俗、传统、文化，无论是什么，这些概念的级差排序很完美，现在是过去的反映和再现，太平洋的中心是这样，其他地方也如此。"救助"玛拉只是我们现在生活于其中的太平洋众多的象征之一。在任何可以想象的未来，它都是我们仍生活在原住民时代的象征。

太平洋的"原住民时代"不只是历史的一小部分，而且属于其自己历史的范畴。这样的时代和历史与其他原住民和异域历史相交错，但是，简单地把它们融入其他的历史叙事中就等于抹掉了它独有的特色，我们也许可以从这些特色中了解更多的历史。原住民时代的太平洋历史具有远古性，但令其独特的是它的多样性和海洋特质。太平洋岛民有上千种语言，比欧洲、美洲多出许多倍。世界上没有任何地方的人像太平洋岛民一样，以其独特的方式，视大海为家。本章旨在梳理这种特色，探讨其对太平洋原住民历史的意义。

太平洋清楚地说明政治、知识和地理范畴的本质是有争议的、复杂的。即使在学术专家之间，太平洋基本上是在变化的。新西兰，甚至澳大利亚，有时认为是太平洋的一部分，有时又不是。在其他方面可能属于太平洋的那些岛屿习惯上往往被排除在外，如除西巴布亚之外的印度尼西亚群岛、菲律宾群岛、阿留申群岛，甚至日本等，而东帝汶却是太平洋岛屿论坛的观察员。不同的地理学家和机构用各自不同的方式来划分这片世界，使用了一系列的名称概念，如大洋洲、亚太、太平洋盆地、南太平洋或包括了北部岛屿的南海、太平洋群岛等。当然，所有的海都是相通的，相互间没有清晰的界限。太平洋的话语之争部分取决于如何来定义。这一章将勾勒太平洋或太平洋群岛的框架，这对目前的太平洋居民而言是最熟悉不过的了。太平洋是3个"尼西亚"的总称，即美拉尼西亚、密克罗尼西亚和波利尼西亚。对于许多学术研究而言，尽管这些文化-地理范畴太直观，不仅没有突出，反而扭曲了太平洋富含的多样性，尤其是美拉尼西亚，但是，有表达力，尤其是与研究相关的人在一般应用或身份认同使用这些概念时更有表现力。[1]的确，在特定的情况下，有人自称为美拉尼西亚人、密克罗尼西亚人或波利尼西亚人，实际上是认同其更深层的共性，虽然已不再是最初所指的那些共性。

可以肯定的是，域外学者最容易忽视的，也是最棘手的，正是美拉尼西亚、密克罗尼西亚和波利尼西亚这样的"原住民时代的太平洋"。的确，强调这样的太平洋观揭示了世界历史落俗的规范,正如许多宏伟的历史叙事追求的那样,它意味着要在世界或全球历史叙事范围内叙述太平洋原住民历史。[2]这样广泛存在的太平洋历史叙事的缺失,促使该地区伟大的学者能够有说服力地提醒我们,认识到"地球上这另一个1/3区域"的存在。[3]这种对少有人赏识的原住民历史的概要式提醒作为开始是非常重要的。目前,有一系列专业的太平洋历史概论,以及众多致力于种族学和史前史领域的研究,因此,一般文献缺失的老调是不成立的。要勾勒原住民历史的框架,如何探讨浩繁的原住民社会,做一定的概论研究是极为有用的。

原住民时代的视野

太平洋原住民历史具有远古性和多样性,始于新几内亚,可以回溯4万至5万年。海平面下降形成了单独的称作"萨胡尔"的新几内亚和澳大利亚大陆,从此太平洋出现了最早的人类。这些早期的太平洋岛民跨越了欧亚大陆的海域,已经属于世界上伟大的航海者。而在陆地上,他们一样几乎不缺乏任何创造力。在新几内亚,他们实现了人类辉煌的创举,一系列野生植物被驯化改良,其中包括对人类最重要的糖甘蔗。许多作物已成为太平洋岛民文化和饮食的重要部分,例如竹芋,面包果,多种香蕉和坚果以及最重要的3种不同的芋头等。新几内亚高地肥沃的平原受到抬升,远离了海洋,至少3万年前就已经有人定居(这些高地人也是捕猎手,猎杀一些现在已经灭绝的巨型袋类动物)。5500年前,也许更早,可能是9000年前,这里就有了灌溉的遗迹。在新几内亚，太平洋人处于人类进化最先进的农业时代，而且远远早于世界其他任何地区的人类。

可是，在太平洋历史的重要论题中，太平洋人比其他任何地域的人航行得都早，也航行得更远。有人认为大洋洲早期的定居过程有可能是由漂泊的航行者进行的，然而，可能性很小，他们需要冒着生命的危险持续航行数万海里才能到达萨胡尔，而且这些距离会成倍增长。虽然在"古美拉尼西亚"相对而言没有什么考古遗址，但是，这些足以说明，其他更具挑战性的航行不久将由萨胡尔开始完成。到了3.5万年前，新爱尔兰岛和新不列颠岛开始有人定居，到了2.9万年前，北部所罗门群岛的布卡岛也开始有人定居。从其他任何地方都不可能会看到偏僻的布卡小岛，尤其是更加偏僻的、冒险航行才能到的马努斯岛更需要其他证据加以说明。一位作者认为，从北新几内亚的俾斯麦群岛到北所罗门群岛，这一带是"航海的庇护所"，这里没有暴风雨，天气可以预测，而且大部分岛屿之间距离不远，可以隔海相望。[4]

大约3.5万至4万年前，随着一种新的文化群的到来，古代美拉尼西亚的民族已经多样化了。特别是鉴别的一种新陶器也证明了这一点，但是，这与物和自然资源数百千米的普遍迁移有关，与滨海更大规模的定居以及随之而来的猪、鸡和狗有关。与这些新的发展相关的民族常常就是人们熟知的拉皮塔人，陶器就是在这个地方首次发现的。正如DNA、语言和考古证据表明的那样，这些人是更大规模从台湾地区迁移的一部分。他们向南经过菲律宾，到达美拉尼西亚或"奥斯特罗尼西亚"，即南太平洋群岛。讲奥斯特罗尼西亚语的人是所有民族中最英勇无畏的，他们最远定居到马达加斯加岛和大拉帕岛（复活节岛）。这些人与已经在美拉尼西亚定居的人建立了联系。史前历史学家对这些新移民和已居者之间清晰的关系本质存在争议，有时争论异常激烈，但是，毫无疑问，这些关系至关重要。这一点很清楚，技术与食品的交流、通婚和其他的结合详细说明了这种拉皮塔文化群对太平洋而言是多么地独特。到了约3200年前，与拉皮塔相关的人开始从事远距离航行和定居。他们驶离了3万年的人类禁区所罗门群岛，只有澳大利亚大陆除外。到了2900年前至3100年前，这些勇敢的航行者已经在斐济定居，这需要他们在茫茫大海上航行850千米。

　　拉皮塔文化群的扩展相对较快。斐济的拉皮塔定居地出现后不久，其他的定居地也相应地出现在了萨摩亚、汤加和其他附近的岛屿上。这些都发生在二三百年间，2800年前至3100年前。这就是"新"太平洋历史的基础时期，正是这一历史阶段和时期使西太平洋大大小小的岛屿联系了起来，为大洋的南、北、东的探索发现和定居开辟了通道。在短时期内，相似群体的人航行、定居、发现了相距4000千米的陆地，覆盖了几百万平方千米的大洋范围。在东部的拉皮塔范围之外，集中于汤加、萨摩亚和乌韦阿岛，这些人形成了我们将要谈到的波利尼西亚的基础，即古波利尼西亚，或借用史前波利尼西亚史相应的术语夏威夷（Hawaiki）。[5]

我们所称的密克罗尼西亚大概也是在这个时间框架内有人定居的。可能有两次明显的迁徙，进入这广阔的区域。最早的是从西部进入密克罗尼西亚，或许在大约3500年前，定居在马里亚纳岛和帕劳岛。这些人与形成拉皮塔文化的人属同祖同宗，但是来自不同的支系，有可能是来自菲律宾，更有可能是来自中国台湾地区。查莫罗语和帕劳语在太平洋其他地方没有最近的亲缘语系，只有在菲律宾的苏拉维西地区才有。另一次迁徙主要进入了密克罗尼西亚的中部和东部，而作为拉皮塔的一部分来到了它的南部。物质文化和语言的相似性表明，这与"拉皮塔家乡"的特定部分有关，尤其是与俾斯麦群岛、所罗门群岛和瓦努阿图群岛有关。这些航海者面对的海洋浩瀚而广阔，他们不辞辛苦远渡的目的地所呈现的目标岛比斐济、萨摩亚和汤加群岛还要小很多。难怪正是这些目标岛礁让一代又一代的领航员和木舟建造师生生不息，传承繁衍着他们的历史与文化。

整个拉皮塔区域广泛而持续的物件分布说明，存在着一直延续的古老货物交换网络和系统。陶器、贝类、灶石、黑曜石、宗教物件、锛斧、宝石和其他物件等都在其原生地之外很远被发现，这足以证明其分布广泛。这些新的环境不断提出挑战，尤其是在密克罗尼西亚，当然也在其他地方，巨大的挑战来自在环状珊瑚礁岛的谋生，需要各种社会的、农业的和文化的创新，深深地拥抱定居的海洋。面积小、淡水奇缺、盐度高、没有避海港、地质复杂、缺乏土壤、暴风雨和干旱的侵袭

第一章　原住民时代的太平洋

等，这些只是珊瑚礁岛给生活带来的众多困难的一小部分。可是，随着多样技术和方法的创造以及不断地航行，对周围的珊瑚礁岛和其他的岛屿进行整合联通，这些人类生活的边缘空间成为太平洋岛民持续生活的家园，而且生活得相对舒适而富足。

太平洋的发现和定居需要几代人的辛勤付出和探索，值得庆幸的是，最终人们还是发现了所有宜居的岛屿。对这个过程的精确日期的认识是不确定的，但是，太平洋最偏远区域的戏剧性发现，尤其是密克罗尼西亚东、南区域科斯雷岛、马绍尔群岛及其外围的岛屿等的发现，以及波利尼西亚的东部库克群岛和社会群岛、马克萨斯群岛和土阿莫土群岛的发现，为太平洋，的确也是为这个世界，最偏远定居地的发现奠定了基础，从而发现了夏威夷、新西兰（毛利语 Aotearoa，指白云之乡）和大拉帕岛（复活节岛）。

在太平洋岛民看来，和众多非原住民历史一样，他们的历史并非始于外来者的到来。对太平洋实现的独特文明及其岛屿的发现和定居的关注，就是这个假设的最具说服力的回答。然而，其实现的过程经历了数千年，正如定居后富有活力的历史所揭示的那样，太平洋居民适应和创新的能力，即变革的能力，和其他任何民族都一样富有自己的特色。其变革发展的过程，像万花筒一样千变万化，难以表述，但是，却可以从该地区发现的最引人注目的遗迹中得到充分的佐证。例如：从帕劳岛到大拉帕岛和从汤加到波纳佩岛发现的巨石；从新西兰到塔希提看到的庞大的阳台文化作品；新几内亚高地的灌溉网和农场，夏威夷庞大的鱼塘；南马都尔或雷卢岛辉煌的城墙遗址和河渠系统以及萨瓦伊岛上的普莱莫雷金字塔和塔普塔普阿泰文化遗址等。这些都象征着古代不断变迁的历史，为后来欧洲人和亚洲人在太平洋上的出现，提供了精确而简要的背景。

大洋洲分散的岛屿特质意味着1521年后欧洲人的到来在本区域富有戏剧性，而在整个地区则具有漫长的偶然性。所有的太平洋岛民要发现欧洲人至少需要400年的时间，直到20世纪30年代，在新几内亚高地仍出现了初次的相遇。对于大多数太平洋社会而言，这些域外人以及他们的货物、思想和技术的到来都影响深刻。这些历史的演变不会是均衡的，但是有一定的模式。先是欧洲人的探险，接着是有目的旅居者，如商贩、捕鲸者、捕猎海豹者、采矿者、传教士等，然后是非正式的和正式的统治者。每个地方，时间和性质都会有一定的差异，而殖民者殖民的轨迹总是具体可见的。殖民主义的历史开始得相对较早，首先是1668年的关岛，成为第一个殖民地，而大部分太平洋岛屿只是到了19世纪后期才归属帝国或殖民管辖，然而，奇特的是，这时的汤加王国则始终是独立的。各个地方的殖民也各不相同，可是无论殖民者是什么样的企图，没有哪个殖民者是仁慈的。如果有人试图对殖民分级的话，那么最具破坏力的也许是那些与土地征用、大批人口定居，或核试验、军事化、采矿等相关的殖民，如对密克罗尼西亚、法属波利尼西亚、新喀里多尼亚、夏威夷、新西兰、斐济、瑙鲁、巴纳巴和关岛等地的殖民，都是极为残酷的。如果真有的话，去殖民化在这个地区来得更快，1962年始于西萨摩亚。现在，许多太平洋原住民在自己先祖的岛上都是少数民族，例如，在夏威夷、新西兰和关岛。而像新喀里多尼亚之类的其他地方则仍没有去殖民化，或者像西巴布亚和许多美国的太平洋部分，那里的原住民只享有有限的主权。

　　欧洲、美洲、亚洲不断地交织在大洋洲这个交流系统，从而改变了这个地区流通的物资以及传播的习俗和思想。钢、玻璃、枪械、火药，洋葱和柑橘之类的农作物，航海技术、工具，时钟，山羊、马等动物，识字、基督，略举一二，一切都来得那么迅速。可是，这些航海人带来的最重要的东西是显微镜类的物件，这如同欧洲和美洲的航海人带来的一系列疾病一样，其中包括流感、天花、水痘、麻疹、肺结核、风疹以及性传染的梅毒和淋病。对于没有先进的免疫技术的人和社会而言，其结果完全是灾难性的。人口数量都只是预估的，但是，太平洋的人口学家在预估"接触前"的人口时表现得异常保守，而且往往最低预估由于感染外来疾病而致死的人数。[6]例如，萨摩亚在欧洲人到来之前的人口被预估为不足4万人，或者每平方千米约13人。然而，考古学家却揭示了萨摩亚历史上的居住人口密度和农业水平，其对人口的需求好像至少是这个预估数的2至3倍。[7]历史学家表面上怀疑大部分早期欧洲航海家的高预估数，而实际上，这些数字往往被他们放弃，转而倾向于赞同更低的预估数。例如，在夏威夷，库克船长预估的约40

万人被谨慎的人口学家锐减为 10 万人。[8]后一个数字得到普遍认可，但是争议很大，好像低得有些荒谬，可是，无论所认可的预估数是什么，夏威夷的人口 19 世纪后期下降到不足 6 万人。这足以说明太平洋地区不幸地经历了大规模的毁灭性打击。

时代的谱系

正如太平洋原住民的多样性表明的那样，既不可能由单一的途径来体验现在，同样也不可能由单一的模式来表征过去。如马歇尔·萨林斯（Marshall Sahlins）所述，"不同的文化秩序都有各自的历史行为、意识和意志的模式，都有自己的历史习惯"，而"其他时代，则有其他相应的风俗习惯"。[9]最近，学者们都更好地认识到，一种深刻的文化意识及其讽刺性和复杂性意识，是充满生机的创新历史的基础。萨摩亚学者和领导图伊阿图阿·图普阿·塔马塞塞（Tuiatua Tupua Tamasese）就此强烈地做出了提醒，强调语言、名字、敬语、反语和寓言的重要性。在此过程中，他创建了萨摩亚原住民历史知识的不同论坛，即村委会、村绿色组织、家庭、仪式和萨摩亚法庭与研究院，相互交流活跃、热烈。[10]萨摩亚继而产生的争议可能在于已经传授的知识如何严肃地对待历史[11]，而其前提是，不是所有的萨摩亚人都可能清楚这一点。任何地方的太平洋岛民都十分关注"他们自己的历史习惯"。萨摩亚小说家和史学家阿尔伯特·温特（Albert Wendt）有针对性地指出，"我们就是记忆的历史"。正如他自己对历史学科的不满所表明的那样,历史不只是我们记忆了什么,而且是如何来记忆,这至关重要。[12]奥库斯蒂纳·玛西拿(Ōkusitino Māhina)对汤加历史的特殊形式也做了同样的评述。[13]重新构建原住民历史就必须走特殊的理解和表征途径,依附于一定的群体,不是某一个单独的作者能完成的事情,既需要学科研究,也需要伦理研究。幸运的是,充满活力的原住民知识传统和富于创新的学术研究,已经在朝这个方向努力了。

随着原住民文化的振兴,尤其是自19世纪以来,早期对原住民过去的理解被赋予了新的生命和形式,常常与传统形式和口述形式相交织。虽然大部分有关太平洋原住民的研究是由非原住民学者收集整理和撰写的,可是,同样支持了原住民历史,至少在危急时刻谨慎地收集和处理与出处和背景相关的资料时是这样的。但是,不是所有域外作者都这样,也有例外。例如,波利尼西亚人利用文化知识创作了早期有名的作品,不仅有手稿,还有专著,如戴维·马洛(David Malo)、玛丽·卡韦纳·普奎(Mary Kawena Pukui)、阿皮拉纳·恩加特(Apirana Ngata)和德·朗基卡西科(Te Rangikaheke)的作品仍是古代知识的资料库,为理解早期时代的历史提供了有说服力的佐证。这些先辈作者从不孤单,太平洋岛民从没停止过笔耕。当代原住民作家有意地用古老的书写传统从事写作以及用数千年历史的口述传统来创作。

撰写有关过去的作品只是原住民太平洋文献的一个维度,

但是这对于大部分原住民的学术研究至关重要。当代原住民太平洋学者特别关注域外因素和本土生活与历史的交互，这主要源自他们大部分人的愿望，侧重所谓的"知识情景化"研究。由于过去的知识是与现在参与的对话，因此，与现在的政治产生共鸣，并推进现代政治的形成。大部分的原住民史学家从事这些论题的研究，并对史学家和其他学术研究者的非政治观提出怀疑。然而，相对弱势的原住民太平洋岛屿几乎没有引起历史学科的关注，大多数研究的历史定位都是其他或跨学科的视角。特别是对于原住民作家而言，诗歌和小说有更强的吸引力，而且几乎总是与历史有关。当然，这也是基本的、系统的知识营养和创新之源。[14]

在有关太平洋的主要域外话语中，尤其是旅记、种族学和官方文献中，有两个与太平洋岛屿上的原住民相关的主题非常重要，但二者差异很大。其一是以无时空的视角，从现在的种族来描述原住民族，描述他们传承至今的古代原始的生活方式，认为其不合时宜，是"落伍"的民族。从维多利亚社会变革的轨迹到当代旅游宣传册，从美国的电视"探索频道"到历史教科书，我们可以清晰地看出，这个主题非常活跃，进展得很顺利。而另一个则把原住民完全置于过去，视其为过去的人，现在已完全消失了。他们的消失也许令人痛惜，但是，这也是不可避免的历史必然，甚或是必需的。以此观点来看，现在已不存在真正的原住民，即使有也已经完全失真。的确，正如夏威夷或新西兰经常声明的那样，已经没有完全"纯血统"的原住民了。很容易看到，他们讲的已不再是纯正的原住民语言，他们的所作所为普遍公认已与原住民的原生态行为不相称。这两种传统最后留下的好像只能是霍布森（Hobson）的概论：如维森特·迪亚兹（Vicente Diaz）所述，有的原住民逐步拥有了文化，但却没有了历史；而其他原住民逐步拥有了历史，但却没有了文化。[15]因此，我们必须摒弃这些范式的局限，必须从伦理的视角，透过原住民的现在，全面研究原住民的历史。

在过去的原住民历史上，整个原住民社会，至少在他们采用欧洲时间模式之前，时间本身的运行长期是不一致的。在域外人到来之前，任何太平洋岛屿社会都没有自己的编年记事体系，没有稳定的年度或其他大单位的计时编注索引方式。19世纪之前，他们口述记事的特征表明，这些原住民社会的度量、日历、数学和其他计时的形式与那些文字和其他特殊的计时、计数是完全不一样的。但是，"时间"本身是通过语言和比喻来固定的，其本身就是文化。口述文化有其自身特有的时间比喻和文化表征，有其自己不同的编记过去时序的方式。许多社会编年记事的方式一直回溯至古代，可是，与域外的方式是有差别的。然而，不能像欧洲人和美国人曾经经常做的那样，把这种差异错认为是缺失。

数百种的太平洋文化以各自不同的方式记述时间，赋予"时间"文化性。许多通过一系列的时代或时期来构建过去。这可以在对过去的叙述中，分组整合重要的叙事和人物，或者整合相关的属类，把编年和顺序的意义与特定的历史人物和活动联系起来。大体上来讲，这样的历史概念在文化上是具体的，只有在历史要素共享或相互交织时，这些具体的概念才能在大多数文化之间通用。例如，在波纳佩，其前殖民历史依照顺序分别是1100年前后的建筑时期或定居时期，到约1628年邵德雷尔(Sau Deleur)统治时期，和约到1885年的楠木瓦基(Nahnmwarki)时期[16]；在萨摩亚，黑夜与光明、无知与理解相互区分；在新西兰的毛利人看来，时期划分先是虚无或可能，然后是黑夜和光明的世界。

如波利尼西亚的口头文学和传统一样，这种时期划分也勾勒了其他时序的框架。虽然30多种的波利尼西亚语言各自都以不同的方式组织历史，但是他们通常都有相似性，互有关联。叙事都是始于上帝和创世的宇宙论时代，叙述世界、岛屿和更具典型性的人，或尼尔·冈森(Niel Gunson)所谓的"民族或部落先祖"，与文化英雄时代相融合，从而保留了寓言和宇宙论的元素，构建了可以辨认的历史叙事概貌。随之而来的就是谱系时代，通过在世的先辈可以把过去与现在关联。冈森把这个时代简单地一分为二：一个他认为是"最初的谱系时期"；另一个是谱系稳定和固定时期。通过这些谱系，酋长可以"毫无偏差"地追溯自己的世系。[17]但是，波利尼西亚的谱系没那么简单，不只是简单地从父母到孩子，而是典型地包含了一系列家族亲属关系。在波利尼西亚，这些谱系富有活力，世系很长，二三十代对大家族而言很普遍。许多谱系更长。一代人的谱系长短是不一样的，有的生命和统治时期会很短，而有的则要长许多。有名的汤加国王图普一世活了近一个世纪,而图伊·卡诺库柏鲁(Tuʻi Kanokupolu)只活了半个世纪。要把这些时间转换成西方的数字日历时间并不是很难,但没有任何必要。

谱系的时间取向是先祖和后裔,而不是取向系统外的或无形的时间标准。所以,不同的谱系文化,以不同的方式,体验和理解时间,同样以不同方式体验和理解历史与过去。当然,这意味着时间,尤其是过去和将来,不是一个绝对的、稳定的量,所有对过去和未来时间的衡量都必须依据必要的象征符号。由于相应的符号系统不仅要讲明过去,而且还要整合现在,因此所有时间的描述都很容易变化,包括政治的、宗教的或文化的,都富于变化。西方的日历和计时系统本身也始终处于变化之中。而最近象征时间政治本质的重要体现则来自太平洋。2011年,萨摩亚首相决定把12月30日这一天丢掉,从托克劳群岛开始,把他的国家从日期变更线的一侧变更到另一侧,向澳大利亚和新西兰"靠近"。

谱系就是家族及其世系的档案。这一点都不奇怪,因为大约在1880年之前是家族、世系及其位置界定了原住民的生活框架,而不是国家的。由于史学家很少关注原住民谱系的论题,因此谱系就极少作为统一的可用资源,用于重新建构通常的学术研究或"西方"史学。正如一位伟大的原住民太平洋史学家萨洛特女王图普(Queen Sālote Pilolevu Tupou)三世认为的那样,谱系是汤加历史的重要元素,当然,一定意义上也是波利尼西亚史的重要元素。[18]谱系研究需要专业的知识、技能以及路径。然而，基因上不受限制，可以是原住民精英，也可以挑选几个从事谱系研究的域外人。最有成效的原住民谱系史学研究著作来自那些自己有论题的学者，他们认识到谱系本身构成了历史，提供了归序过去的另类途径，对于特定的文化或民族具有特殊的价值。谱系很少是直观的、现世的，更多的是间接的，难以寻源的，常常是保密的、受保护的，还是政治的，具有现实的影响力，更不用说其现在对世系、财产、职位和级别的要求的重要影响了。对于任何一位学者而言，要恰当应对一种文化以上的谱系，在学术上是相当困难的。最不成功的、更棘手的谱系应用是那些受欲望驱动的人，他们要改造原住民谱系，以用于明显西化的历史，他们愚钝地"解读"谱系，把它们改变成另类。在太平洋地区，这种冲动的结果是产生了许多不精确的、误导的历史。最臭名昭著的例子之一就是想把不同部落的谱系"标准化"，精挑细选，最大限度地与作者的嗜好保持一致，然后用粗略的均等法来固定一个臆测的日期，作者或其他同事把它用作可靠的史料。[19]最近的学者，无论是原住民的还是非原住民的，相对而言，考虑得都更加周密，更具批判性，也更富有朝气和活力。

谱系以及代表过去历史的其他形象，与太平洋人生活的地方(place)是息息相关的。这种联系主要体现在人们是如何认同自己身份的。无论是新西兰的毛利人"大地之子唐加塔环努瓦"(Tangata Whenua)和关岛的"大地之子"(Taotao Tano)，还是斐济和加罗林群岛的"大海之子"，他们表达的语言各异，但内涵是一致的；夏威夷语 Oiwi 表示先祖陵寝的地方，波利尼西亚语中 placenta 既指土地又表示胎盘，这些都蕴含了谱系与地方的密切关系。下面再看普遍通用的波利尼西亚概念 wa，va，vaha'a,这对理解他们的时间概念至关重要，这些概念不只是指时间，同时也指空间，常常也指关系。va 是必要而相关的，指的不是静态的观察点，而是指相互之间运动的或可能运动的关系。在所有波利尼西亚语中，没有合适的对等词和概念指"时间"，因此，大部分当代波利尼西亚语，如汤加语和萨摩亚语中的 taimi，就音译了英语的语词 time。

所以，波利尼西亚人长期以来生活在"空间-时间"概念中，这是时、空等不同维度的交互。在基督教传来之前，大部分波利尼西亚人通过对比人和灵魂活动的"另类"维度，来理解人类活动的日常空间，例如，多重的天堂，波利尼西亚语是 langi/lagi/rangi，就是英语中天堂下的"人间、世界"，world 或 earth，就是萨摩亚语中的 lalolagi。在波利尼西亚人看来，多重的天堂，其层级之间是相互关联的，不是超世脱俗的地方，而是在适当的情况下，过去或曾经是可以航行的地方。天堂熟知历史、地域及其居民。因此，上帝与这些世界方位内的地域及其运动的观念密切相关。对波利尼西亚人而言，也就是强调，和其他许多太平洋原住民一样，地方和时间不是世俗的，而是弥漫着灵魂和神的共鸣；虽然现在他们都更多地皈依了基督上帝，但原住民仍然生活在他们自己神的世界里。因而，严格意义上的世俗时间，在学术研究中，致力于历史的叙述和表达，这在过去无可争议，在现在同样毋庸置疑，即叙述和表达漫长时间内大多数民族的历史。

在包括大部分波利尼西亚人在内的许多太平洋岛屿的原住民看来，重要的发现和移民历史意味着过去不只是时间上的，而且也是地域空间上的，因此，"空间-时间"的历史本质也就成为关注的焦点。在波利尼西亚东部，分布着历史久远、宇宙和英雄时代的故乡与故土，在其西部就是夏威夷。罗杰·格林（Roger Green）和帕特里克·基尔希（Patrick Kirch）在有关夏威夷的争论时说，"毫无疑问，波利尼西亚人先祖的故乡是西波利尼西亚，也就是1800年前到3000年前与萨摩亚、乌韦阿岛、富图纳岛和汤加接壤"[20]的地区。这种观点依据大量的原住民知识，与众多学术研究的观点一致。但是，在仍处于西波利尼西亚的那些社会，也有一个遥远的发源地的叙事，即普鲁土（Pulotu）。同样，学者一直在努力确定它的位置，有的认为指斐济群岛的一个地方，有的认为可能更远。因此，不仅是人的谱系，而且也是地方的谱系，使波利尼西亚成为一个整体。

本地的海

或许最能说明原住民地方谱系的莫过于太平洋的谱系。虽然太平洋原住民族讲上千种语言，有众多的文化，可是直到过去几个世纪，他们才有了表示太平洋的词语。这是因为在此之前，对于太平洋原住民而言，太平洋不是一个地方。奥斯卡·斯佩特认为，在欧洲人"发现"并命名它之前，太平洋是不存在的。[21]他的意思并不是说岛民不知道自己在哪里，而是说像地理学家认识到的那样，人类命名和活动之间的关系在于把体验到的抽象的、无词名的所遇变成有名的、熟知的、叙事化的地方。斯佩特与其他人一样很清楚，"太平洋"是个地方，是由众多其他原住民的地方支撑的，不能排除它们的存在。这些其他的地方需要得到认可、承认和研究。虽然这些原住民的海洋之地仍没完全纳入我们今天所称的太平洋范围，但是，许多海的地方都面积辽阔。岛民创造了这些地方的海洋，也许我们可以称之为"本地的海"，它们的面积绵延上百万平方千米，这些地方有名字，世人皆知，无数人实地体验过，也在历史故事里叙述过。

地方或地域构成人们定居的领土或领水，需要命名和叙事，因创造它的人而存在。正如多丽·玛茜（Doreen Massey）所述，它交织在绵延不息的故事叙事中，表现为权力结构中的瞬间，广阔地形空间中的特殊集合，始终在过程中发展，无始无终。如果说一个地方就是延续至今的同时性故事，那么众多的地方就是这些故事的集，相互交织，具有非偶然性。[22]这种观点有助于导向人们生活的地方，有助于揭示人们历史轨迹的多重性和差异性，符合"本地的海"的范畴，而且只要能够形成这些故事集，的确有必要探讨这些地方的海。故事包罗万象，在各种各样不同的原住民传统中可以看到"购物"的故事，同样，"本地的海"也可以富有尖锐性和敏锐性，以保留海的特色性和差异性。

许多太平洋原住民社会独特的海洋环境都表达在其地方的意义上。先进的航海技术，尤其是船的设计和导航特别有名，从而使他们能够跨越世界上最大的水域，不畏艰险，发现很小的岛屿目标。原住民设计和建造的最大的船，的确也有自己特色鲜明的技术。斐济语、汤加语和萨摩亚语中都有不同的词语指非对称的双体船，长100英尺（30.48米），短途航线能载250多人，能够安全地运载100人和数吨货物，在海洋上航行1000多英里（超过1609千米）。[23]把大的木板串起来，不用任何铁钉铆，几乎不像是他们所称的"木舟"，而是庞大的、强动力的航船。在整个早期与欧洲人的碰撞时期，在海上经常会看到原住民这样的"木舟"，伴随着大舰队一样许多更小的船。据欧洲人讲，规模达到100只，有的情况下有200多只，能够运载数千人。不仅规模大，而且远离家乡。例如，据说几十只汤加的"木舟"载着汤加国王及数百甚至数千随行人员，前往萨摩亚。

除航行之外，还有更多的东西表明这片水域被赋予了文化、空间和发展特性的方式。环状珊瑚岛上持续谋生的能力极富启发意义，同样还有岛民区别和应用"海标"（seamarks）的能力，是陆地标志（landmarks）的海洋版，如通用的吉尔巴斯语（i-Kiribati）。[24]域外的水手长期怀疑这些东西的存在。另一个具有说服力的例子是许多太平洋岛民高度熟练的捕鱼和海产养殖知识。与太平洋原住民捕鱼专家一起工作的海洋生物学家们发现了这种专业知识技能的熟练程度，很多是不为学界所知的。

一位前往调查研究当地人这种技能的海洋生物学家在20世纪70年代中期，碰到了一位叫恩基拉克朗（Ngiraklang）的帕劳捕鱼大师。他渊博的知识之一是他对珊瑚礁鱼类行为的掌握，"他十分了解许多鱼类数次产卵的阴历周期，他的知识与全世界的科学文献描述的完全一样"。[25]的确，两位现代科学家思考说，太平洋原住民的海洋知识"惊人地丰富，而且常常很精确，以致我们自己概念的贫乏而使相关研究异常困难"。[26]

在太平洋，过去和现在一样很少能在陆地和水的交会处弄清它的边界。环礁湖、港口、珊瑚礁、江河入海口、潮汐冲积平地、鱼塘以及其他众多的水域都是原住民劳作的地方。在整个太平洋，我们可以看到原住民的产业纵横交错在广袤的海面上。很明显以群岛组织的形式相对比较普遍，例如斐济的托克劳群岛、劳群岛，还有夏威夷，汤加的哈派群岛（Ha'apai）等。其他还有像萨摩亚的海洋家庭形式，把土地及其利益打包，跨越水域，依据家庭历史和关系进行整合。用同样具有启示意义的方法，拉罗汤加岛、曼加伊亚岛、艾图塔基岛、毛凯岛上的隔离划分土地，很像夏威夷和科斯雷岛上基于水域的土地划分，顺着中央山脉的山梁沿溪流或排水沟，不只简单地通到海滨，而且典型地深入大海，直到珊瑚礁。这些文化行为以及其他无数的类似行为，告诉我们许多海岛文化是如何完美地在海洋上生存的。

风格各异的"原住民海域"的形成也颇有差异。的确，这也是各自特有的自然和历史环境所致，海域内交织存在着各自独特的文化和民族。一些较大的或相对独立的群岛构成属于自己的"原住民海域",如新西兰,它的岛屿土地面积比波利尼西亚其他所有岛屿加起来的面积还要大,这是一个热情、勤劳的民族数世纪不断探索、发现、命名和建设的结果。当然也包含了对这片土地本身的重新定义。但是,尽管岛屿之间的交流日益频繁,可是新西兰的毛利人仍属于这片原生态的水域,无论是淡水河还是海,他们对水域的认同过去是,现在仍是其本土隶属身份认同和民族的归属不可分割的一部分。这种对先祖的归属与认同,与故乡的山、水血脉相连,而且在正式话语中仍然广泛引述。同样,在种族多样化的斐济群岛,一些特殊群体的人曾被视为特有的海洋民族,如早期与欧洲人的触碰时代,莱武卡(Levuka)和布托尼(Butoni)岛民都是有名的海洋民族,"他们至今仍以海为家,是著名的'水上居民'"。[27]

这些"原住民海域"中,在诸多方面最具特色的,当数位于北太平洋中心的环绕雅浦岛(Yap)的海域。从不同的视角,这片以萨维(Sawei)闻名的海域分别被称为帝国、"部族网"和贸易区。以雅浦岛为中心,向西延伸300千米,向东1500千米,直到特鲁克岛(Truk),包括了整个加罗林群岛(Caroline Islands)。[28]这大约是从纽约市到内布拉斯加州(Nebraska)的最大工商业城市奥马哈(Omaha),或从波兰到英国的距离。萨维以两种标志性钱币为中心,即贝壳币和有名的石头币,后者以霰石为材质呈车轮状,有的直径达2米之多。正如这里所描述的"原住民海域"一样,萨维被赋予了历史的特征,由特定的社会和文化过程构成，凝聚于特色鲜明的雅浦、帕劳和加罗林等语言的历史叙事中，承载着历史的过程，并在不断地变迁。它的历史可以回溯上千年，而史前学家却认为其历史更为久远，也许可以回溯至12世纪，但可以肯定的是可以回溯至14世纪。

萨维海域辽阔，岛屿众多，绵延数十万平方千米，这充分说明一些"原住民海域"面积之大，其辽阔的海域内分布着诸多其他小海。例如，科斯雷岛（Kosrae）、丘克岛（Chuuk）和波纳佩岛（Pohnpei），埃拉托环礁（Elato）、萨塔瓦尔岛（Satawal）和拉莫特雷克环礁（Lamotrek）等形成了各自不同的海域。在这个地区有4个"特色各异但又相互关联的世界"，即雅浦、帕劳和马里亚纳3个高地群岛，雅浦和丘克之间的环状珊瑚岛和珊瑚礁岛以及一个不断变化的、多元的竞技场。这里的地名经历了反复不断的变更，具有高度的情景多变性。[29]在密克罗尼西亚的这些地区，这种变化很明显，因为人们用各自不同的方式命名岛屿之间相连的海域。就拉莫特雷克环礁而言，有20多个"海面"把它与四周的岛屿相连。"在拉莫特雷克环礁的领航员看来，他熟知这片海的所有航道"，海的空间顺序清晰地勾勒在拉莫特雷克环礁的陆地空间顺序之间。[30]

这些海洋区域或"原住民海域"中，最负盛名的也许是新几内亚东部的马西姆（Massim），其核心是"库拉圈"（Kula Ring），包括特罗布里恩群岛（Trobriand Islands）和当特尔卡斯托群岛（D'Entrecasteaux Islands），是现代人类学家布罗尼斯拉夫·马林诺夫斯基和雷奥·富顿(Reo Fortune)最著名的原始研究关注的焦点。[31]研究马西姆海域的许多学者关注的焦点大多为库拉交换的过程,即"仪式"交换的货物,这是库拉交换的命脉。但是,由于该海域不同的原住民族共同形成了这样一个交换可能发生的地方,因此交换是唯一可接受的,甚或是可信的。正如马林诺夫斯基所称的那样,这些人一定是"西太平洋的航海者"(The Argonauts of the Western Pacific)。[32]

在太平洋民族的海洋特质的叙事中,美拉尼西亚往往被忽略,然而,这毫无道理。许多美拉尼西亚人创造了与马西姆海域一样壮丽的"原住民海域"或航海之地。沿新几内亚北部的塞皮克海岸(Sepik Coast),是一个特别多样化的社会群体,从事航海与贸易。布干维尔岛的巴布亚人(Siuai)通过这些海域与阿卢岛(Alu)和法乌罗岛(Fauro)相互往来。新不列颠岛和新几内亚的休恩半岛之间的勇士号海峡是另一个繁忙的海域,大洋洲人(Siassi),即技能熟练的水手和渔民,在这里形成了繁荣的海洋商业,吸引着海峡周边不同的民族,开展商品流通贸易。在巴布亚湾还有其他的"原住民海域",其中包括研究颇多的希里语(hiri),合成了莫图语(Motu)和埃勒马语(Elema),最终形成了自己的皮钦语;还有一个在马努斯岛和阿德默勒尔蒂群岛之间及其周边,是一个复杂的贸易伙伴和市场交易集散区。新几内亚之外的圣克鲁斯(Santa Cruz),当地的原住民把从瓦尼科罗岛(Vanikoro)到达夫群岛(Duff)和里夫群岛(Reef Islands)的大片海域连通起来,形成了又一个"原住民海域"。

同样，在法属新喀里多尼亚（New Caledonia）及其洛亚蒂群岛（Loyalties）、利富岛（Lifu）和马雷岛（Mare）之间，也维系着这种"原住民海域"连通的海洋关系。

在波利尼西亚，有两个最引人注目的大"原住民海域"：一个叫莫阿娜努伊海神（Moana-nui-a-Kiwa）；另一个叫瓦沙洛亚（Vasa Loa）。正如南部的库克群岛和新西兰岛所称的那样，前者是海洋之神，指神话传说中的祖先，环绕着这些岛屿，并借此与遥远的外部相邻岛屿连通。与其他海洋一样，没有特定的边界，在库克群岛和新西兰的毛利人看来，它覆盖了一个相互重叠的却又不同的海域。而后者指环绕西波利尼西亚诸岛的海域，包括了乌韦阿岛、富图纳群岛、萨摩亚、汤加、纽阿福欧岛（新椰岛）、纽阿托普塔普岛等，也包括斐济。重要的是它是"故事之海"，叙说着它的沧桑变迁，维系着这些不同岛屿的互联互通。[33]这片海的传统历史相对比较闻名，自宇宙史学初期就得到了清晰的证明，经历了英雄时代，跨越整个谱系史学时期，其重要性至今仍在不断彰显[34]。在欧洲人到来前以及之后，尤其重要的是汤加水手的作用，他们是这片水域连通的最积极的参与者，而且的确推动着这些岛屿不断地走向"海外"。

"故事之海"瓦沙洛亚海域辽阔，那里是西波利尼西亚诸多历史的发生地。正如拉莫特雷克环礁的不同文化一样真实，这片辽阔海域的空间性可与陆地和其他地方的空间性相媲美，它存在于语言、歌曲、刺青和医药之中，浓缩于代代相传的地名、重要的演讲题目，甚至是村落名字之中。这些体现着代际关系的重要实例有汤加的图伊·卡诺库柏鲁（Tu'i Kanokupolu，源自汤加语词，指萨摩亚的一个主要岛屿乌波卢）谱系，萨王马列托阿（源自战败的汤加战士有名的口语，指"伟大的战士"）和著名的拉马基（Lemaki）独木舟匠人［生活在斐济，是萨摩亚马诺诺岛（Manono）的后代］等。即使是家谱的一小部分，也具有深刻的启发意义，女王萨洛特的谱系中，只用透过单个的某一个人，就可以理清该海域的多重亲缘关系。例如，庖普阿尤刘丽（Popua'uliuli）是斐济拉开巴（Lakeba）图伊君主（Tui Nayau）的儿子帕蕾萨撒（Paleisāsā）的女儿，而帕蕾萨撒的妻子托尔菲丽莫安格（Toafilimoe'unga）又是图伊·卡诺库柏鲁的女儿。[35]这些谱系给原住民历史解构进入大的国家史带来了挑战，尽管只是过去一个世纪左右的人为现象，然而，与区域史相比，国家史更受青睐，因此这些谱系一直困惑着人们对大叙事的理解。幸运的是，近期的一系列史学，无论是依据原住民的模式，还是依据学术的形式，已经开始着手研讨这些大的历史叙事。

"原住民海域"有时是相互重叠、交互联通的，几乎没有独立的。对于大部分海而言，是依靠不规则的、并非是层次性的关系与遥远的海域互通互联。愈加遥远的联通关系取决于边界的差异，例如，瓦沙洛亚和莫阿娜努伊海神之间，就存在西波利尼西亚和东波利尼西亚之间的差异；萨维与其南部的岛屿之间，从某种意义上讲，存在着密克罗尼西亚和波利尼西亚之间的差异。但是，就大多数海而言，各自都有自己的地属边界，而不是如宇宙一样浩瀚无边。通常都要了解自己的"原住民海域"之外的其他海域，其最好的体现就是由瑞亚堤亚（Ra'iatean）的领航员和牧师图培亚（Tupaia）为詹姆斯·库克船长画的地图。图培亚对海的了解远远超越了他的阅历，范围远远超出了东波利尼西亚的广阔海域，可能最远已至萨摩亚。同样，库克群岛的曼加伊亚人传颂着定居及其与遥远汤加和萨摩亚关系的故事。这些"原住民海域"作为一个整体覆盖了太平洋所有的定居岛区，相互交织，千姿百态，不断地传承和变迁。不同海域的岛民纵横航行，形成了整体的互联互通，就像大洋自身一样，整体的"原住民海域"就是一幅不断变化的动态地图。

由于域外人和帝国的到来，"原住民海域"经常处于变化之中，可是，变化并没有终止相互的联通，而是不断地促进着联通关系的重塑。第二次世界大战之后，太平洋岛屿的居民开始更加频繁地移民，大多都移往大洋周边的中心帝国，尤其是澳大利亚、新西兰、美国以及夏威夷岛。移民规模庞大，以至于大部分波利尼西亚的国家本土拥有的人口远远低于其海外的后裔人口，密克罗尼西亚的许多国家情况也一样。太平洋的这些"跨国之国"在本地区国家之间及域外国家之间，形成了纵横交错的移民关系，从而使这里的日常生活都富有跨国性，偶尔还能看到有关萨摩亚国家橄榄球队队员或斐济在伊拉克的雇佣兵之类的新闻。"原住民海域"的视野在不断地发生着变化，亲缘关系依然在延续，但其传统的航海联通方式更多地已被飞机所取代，尤其是被社会互联网络平台、汇款、电子媒体和军事参与等所取代。

对于大部分人而言，太平洋的谱系依然根深蒂固，依然有众多的人仍自认为是"太平洋岛民"。这并不是指他们借用了外国人意义上的岛民概念，而是太平洋的本土化和回归。随着太平洋岛民的日益国际化，这种回归也越发重要。在他们看来，过去的半个世纪见证了他们更多的对太平洋的话语权，更加肯定地推崇去殖民化、区域化和全球资本主义。但是，更有意义的是，通过地区原住民的内在关系可以推进新的交流网络，增强凝聚力，例如，举办太平洋运动会和艺术节，发展世界上独特的两所区域性大学之一的南太大学，创办了太平洋岛国论坛之类的区域性机构。与此相交织的是新的认同、习俗和情感，也包括"太平洋之道"(The Pacific Way)，尽管备受关注和批评，可是，对于地区话语的整合统一至关重要。这与埃波利·霍欧法(Epeli Hau'ofa)预见性的作品《岛屿之海》不谋而合。原住民的海上航道和谱系在不断地变迁，然而，总是彼此联通，血脉相连。因此，被救起的德威特·玛拉中校搭乘这艘澳大利亚建造交付给汤加的太平洋级巡逻船，航行在他们先辈熟悉的航道上，更好地巡视他们的专属经济区(Exclusive Economic Zone)，寻觅他们亲人的安息地。

第二章
太平洋：1500—1800年间的帝国前时代

乔伊斯·E. 查普林

一艘从秘鲁开往中国的欧洲船穿越麦哲伦海峡，进入"南海"（南太平洋）。船在大洋上漂泊着，水手们感到绝望，他们无法找到陆地，而且其中的1/3感染了坏血病。偶遇本萨利姆岛（Bensalem），他们喜出望外，更令他们惊奇的是居住在岛上的人竟然都是基督教教民，会讲多种流利的欧洲语言，精通各种各样的自然科学，是一个有学问的社会，并在"萨罗蒙的房子"（Salmon's House）里不断实验、完善各类自然科学。这明显就是太平洋的"新亚特兰蒂斯"（The New Atlantis），其内容比欧洲人在大西洋的任何发现都要丰富。本萨利姆岛是西方旅行者完全一无所知的世界，但是，似乎是完美地为他们而存在一样。培根乌托邦式的"新亚特兰蒂斯"的诸多要素由于太完美而失真[1]，没人曾发现过本萨利姆。然而，培根却完美地捕捉到了欧洲水手在太平洋漂泊时的无助和绝望以及他们对自然知识的某种渴望。在太平洋浩繁的世界里，欧洲人往往那么渺小，羸弱地只剩下了病入膏肓的躯体，不再是体现公民特质和机能的血肉之躯，在世界的其他区域为欧洲帝国向外扩张开拓。而太平洋却是一个完全不同的世界，自然环境和人的欲望在这里博弈，彰显着它独特的魅力。

翻阅欧洲向世界其他区域扩张的文献，无论以什么标准来衡量，都很容易陡升欧洲帝国的成就感，可是，在太平洋却完全是另一种境遇。欧洲的非帝国主义境遇是什么景象呢？1513年至1808年，从西班牙探险家巴尔沃亚（Balboa）到英国海军将领布莱（Bligh）时期的太平洋历史是最好的答案。在不断增多的故事中，有关欧洲人"发现"太平洋的章节可能会是微不足道的，10年前可能根本就不存在。也许完全可以想象，不断增多要么是正面的，要么是负面的。然而，无论如何，都可能会不懈地向前推进，努力去构建帝国的神化美景。这种形式的分析也许仍有助于学者描绘和批判欧洲在其他区域推行的帝国主义，可是这在太平洋及其周边地区却毫无价值。[2]

对太平洋的日益关注之所以不具可比性，是因为欧洲人进入太平洋近3个世纪，其处境完全是被动的，而且是一无所获的。很明显，其被动在于欧洲人要依赖当地人来了解有关太平洋的知识。最早是印第安人引导瓦斯科·努涅斯·德·巴尔沃亚（Vasco Núñez de Balboa）穿越巴拿马地峡，从其分割的大西洋进入了欧洲人完全陌生的东太平洋。可是，他们与原住民毫无接触，因此，经常是什么也学不到。他们与密克罗尼西亚的接触也没有持续下去，而且，在长达两个多世纪的时间内，欧洲人没能找到任何世界上最擅长航海的波利尼西亚人。[3]直到18

第二章 太平洋：1500—1800年间的帝国前时代

世纪60年代末，塞缪尔·瓦利斯（Samuel Wallis）和布干维尔才独自登陆塔希提岛，终于开启了姗姗来迟的接触。更甚的是，欧洲人发现自己被太平洋亚洲沿岸的国家拒之门外，也没能与澳大利亚和新西兰之类的面积辽阔的陆地保持连续的接触。甚至他们在世界其他地区不断建立政治帝国的时期，也没能于17世纪和18世纪在广大的太平洋地区立足。从美洲西海岸到菲律宾，从巴塔哥尼亚到中国，看不到欧洲的帝国。威廉·布莱在南太平洋幸免于海上兵变和陆地上的叛乱，其职业的飘忽不定充分说明了欧洲在太平洋区域的社会、政治控制十分脆弱。

　　欧洲人缺乏影响力，没有自治权，对太平洋缺乏了解。由此可以看出，他们不仅是社会公民，为其所代表的国家和商贸集团赢得了利益，而且也是自然体和血肉之躯，他们在太平洋及其周边的出现清晰可见，对自然界仍产生了一定的影响。即便如此，欧洲人并没有造成像早期的大西洋世界一样的自然灾难。在那里，欧洲的定居者，常常是一代人，为了移植自己喜爱的旧世界（Old World）的植物，饲养自己钟爱的动物，就灭绝性地毁灭当地的动植物。时间差很重要。到了18世纪，同样的变迁开始影响部分太平洋的时候，欧洲人意识到了自己的所作所为。这很重要，它表明欧洲人一定程度上意识到，在那些他们难以殖民的地方，驯养欧洲本土的植物和动物就等于大规模的军事突击入侵。同时，他们也开始视太平洋为独具特色的科学平台。他们从没发现什么萨罗蒙的房子，但是却努力尝试去建造这样的房子，坚信科学活动会展示出一种不同的主权统治，即使没有稳定的帝国存在，也仍然可以构建这样的统治，顺应自然世界。

尽管美洲的"发现"及其在欧洲世界地图上的出现引起了众多学者的关注，然而，后续不断地对太平洋的探索与发现实际上更让欧洲人感到吃惊。自古典时期以来，他们撰写了大量有关西部"陆地"的报道和传说，其中也包括亚特兰蒂斯，他们也了解一些位于其东部的"亚洲"，但是，仍然没有任何与此相应的有关大西洋之外的信息，或者说，即使有，也是大西洋和亚洲之间详述可见的东西。全球人类差异鲜明的部分往往是有关局域海洋知识的基础，可是，这些知识并没有被整合成共同的地理科学。虽然亚洲、美拉尼西亚和波利尼西亚的水手航海能力很强，能够驾驭后来称为印度洋和太平洋水域的航行，可是他们的技能和知识长期为外界所不知。欧洲人的意识中只有本域的海，尤其是地中海，仅限于欧、非西部海岸的大洋，但仍未形成一致的"大西洋"的地理概念。[4]

渐渐地，欧洲的旅行者走出这些古老的海域，开始汇聚于大洋。最初他们主要通过探索其他民族拥有的海洋知识，通过向全球社会学习，以获取自然知识。例如，1497年至1499年间，葡萄牙水手瓦斯科·达·伽马（Vasco da Gama）在前往印度的两年行程中，在现在肯尼亚的马林迪（Malindi），找到了一名舵手，带他驶入了印度洋。1500年之后，葡萄牙人逐渐学会了从亚洲地图和当地人那里获取更多有关印度洋的信息，随着不断地向东航行，他们也慢慢地掌握了通向中国海域和日本水

第二章 太平洋：1500—1800 年间的帝国前时代

域的海洋知识。[5]

但是，欧洲人不明白，一直从大西洋向其他水域探索，它是如何与这些水域连在一起的。哥伦布认为大西洋和印度洋也许会在某个地方交汇，并坚持说，他穿越大西洋就意味着联通了欧洲和亚洲。可是，他为西班牙主张拥有的区域，尽管很快派驻了士兵和定居者，但根本不像欧洲人熟知的亚洲任何地方。他发现的难道只是印度附近的盟邦，香料群岛（马鲁古群岛），中国，或日本，这真的可能吗？如果与这些地方差异巨大，一点都不像，那么，它们不仅陆上与亚洲相分离，当然也因此与欧洲相分离，而且也许由另外的海使其彼此分离，是这样吗？

一个似乎合理的解释就是另有一个大洋。1507 年，马丁·维尔德西姆勒（Martin Waldseemüller）出版的《航海日志》（依据托勒密的地心说传统和亚美利哥·韦斯普奇等人的发现绘制的世界地图"The Universal Cosmography according to the Tradition of Ptolemy and the Discoveries of Amerigo Vespucci and Others"）显示，大西洋的西侧与美洲的余部接壤，这表明在它更远的一侧另有大洋的存在。这并非完全没有先例，正如书名所昭示的那样，依据早期的叙述和绘图，他在世界地图上植入了一个新的大陆和大洋。巴尔沃亚于 1513 年在美洲原住民向导的帮助下，穿越了巴拿马地峡，看到了开阔的大海，从而确认了这片水域的存在，并把它命名为"南海"，并以此认为这一定是位于中国和日本南部的水域。过去一直认定它延伸的范围很大，直至美洲附近，或者距离欧洲向西航行者的理想目的地不远。[6]

然而，并非每个人都相信它的存在。其中比较著名的怀疑者就包括麦哲伦。他认为，葡萄牙人从印度到达的马鲁古半岛的香料群岛一定离西班牙王国所声索的新世界更近。他说服西班牙国王查尔斯五世资助他率领船队向西远征探险，试图绕过美洲，进入他所谓的西纳斯马格纳斯（Sinus Magnus）狭湾，从那儿肯定能通向中国。他的确发现了穿越南美的航道，即后来以他名字命名的麦哲伦海峡。在那里，他招募了一名可能出于自愿的巴西人，绑架了两名火地岛的美洲原住民。他们穿越了海峡，其中的两名美洲原住民幸免于难，可是，在麦哲伦认为根本不可能存在的大洋上漂泊了数周之后，他们同其他欧洲船员一样死掉了。由于那里没有风浪，因而他们称之为"太平洋"。令人难以置信的是，麦哲伦继续向西、向北航行，然而，在太平洋却没遇到任何一个有人居住的地方。保存下来的叙事记载说，他曾试图在两个较小的无人岛屿停靠，但由于水太深而无法锚泊。没有外人做引导，原先的5艘船中只有3艘继续漂泊，直至到达关岛。坏血病使众多船员付出了生命的代价，船队不断减员，一路艰难航行，最终回到了西班牙。[7]

太平洋不断地吞噬着欧洲水手的生命和船队，这已经成为欧洲人大洋探险的常态，这种情形一直持续到18世纪后半叶。无论他们从何处进入，那里都有可能弥漫着无形的警示：任何闯入者，请回吧，这里没有希望。太平洋那么浩瀚辽阔，普通人都会清楚那里很危险。可是，这只是欧洲水手所要面对的问题之一，而另一个鲜有人关注的障碍是太平洋距离欧洲那么遥

第二章 太平洋：1500—1800 年间的帝国前时代

远，而且航程曲折凶险。因此，等到进入太平洋的时候，他们的船队已经伤痕累累，船员已经疲惫不堪，而这时正是需要他们搏击风浪，勇闯世界上最大水域的时刻。自麦哲伦之后，欧洲水手几乎到达了所有可以通达的太平洋海岸，无论在哪里，他们都想这样做。这也许是因为他们认为太平洋和大西洋、印度洋一样，只有中心区才是开阔的水域。他们小心谨慎，是为了确保太平洋资源丰饶的岛屿的居民不会对他们过多地干预和注意。欧洲人用了近 2 个世纪的时间才在太平洋的周边零星地有了立足之地，结果当然是帝国式的，仅此而已。其进程是何等漫长，如蜗牛一般。[8]

最早，是西班牙首先成为欧洲对太平洋的声索者，从战略上声称拥有太平洋的边缘地区，这些地方可以使其利益最大化。西班牙的决策反映了欧洲对亚洲的普遍策略定位。他们认为，与印度和中国贸易可以让欧洲的对外扩张获得最大回报。荷兰、西班牙和葡萄牙在印度和菲律宾的前哨基地，因此象征着他们所取得的最大的成就。他们所发的意外之财是源自安第斯山脉的银矿，西班牙的运银船队穿越南美洲，航行到菲律宾，把银销往亚洲，这是欧洲与太平洋最重要的联系。一旦在菲律宾和中、南美洲有了基地，西班牙就会严禁外人进入。最初只有天主教民才能进入，后来只有授权许可方可进入。把相互之间距离遥远的西班牙基地联通起来的确是件重要的事情，作为后来者，它在整个跨太平洋的运输量中占据了绝对的数量优势。只有装备良好、官方许可的大帆船才能成功地从菲律宾远渡重洋抵达墨西哥的阿卡普尔科港，而且往返频率有限。用"西班牙湖"来指太平洋，充分彰显了西班牙的海洋产权意识，然而这种意识却完全忽略了太平洋岛屿和陆地居民的存在，也否认了太平洋的浩瀚与辽阔。[9]

但是，随着欧洲人不断地从太平洋边缘向外扩张，其真实的概貌也开始逐步显现。葡萄牙人、西班牙人和荷兰人从他们各自在印度尼西亚和菲律宾的殖民地出发向东航行，开始了他们与新几内亚的首次接触。1526年至1527年，葡萄牙探险家豪尔赫·德·梅内塞斯(Jorge de Menezes)航行到了太平洋最大的一个岛，他的队员称其为巴布亚，这是一个马来语词，指美拉尼西亚人自然卷曲的头发。1545年，西班牙航海家伊尼戈·奥尔蒂斯·德·雷特斯(Yñigo Ortiz de Retez)认为这里的人像欧洲人称的西非的几内亚人，因此，就起名为新几内亚。这两个名字表明，欧洲人常常依赖他们对太平洋之外的世界知识进行对外扩张。1626年至1642年西班牙人不断登陆中国的台湾岛。17世纪60年代开始定居马里亚纳群岛(Marianas)，但是他们没有在新几内亚建立定居区。继西班牙之后，荷兰人也曾到达并侵占了中国台湾。他们的到来充满了血腥。在西班牙对菲律宾殖民化的前数百年里，爆发了几十次原住民的反抗斗争；在关岛，当地的查莫里人1648年密谋杀死所有的西班牙耶稣会教士和官员。西班牙人在美洲也许是自豪、荣光的征服者，可是在太平洋基地，他们却显得力不从心。[10]

应对的策略之一往往是调集太平洋地区更多的武装力量。

第二章 太平洋：1500—1800年间的帝国前时代

这很难，因为从事殖民的军力经常陷于其他区域的战争，或者由于太平洋和亚洲的帝国势力范围过大而影响力下降，无暇顾及。英国在北美和加勒比海域的殖民地拓展异常地缓慢，从而导致其在近东和亚洲的实力薄弱，英军士兵经常被俘，甚或成为奴隶。对北美大陆的入侵对任何人而言都特别地艰难。1680年，美洲原住民普韦布洛人（Pueblo）起义，反抗西班牙殖民者。荷兰人、英国人和法国人都遇到了易洛魁联盟（Iroquois Confederation）的顽强抵抗。而在太平洋的彼岸，在地域更加辽阔的亚洲，欧洲人根本无法在中国、日本和朝鲜立足，而只能勉强在印度支撑。在这样大的地缘政治背景下，欧洲人对太平洋的庞大财政和军事投入的代价的确太大。

总之，欧洲距太平洋的距离以及难以弥合的怨恨，都意味着输送庞大的舰队进入太平洋几乎不可能。这种情形一直延续到19世纪才有所转变。西班牙人就此付出了沉重的代价。1524年，加西亚·霍夫雷·德·洛阿萨（Garcia Jofre de Loaiasa）的探险队从西班牙出发时，有4艘船和450人的船队，而在经历了无数次的意外和磨难后，最后只有28名幸存者回到了欧洲。从此之后，西班牙人只有在万不得已的情况下，才会横渡太平洋，或离家去漂洋过海。后来的海军舰队遭遇了同样的灾难。1740年，英军将领乔治·安森率舰出征去袭扰太平洋的西班牙敌舰，有6艘舰船，1939名海军官兵，舰队如此庞大进入并横跨太平洋，难免传染坏血病，吞噬船舰上的生命。尽管英舰队几乎没有遇到敌对行动，但最终也只有1艘舰和

63

145名舰员回到了英国。夺去他们生命的不是西班牙人，而是帝国在全球贪婪的灾难性扩张。[11]

培根作品中受坏血病伤害的航海人清楚他们在做什么，太平洋航行的目的就是寻找其他人，以抢夺他们的物品，无论其是否愿意。航海人最早的目标是环太平洋的西班牙基地，英国和荷兰的水手航行中借机抢劫西班牙殖民地及来往于殖民地的船队。他们抢夺银之类的珍贵物品和给养食物，先是16世纪70年代英国的弗朗西斯·德雷克（Francis Drake），后来是80年代的托马斯·卡文迪什（Thomas Cavendish），到了17世纪初的10年就是荷兰人约里斯·斯皮尔伯根（Joris Spilbergen）。在从西班牙定居区和船上抢劫物品的同时，这些太平洋强盗还绑架人，以打探航海信息：下一步到哪儿以及如何到达等。为此，他们既绑架欧洲人，也绑架美洲原住民、非裔的奴隶和亚洲人。可是，他们不绑架太平洋原住民，原因很简单，他们几乎碰不到。因而，他们普遍选择海岸线附近海域，尤其是他们熟知的欧洲化的地区和经济区。[12]

寻找南方未知的大陆澳大利斯地（Terra Australis，拉丁文，指澳大利亚）是个例外。有人认为这片南方的大陆必定与北半球已知的陆地群形成地球的对称与平衡。16世纪至18世纪的许多世界地图上都分布着在南部大洋内的假定大陆块，位于已知的两个大陆块的最南端以下，即好望角和合恩角以南。荷兰人登陆澳大利亚预示了南部大陆存在的可能性。即使如此，他们仍从印度尼西亚群岛的殖民地出发，从印度洋一路向南。维

第二章 太平洋：1500—1800年间的帝国前时代

纶·詹森（Willem Janszoon）带领他的船队穿过新几内亚群岛，于1602年成功地在现在的昆士兰登陆，成为最早有记载的接触这片大陆的欧洲人。可是，由于在他所称的纽荷兰与原住民发生了致命的冲突，他们没做过久的停留。1616年，荷兰船长德克·哈托格（Dirk Hartog）再次有记载的是在靠印度洋一侧的海岸登陆澳大利亚大陆，因此，这次事件很少出现在太平洋史中。然而，他们既没有意识到这片大陆辽阔的面积，也没能赋予它一个固定的名字。所以，二者只能说明，人们对世界最大的有人居住的陆地了解进程迟缓。

太平洋的其他岛屿不断地添加在新出版的地图上。17世纪40年代，荷兰人阿贝尔·塔斯曼（Abel Tasman）在范迪门地（Van Diemen's Land，即后来的塔斯马尼亚），新西兰和斐济登陆驻留，并首次做了文献记载。智利海岸附近的胡安·费尔南德斯群岛（Juan Fernández）成为非天主教水手的停靠站，他们需要补充食物和淡水，同时又要避开西班牙人。同样，偶然发现的"恩坎塔达斯"（Incantadas，魔鬼岛）群岛，似乎十分迷人，后来取名加拉帕戈斯群岛（Galapagos），即"巨龟岛"。1684年，库克船长来到这些岛上探险，并两次命名为英属岛屿，但这些名字并没有用上。不像胡安·费尔南德斯群岛那样，恩坎塔达斯群岛不是受欢迎的停靠站，显然是因为上面怪石林立，寸草不生。而1722年荷兰人雅可布·罗赫芬（Jacob Roggeveen）临时停留而命名的复活节岛就完全不是这样，然而，一个多世纪都很少有人光顾。最后，塞缪尔·瓦利斯和布干维尔分别于

1767年和1768年来到塔希提。尽管最终走向冲突、动荡，但这是西方人和波利尼西亚人长期而重要交往的开始。

麦哲伦和其他的西方探险家持续错失了近250年之后，太平洋内岛屿的探索最终还是实现了。与此同时，18世纪后期欧洲的探险家也在想方设法寻找南太平洋底端更大的陆地群。1768年至1771年间，库克首次航行进入太平洋，绕行了新西兰的两个主要岛屿，证实这些岛屿之间存在明显的差异，不是同一个岛，而且与澳大利亚大陆也完全不是一回事。同样，他还确认了新几内亚独立岛的地位，甚至还靠近了南极洲，从而进一步推动了人们的猜想，有一个南部大陆一定存在，而且一定是冰雪之地，只有企鹅在那里生活。1776年至1779年，他第三次航行进入太平洋，而这次他最后死于夏威夷。之后，他的一个部下乔治·温哥华（George Vancouver）继续航行，绘制沿太平洋海岸线的海图，最终勘查到太平洋西北，完成了世界地图上最后有人居住的大陆海岸线的绘制。至此，尽管许多地方仍有待勘查，尤其是南极，然而西方人有关太平洋的地理知识最后似乎已经有了有用的概要轮廓。

但是，欧洲帝国并没有顺势而行。的确，许多都起草了规划，计划在整个太平洋地区建立自己的居民定居区，然而几乎没有付诸实施。环太平洋地区欧洲人的基地仍然人口稀少，太平洋内发现的新岛屿和群岛任何欧洲人的出现都缺乏连续性。因此，研究早期欧洲人出现在太平洋的几位学者把水手、旅行者，甚至定居者称为"海滩流浪者"，甚或"流浪鬼"[13]。

第二章 太平洋：1500—1800 年间的帝国前时代

有人定居的基地往往会代表创建国的政治和军事存在，而在没有基地的情况下，欧洲当局会把权衡法律和政治事务的权力授予海军军官负责，有时也会授权商船队的船长负责。到了 19 世纪，美国进入太平洋的商业冒险完全是由私人倡议并参与的。例如，最早进入太平洋西北的商船尽管携带国会签发的官方信函，称由美国承担风险和相关费用，实际上是由波士顿商人资助的。同样，美国的捕鲸人、俄国的皮货商和法国的探险家在遥远的地方，随性地代表各自的国家，船长被赋予重要的自治权，决定如何对他人采取行动。

假如欧洲的船队长期在太平洋盆地作为外国当局的唯一代理，那么，简单地使用，而不是取代海军或商船的指挥权，这是有一定意义的。如果不改变海上的军事指挥权，那么为什么不用约束性的指挥权呢？最初，欧洲各国政府规定海军指挥官航程中应如何应对可能遇到的任何人，后来，他们又把这种多少有点儿变革的规定作为新的标准，用于管理船上的个体以及沿海岸的定居者。

首先改革的是停止绑架开船的舵手。在没有导航信息的情况下，作为太平洋知识缓慢积累的持续象征，18 世纪初期抓捕俘虏也是常态，甚至是自 16 世纪以来，欧洲水手航行在他们熟知的海域，情况也一样。而在这种情况下，把地理知识记录下来带回欧洲是不确定的，因为太平洋在欧洲的地图上和地球仪上的已知范围和地貌可能一直都在变化更新，可是航行太平洋的水手不会了解这些知识，因此更新的也不会完全一致。

绑架舵手的惯例之所以停止，不是因为他们掌握了更多的太平洋知识，而是由于欧洲的统治者告诉他们的水手自己决定哪些人不应受到这样的袭扰。首先，他们停止绑架其他的欧洲人，继而转向雇用亚洲人，取代绑架，这样也许是为了避免惹怒他们想与之进行贸易的当地政府。到了18世纪初，水手们已经对抓捕美洲原住民感到厌烦。他们态度的转变事实上蕴含着另一个更大的地缘政治背景，即在七年战争（Seven Years' War）之前的几年中，欧洲人已经意识到，与美洲原住民开展有效的外交对于实现他们的帝国野心十分重要，而美洲原住民自己也清楚这一点。所以，正如最近10年的北美史学家所表明的那样，不同的欧洲国家、利益集团和美洲原住民部落群体之间寻求联盟就成为整个18世纪战争和贸易的重要持续性特征[14]。

这种趋势也反映了全球的帝国地缘政治。在这种政治背景下，对曾经被强制上船服役的不同种族的人现在给予更多的关注。例如，英国人长期以来在战时都要强制到海军服役，而同样，法国的罪犯必须在地中海的帆船上为奴；从非洲内陆转运出来的俘虏被转到欧洲船上成为贩往美洲的奴隶；海战中抓获的战俘必须交赎金赎回。当这些惯例无人质疑的时候，在太平洋抓获俘虏强制在船上做舵手，似乎无可非议，至少在捕获者看来是这样的。但是，当海军强征兵役和大西洋奴隶贸易开始备受质疑的时候，当法国于1748年废除船工奴隶制之后，违背个人意愿，强行船上服役，尤其是这样做无助于甚至伤害帝国目的的时候，就开始有些难以接受了。战俘、奴隶、罪犯和

第二章 太平洋：1500—1800 年间的帝国前时代

契约劳工等不同的人在太平洋被贬为无自由者，有的被用来了解信息，但是不是在船上，因为囚禁并不意味着就能获得知识和信息。[15]

无论如何改革，海军指挥权都是太平洋地区帝国政府的一个糟糕的模式。在较短的时期内，皇家海军的两位将领由于顽固地坚持自己在太平洋的秩序维持权而接连丧命。尽管库克船长的崇拜者指出，他早期的职业生涯充分展示了他所具有的指挥才华，做事慎重而有分寸，可是他们必须承认，在他最后两次太平洋航行期间，他的耐心和判断力明显减弱。他常常焦躁不安，生怕部下有丝毫要挑战他权威的企图，尤其是对当地原住民，他更是脾气火爆。他渐渐开始鞭罚、伤害及惩罚那些随意获取船上财物的人，这极其危险，很容易伤害任何欢迎他的船队。在汤加，他逃过了一劫，然而，1779 年，他气数已尽，在夏威夷没再那么幸运，在追逐盗用他小船的当地人时，他被杀了。[16]

他的一位军官威廉姆·布莱坚信，如果那些陪他一同前往凶险的夏威夷海滩的士兵尽职的话，采取行动应对，那么他的指挥官库克可能还会有生还的机会。可是，由于他们已经厌烦了库克整肃军纪的独断专行，因此可以说他们是杀死他的同谋。由此，布莱也许判断认为更加严格的整肃是必须的。1787 年至 1789 年，库克指挥"邦蒂"（*Bounty*）号期间，他的完美主义和脾气火爆导致了由弗莱切·克里斯坦（Fletcher Christian）率领的哗变。这说明布莱的判断是正确的。因而，他后来把库克近似苛

69

刻的权威意识沿用到了陆地。在任新南威尔士总督期间，当时英国的这片殖民地还不叫澳大利亚，他1806年后的改革尝试疏远了许多有威望的民众以及争相控制殖民地的士兵。1808年，布莱被捕，被监禁一年，直到他最后同意离开新南威尔士。在审判他的一个主要对手时，他认罪服法，这实际上是从法律上免除了布莱的判罪，也就等于声明英国在太平洋的权威必须由其合法的官员向海外辐射，这在理论上很清楚，事实上并非如此。[17]

同样，欧洲人在太平洋其他区域的声索也没那么坚决，加利福尼亚就是这样的一个典型案例。任何在有"黄金之州"之称的加利福尼亚州接受良好学校教育的孩子都能熟记该州领土上曾经飘过的国旗顺序：西班牙、英国、俄国和墨西哥，尔后是各个不同独立的讲英语的共和国的星标、徽标或旗标，直到1850年，才是美国的星条旗，这也形成了墨西哥下加利福尼亚州（Baja California）和美国上加利福尼亚州（"alta" California）之间难以管控的边界。无论如何，加利福尼亚州的本地居民都没有理由接受任何飘忽不定的领土诉求，这只能无故增添这片环太平洋区域的冲突和命运的不确定感。大洋中不同岛屿的地位同样颇具不确定性。直到19世纪法国仍不能确保自己对塔希提的拥有权，更不用说"法属波利尼西亚"的其他部分了；英国对澳大利亚的控制直到1863年北部地区（Northern Territory）并入南澳大利亚才算稳定下来。

无论西欧帝国对太平洋内部的控制如何地巩固，很快便受

第二章 太平洋：1500—1800年间的帝国前时代

到距太平洋更近的新兴的西方化力量的挑战。首先是美国和俄国，它们都进入太平洋西北部，从事皮货贸易。俄国在阿拉斯加的乌纳拉斯卡至加利福尼亚州一带建立了永久性基地。作为应对，美国先商、后政治干预夏威夷，从而有效地阻止了英国对这片岛屿的主张。后来，日本也不断表明自己对其东部海洋航线和立足地的觊觎，不仅要消除其与世界其他区域的障碍，而且用其自己的话讲就是要借此走向世界。尽管如此，太平洋的占领仍进展迟缓。直到1959年，阿拉斯加和夏威夷才正式归属美国。[18]

如果非要下结论说帝国在太平洋的建立进展缓慢，而且缺乏连续性，那么，这并不意味着1513年至1808年什么都没发生。相反，冒险进入太平洋的欧洲人，失去了公民的影响力，对他们遇到的海洋景观和陆地景观感到迷惑，羸弱的躯体慢慢失去了锋芒，任由坏血病蚕食。经历了这一切，他们开始认识到地球的这片区域是自然的天堂，存在着神秘的物质力量需要未来的某一天用科学来解密。当然，可以肯定的是，他们十分清楚到处都有自然的存在。同样，欧洲人也在其他地方积极地探索科学，在欧洲，在各种不同的殖民环境里，等等。但是，如果文化与自然之间历史上存在不寻常的失衡的话，那么就发生在帝国之前的太平洋，那里，欧洲人控制和了解太平洋自然世界的企图缺乏科学所需要的、稳定的社会政治基础。[19]

假如欧洲人在太平洋地区对人的主宰和对领土主权的实现进展艰难而迟缓的话，那么，他们对太平洋自然世界的转变却是在没有正式帝国的情况下持续进行的。这要感谢著名的史学家艾尔弗雷德·克里斯比(Alfred W. Crosby)，他的创新论著《哥伦比亚大交换：1492年后的生物影响和文化冲击》(*The Columbian Exchange: Biological and Cultural Consequences of 1492*)(1972年)把自然世界描绘为帝国的重要部分，而不只是其被动掣肘的背景。殖民化不仅象征着人的流动，而且也意味着与之相关的其他众多自然体的流动，既包括微生物，也包括大型反刍动物。流动是双向的，土豆移向欧洲，同样蔗糖也走向美洲。可是，由于欧洲人携带的传染性疾病对美洲人来说缺乏抵抗力，因此这种流动交换往往是不平等的，身体强壮的欧洲人所到的地方，常常因疾病传染而人口骤降。与太平洋历史更相关的是他的另一部著作《生态帝国主义：900—1900年欧洲的生物扩张》(*Ecological Imperialism: The Biological Expansion of Europe, 900-1900*)(1986年)，论著引用了太平洋岛屿和澳大利亚的实证案例，说明欧洲人的到来是如何改变那里的自然世界的。[20]

　　早在16世纪后期，史评家就已经认识到，西班牙人的定居区是如何明显地改变了太平洋沿岸地区。在南美洲，那里曾经生长着玉米，有美洲驼在牧草，麦子和牲畜象征着那里曾经居住着伊比利亚人；如同番茄和土豆改变着欧洲人的生活一样，大蒜和洋葱永远改变了美洲人的饮食习惯。虽然欧洲人引以为豪地以自己的农作物来显示欧洲的遗产和社会地位，但这并不妨碍西班牙人把几种美洲的植物移向其菲律宾的定居区，其中包括辣椒、番茄和玉米。而这些植物入侵者似乎更乐于适

第二章 太平洋：1500—1800年间的帝国前时代

应新的环境，疯狂地生长蔓延，而且是如此地迅速，超乎想象。例如，到了17世纪末，成群的野马遍布智利海岸。[21]

依据这些研究，似乎可以看出，欧洲人也许已经意识到他们驯化的家畜如突击部队一样在发挥作用了。的确，通过合恩角或麦哲伦海峡从大西洋进入太平洋的水手能够在这无人岛上找到放养的欧洲美味，一定十分感激。其中最好的例子就是距现在的智利海岸不远的胡安·费尔南德斯群岛。1540年，群岛的发现者费尔南德斯本人首先在岛上引入了4只山羊，而后来的几位到访者也许在此基础上又添加了许多。到17世纪末，胡安·费尔南德斯群岛上已经随处可见繁衍成患的山羊、老鼠和猫。正如费尔南德斯所期待的那样，山羊为寻找食物的航海者提供了便利，这对于苏格兰水手亚历山大·赛尔柯克(Alexander Selkirk)而言的确如此，他是鲁滨孙的原型之一。船难搁浅到一个岛上，不得不以山羊为食，缝皮制衣，甚至缓解性饥渴。来岛上救援的人在享受赛尔柯克的炖羊肉美味时也注意到，岛上主要猎杀鸟的猫对一样有害的天敌老鼠没有任何遏制力[22]。

胡安·费尔南德斯群岛只是一系列这样的岛屿案例之一。欧洲人在那里逐渐地认识到，他们引进新物种以及砍伐树木等活动可能会导致灾难性的后果。正如英国史学家理查德·格罗夫(Richard Grove)所揭示的那样，所观察到的物种灭绝的自然环境首先是岛屿，如大约1662年，毛里求斯的渡渡鸟就已绝迹。对于自然岛屿的脆弱性的这种新的意识与人们普遍的陆地观形成鲜明的对比，认为大陆广袤辽阔，动植物可以繁衍再生，具有恒定持续性，海洋就更不用说了。在这样辽阔的地域，本土动物的消失往往被认为是迁徙的结果。而在岛上，这种自我安慰的想法是不攻自破的。可是，岛屿容易改造，为人类提供便利，这种结果似乎是一种不错的令人欣慰的选择[23]。

为此，约翰·拜伦(John Byron)于1764年至1766年远征太平洋探险，目的在于在其认为仍无人居住的太平洋创建一系列有用的跳板式的基地，以便于航船进入太平洋，并在其辽阔的水域航行。在福克兰群岛(Falklands，马尔维纳斯群岛)，英国人声称归其所有，不是因为它是进入麦哲伦海峡前的停靠补给站，而是因为"拜伦救援船'他玛'(Tamar)号上的外科医生在一片饮水地附近用草坪栅栏围了一个漂亮的小花园，以便于后来者使用"。同样，他在塞班岛附近的提尼安岛(Tinian)也围了这样一个花园。这样做的目的在于复制胡安·费尔南德斯群岛的用意，也是因为他们认为，西班牙人驻守的海岛一定不允许非西班牙人使用。这种跨越大洋创建铺路石一样的便捷基地的想法，也意味着更多的山羊之类的东西将遍布所有的太平洋岛屿。[24]

在欧洲人开始把有人居住的波利尼西亚群岛纳入他们的地理范畴之后，情况就是这样。虽然西方的旅行者在这些岛屿享用着当地人的盛情款待，探索着这些人的历史，可是，他们认为这些热带地区更适合铁器耕作、家畜饲养以及耕种适应当地温湿气候的农作物。塞缪尔·瓦利斯带了果核和花木种子种植在塔希提岛，他还放养了几对家禽和一只小猫，所带的怀孕的山羊在海上死了，没能馈赠该岛，对此他感到很后悔。布干维

第二章 太平洋：1500—1800年间的帝国前时代

尔感叹塔希提岛上"错落无序的美，那是任何艺术天赋都难以临摹能及的"。然而，他仍建了一个花园，播种欧洲的蔬菜，并赠给岛上的关系人成对的鸭子和火鸡，供他们圈养。有时候，波利尼西亚人很喜欢这些赠礼。尤其是那些动物很像工业制造品，象征着他们与欧洲到访者的接触和联盟，而且还可以为他们提供新的食源。在布莱第一次继续航行到访塔希提的时候，岛上的一位上层女士竟然有一只库克船长赠送的可爱的猫。至此，引入欧洲的猪也完全是可能的，欧洲的猪比波利尼西亚的同类要重很多，因此，完全可以把它们拱出塔希提海岸[25]。

这种进程在持续发展，猪及其他欧洲动物不断地移入许多太平洋岛屿，有时对当地的动植物造成很大的破坏。当然，这是历史的重复过程，情况的确会是这样。之前数千年，太平洋岛屿就已经经历了定居阶段，引入了家畜动物。但是，欧洲人的到来带来了更深层的土地利用，开始是在岛的外围，继而深入岛屿的内陆。在澳大利亚，农业和家畜动物的引入和最终定居，象征着太平洋该地区史无前例的历史转变。[26]

同样史无前例的是传染病的入侵，给当地带来了更直接的致命后果。从某种意义上讲，旧世界成批的传染病在太平洋比在大西洋更具杀伤力和破坏力。在大西洋，众所周知的是梅毒，甚至像天花之类的，都是可怕的灾难之祸根。然而，在太平洋，除了美洲的部分海岸地区之外，没有什么地方的居民会对这些传染病有抵抗力。在最初接触的前20年，性病、肺结核和其他传染病在塔希提岛疯狂地传播，到布莱的"邦蒂"号到来的时候，岛上的人口估计已从1772年的20万人急剧下降到3万人。澳大利亚的第一次传染病暴发是在1789年，在杰克逊港（悉尼）周围的原住民中可能是感染了天花。这次事件通常被人遗忘，但却是那年重要的历史事件，它标志着快速传播的传染性疾病在南太平洋的出现。在此，欧洲人又一次为他们的所为感到羞愧。尽管在16世纪至17世纪的美洲，有关传染病源的认识仍比较混沌，可是到了18世纪后期的太平洋，知识已渐渐表明，这种大规模的传染病暴发并不是本土事件，而是由外来者诱发的。英国人和法国人愤怒地相互指责，都认为是对方把性传染疾病带入了塔希提。也许他们可以妥协，一致声明是他们国家共同的敌人把这些病源灾难随着猪和猫一同带到了这里。[27]

西方科学是另一个出口物，强调欧洲的观点，认为太平洋是一个特征鲜明的自然空间，而欧洲人则是这个空间不一样的勘察员。18世纪，科学成为帝国远征的显著标志。1698年至1700年，埃蒙德·哈雷（Edmond Halley）绘制了大西洋的磁场变异图；18世纪30年代，皮埃尔·路易·莫佩尔蒂（Pierre Louis Maupertuis）和查理斯·玛丽·德·拉·孔达明（Charles Marie de la Condamine）开展了重要的测地学远征探险。而其中最正式的、最有野心的仍是远赴太平洋的航行，尤其是对金星两次凌日的观察，这是欧洲天文学家一生梦寐以求的机会，以借此测算太阳与地球的距离。欧洲能看到的范围很有限，而无论何种情况都需要多地收集数据。世界上的殖民地部分正好适合这种数据采集，其中包括太平洋的周边地区，如西班牙的加利福尼亚，但是太平洋内没有帝国的统治是个很严重的问题。必要的设备和专家不得不乘船到海上，的确这样做了，从而成为飘逸科学的伟大实验。布干维尔1766年出发，计划对金星进行观察。同样，库克船长指挥"奋进"（*Endeavor*）号踏上了首次太平洋远航，随船带着更复杂的设备和自然学家，在塔希提岛安营，搭建了所谓的"金星角"（Point Venus）观测点。这是历史进入现代之前，距离萨罗蒙的房子最近的设施。[28]

重要的是，远征队的成员认为一些太平洋岛民也许能成为科学研究的合作者，而不是被动的导航指导者。到18世纪60年代，随着航道拓展进入太平洋中部，欧洲的航海者宣布不再对所遇到的任何人实施暴力，不会再强行带走任何有违其意愿的人。此信息是否真的普遍真实可信无从考证，但是，的确有已知的太平洋岛民是自愿与欧洲人一同航行离开的。英国海军将领和探险家费力皮·卡托雷特（Philip Carteret）很明显地把一个美拉尼西亚志愿者的名字改为"约瑟夫·自愿"（Joseph Freewill）；在塔希提，布干维尔招募了一个名叫奥-土鲁（Ahu-Turu）的当地人；库克船长雇佣了一个叫迈（Mai）的赖阿特阿岛人。而其中最有名的信息提供人是赖阿特阿人图培亚（Tupaia），也是库克在塔希提与一个叫特阿特（Taiata）的男孩一同招募的，男孩是他的侍童。作为主领航员，他对塔希提周围岛屿的熟悉程度备受赏识。1778年发行的地图，就是以库克和图培亚合作绘制的原型图为依据，并命名为"依据图培亚的叙述……岛屿海图"（见图2.1）。[29]

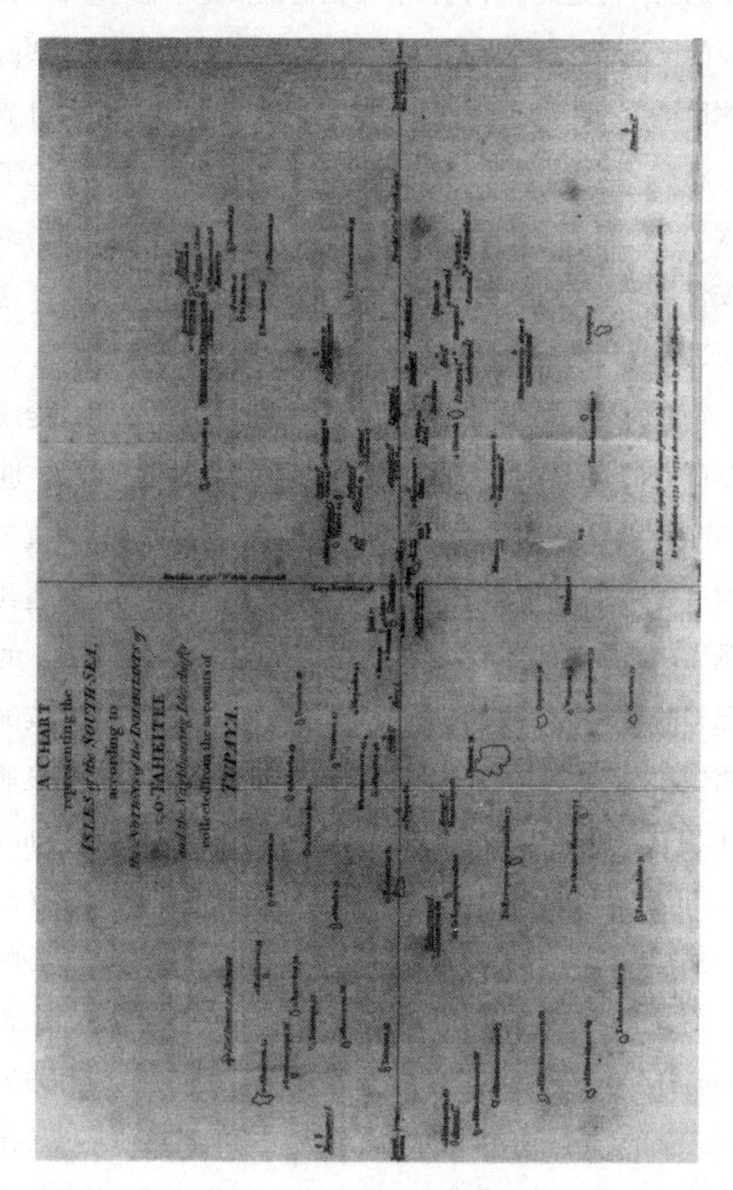

图 2.1　原住民的太平洋知识图

来源：约翰·雷茵霍尔德·福斯特(Johann Reinhold Forster)的《环球航行观测日志》(*Observations Made during a Voyage round the World*)(London，1778)一书中的插图。

第二章 太平洋：1500—1800年间的帝国前时代

过去的10年中，科学史的突出工作就是强调这些非欧洲人对西方科学的贡献，这至少也是为了文献记述，科学从一些基础方面来讲，一定程度上不完全是西方的。可以肯定的是，广阔太平洋的民族对制图知识的贡献是有充分理据的，同时，也强调了欧洲人在没有固定的帝国领地和殖民人口的太平洋是多么地需要帮助，是多么地渴望得到帮助。在评述艾蒂安·马尔尚（Étienne Marchand）的太平洋远征时，克拉雷·弗勒里厄（Claret Fleurieu）督促"所有共享大洋帝国的国家"都要共享海洋信息。他指责美国和西班牙禁止公开发行其最近太平洋航行的叙事，西班牙人的叙事借口委托给了"糟糕的档案室存档了"，丢给了航海国家的"海洋联合会"等。这里他主要指西方国家。可是，在赞扬图培亚对海洋知识的贡献时，弗勒里厄却认为大洋帝国某种程度上也许包括太平洋区域的所有人。他预示说，夏威夷将会成为太平洋的商队大旅社，并善意地把这些岛屿与近东多边的、多民族的大篷车线路做比较[30]。

但是，很难表明太平洋的民族是否从他们做出贡献的科学中获得了利益。的确，可以说他们的付出往往与其期盼的自己的利益相左。把他们世界的位置置于地图上，更便于后来者的到访；告诉到访者他们自然世界的壮丽辉煌，成为刺激欧洲人往来探索这些资源的动力，而在这样的过程中，带给他们的是更多的啃青的山羊，更多的梅毒和天花，更多的劳动力流失以及更多的祖先故土的丧失。

最后，欧洲人在跨太平洋采取行动最具说服力的、最持久的理由事实上也只能说是建立帝国,尽管在自然界留刻下了某种看不见的东西。这就是第180°子午线,一条表明世界日期变更的分界线。麦哲伦1522年远征探险回来之后,这条线就开始为世人所熟知。"环球航行者的悖论"(The Circumnavigator's Paradox)表明全球可能共享同一个白昼日,但是,不是完全都同时的。有个地方,白天结束了,而另一个地方则刚开始,在这个点,旅行者要么增加一天,要么减少一天。然而,这个点在哪呢?由于欧洲人认为欧洲是世界的中心,他们由此就假定这个重要的时间分界点一定在他们相对应的一面,这就意味着在太平洋的某个地方。每个欧洲国家都想把本初子午线穿越自己的首都,而第180°子午线则在地球的相对点上。发现自己处于太平洋不同位置的虔诚的水手经常迷惑不解,甚至对结果感到愤怒,因为基督徒或伊斯兰教徒对哪一天应该参加每周的宗教仪式都完全不一致,这对宗教应有的普适性而言的确是个重要的问题。[31]

实际上,所有国家的西方水手自1767年以来一直依赖每年发布的格林尼治《航海天文年历》,因此,他们都最终习惯了采用穿过英国格林尼治的那条经线作为本初子午线。今天位于距格林尼治180°的国际日期变更线的位置是基于长期的航海习惯而确定的,根本不用经任何国际机构的认可。19世纪,几次国际代表大会都讨论试用其他的方案,但均无果而终。一个完全帝国意识的全球时间观就这样在这个世界上成了现实,成为垂直穿越太平洋的重要分界线。可以肯定地说,它是帝国意识

第二章 太平洋：1500—1800年间的帝国前时代

的产物，但却来自心不在焉的随意，从来都没有正式地确认过，而习惯却赋予它权威。在太平洋，它比任何领土的主张都出现得早，即使没有主宰那里的人，可是却主宰了整个地球。后来，为了帝国的需要，为了不同帝国的群岛位于同一时钟线上，他们各自调整，这条子午线就成了"之"字形。这样，欧洲人就把太平洋想象成了虚无的空间，在这个空间区域一天可以变为另一天，这成了被他们疏忽的遗产，而这遗产却真实地存在于他们想象的那个空间中。[32]

　　国际日期变更线穿过的岛上居民都不会赞赏自己被描述为居住在遥远的地球背面，那里是一天时间的结束，而不是一天的开始。不断地"之"字形调整日期变更线，如最近的萨摩亚以及偶尔有后殖民的建议应该取消穿越格林尼治的这条子午线，让欧洲人也感受一下生活在地球背面的感觉。这表明了帝国之前的一个长期的问题，即欧洲人把太平洋理解为毫无公民意义的自然世界。的确，帝国主义的政治影响也许会转瞬即逝，而欧洲在太平洋盆地的扩张所造成的自然破坏却是经久的痛。例如，菲律宾人于1898年努力抗争把西班牙人从岛上驱逐出去，然而，老鼠仍成群地寄生在胡安·费尔南德斯群岛上。对于自然界，没有什么后殖民环境。帝国前的太平洋历史在自然与文化的冲突方面不是独一无二的，但是，在太平洋的历史背景下形成的鲜明比照有助于我们清晰地认识到，这是人类共有的自然世界，所有人都应善待它。

第三章
太平洋的帝国时代

尼克拉斯·托马斯

如果你在马克萨斯群岛，问当地人什么或某人在什么地方，那你很快就会熟悉方位词的应用，你会认识到，方位词左右着这片群岛的生活。有人会告诉你，那个人朝海边或海的方向去了，或朝岛内去了，到山谷里去了，朝上山的方向去了。由此，你就会发现，无论你到哪里都会有朝海或朝岛内方向的运动词。以此为轴线，岛上的生活、地方和社会关系都以一定的方向朝向来分布。在这些同样的岛上，史学家或人类学家也许一开始都认为岛屿汇集成社会单位，或等同于社会单位。你也许会想，任何一个岛都将，或都已经分为不同的部落，可是这些部落的人口在一起一定形成了某种统一体，相对区别于其他岛屿的人。这也许很清楚是真的，但也可能在一定的历史时期这种集体是不存在的。山谷里的人的确形成了社会群体，较大的山谷可能有多个这样的群体，然而，他们与另一个岛上的人却是同一个先祖，而同时，可能与自己岛上邻近的山谷里的人互不相识，或许还是敌人。在大洋洲的任何地方，地理和政治关系从这些意义上讲都是有生命的，是社会的，而不是单纯

第三章 太平洋的帝国时代

自然的，例如美拉尼西亚岛常遇到的海洋渔民和丛林猎户之间就形成了鲜明的差异。[1]换而言之，地理不能从地图上来解读，必须透过当地赠礼相关的风俗习惯、居住环境模式和地方等多棱镜的视角来理解。

这些分析都与本章的大主题间接相关，重在更精确地探讨漫长的19世纪太平洋地区的帝国与非帝国。本章重点在于对太平洋岛屿的研究，而不是边缘相邻陆地，或像孤立的东南亚一样的毗邻区域，以便概览一系列连续的、本质的、融入这一地区的论题，即远征探险、商业活动、福音传教、契约劳动力和正式殖民管治的建立。首先需要补充说明的是，尽管后面的在时间上晚于前面的，但这些帝国融入的形式本质上是对等的，远征探险并没有随着贸易和传教的开始而终止，传教事务也一样没有在劳动力贸易开始之前就完成或摒弃。相反，重要的是这些不同时期的活动多少都相互重叠，富有张力。

但是，从相关的内容开始对于主题的论述十分重要。本章的要点以及本书作为一个整体，需要考虑历史大的背景进程和长期性，牢记历史的时期性，否则很容易在地理区域特征化的过程中犯自然主义或物理主义的错误。太平洋地理区域是本章的主题，这里演变了这一系列的历史进程。在大洋洲，"世界的第5部分"[2]，很容易想象，帝国闯入该区域所产生的影响犹如池塘的涟漪，或海啸一样，其形象比喻很难适用于浩瀚的太平洋。那么，自然就会谈到宗教化或殖民化"潮"，这是克里·豪（Kerry Howe）著作《浪落的地方》（*Where the Waves Fall*）（1984

83

年)的主题化隐喻,仍是过去30多年太平洋历史研究的重点之一。[3]

我的观点很简单,即无论多么全面的研究都需要着眼于大洋洲地理的人文和社会意义以及连通地方和岛屿的航道的人文和社会意义。这对如何理解历史进程至关重要,因为外来的人与物总是要融入当地地理的,即使其具有一定的破坏力,也是要进入,并成为其相关的一部分。这很关键,它强调了太平洋殖民历史的基本特征,即不均衡性。从某种意义上讲,横跨太平洋所发生的变化都是一样的,先是海滩物物交换,然后是初级商务(采矿、渔业及农业产品),接着是几乎所有地方的传统宗教都被殖民的基督教所取代,土地被征用,然后是不同规模的人口被贩为雇佣劳动力。然而,这些进程在不同的岛屿,不同的或相邻的群体,其表现方式是存在差异的。如果从全球的视角来看,帝国在太平洋的势力扩张非同一般,那么其区域内的控制则是部分的和不稳固的。[4]例如,伦敦传道会(London Missionary Society)的确给整个太平洋社会带来了惊人的殖民化意识,但是学者已逐渐认识到无论宗教皈依的最后结果如何,从内部本质向外看,过去和现在看上去都不一样,存在一定的差异。[5]

我们这代学者在接受太平洋历史教育的时候,"致命影响力"(fatal impact)的概念通常被引为神话,期待我们去揭秘和替换。[6]从此,"修正主义者"就有了修正的倾向,不止一次,而是数次。例如,争论劳动力贸易问题[7],可是致命影响力的理念仍在，这不仅是因为各种对帝国的怀念仍很强烈，仍是西方普遍的幻想，而且是因为没有什么简洁的论题，能够捕捉接下来要研究的范畴。当然，历史不是市场营销项目，不需要响亮的口号和诱人的眉题，可是任何明显的、难以捉摸的特征描述也可能预示着那些渴望解析和叙述太平洋历史的人还是有路径可循的。

远征与探险

太平洋的知识界，如后来的埃波利·霍欧法等，可以理解地表达出对西方公众和史学家偏爱的库克船长很不满。[8]的确，库克被视为明星一样的崇拜，已经到了荒谬的程度，这样的结果争议不断，同时受到崇拜者和诋毁者的误解。然而，勾勒太平洋的帝国时代，探索帝国背景下岛民的创造力，若对库克的个人崇拜没兴趣，则必须尽力把握库克3次远征的各种不同结果。本书的前几章回顾了太平洋漫长的探险史[9]，但是由瓦利斯、拜伦、库克和温哥华自18世纪60年代到90年代早期所进行的6次远征以及与其同时代的法国和西班牙探险家的远征，改变了欧洲人融入太平洋的进程和特征，并产生了深远的影响，而且在许多方面，形成了后续半个世纪的接触和殖民模式。

尤其是，与其之前的任何远征相比，库克的探险航行独具特色，这并不是因为他的探险不带商业性和军事性。之前多少也有过纯调查类的远航，可是库克的探险航行不一样，他的远征调查受到了史无前例的支持和追捧。他的使命独一无二地多,而且具有可持续性,比其之前的探险者去的地方要多得多,对欧洲人部分了解的和完全不知的世界的勘查付出的艰辛更大。再者,他的探险也不仅限于狭义的航海和地理勘查,而是融入了自然历史的诸多领域,的确是人类渴望的未知世界。事实上,他们的远征系统地探查了太平洋的不同海岸,走访了众多的陆地和岛屿,并进行了研究,调查了资源,而且采集了数量惊人的动植物样本。更重要的是,调查拓展到了人,了解了他们的生活方式和风俗习惯,他们的制度以及他们的知识。[10]

与当地人一定程度的交流从实际意义上讲是难免的,这样一方面可以增加对他们的了解,另一方面船员也需要食品、木柴和淡水的补充,通过谈判和贸易很容易就能得到可以得到的任何东西,而不是用暴力和抢劫的方式获得。但是,无论岛民欢迎和容忍的程度如何,官方的指令和水手的倾向不仅促进了商务交流,而且也推动了社会融入。依据航海人自己的描述以及英国当时的宣传,这些远在海外的相遇都是善意的。虽然最初登岛时,在社会群岛、夏威夷等岛屿也遇到一些岛民的坚决抵制,但大部分岛民很快发现他们融入的兴趣偶尔与欧洲人的兴趣一样,会有巧合。他们充分利用到访者,交换礼品,分享美食与友情,举行仪式等,同时,还刻画人像,编语言词表,收集艺术品和制造品,同样数量惊人。尽管许多库克远征过程中收集的物件在航行期间或之后遗失了,许多流失到私人藏品中,再也无法确定其出处源自库克,但是仍有2500多件作为博物馆藏品在欧洲、北美、澳大拉西亚、南非和俄罗斯展出。这种广泛的分散收藏本身就充分表明这些远征所涉及的自然历史范围之广。岛民也通过所谓"回收藏"(reverse collection)来获取铁器、织物、镜子、书和其他许多藏品，如库克的画像，以前都是重要的政治和宗教上层专享的藏品，也有其他一些日常藏友在交易网上交流的物件。

库克第一次远征期间，在塔希提大约有4个月的时间花在天文观测的准备和运行上，这似乎是此次航行的目的。如果是科学必需的，而不是社会所必需的，那么结果却是自16世纪后期和17世纪早期，西班牙探险家阿尔瓦多·德·孟丹努厄之后的任何欧洲人在太平洋停留的时间都没有库克长，而且主要是交流和观察。布干维尔在岛上只待了9天。接着，库克又环绕新西兰的南、北岛屿，在沿海的许多地方与毛利人有了大量的接触。尽管西班牙人也到访过塔希提东部的半岛，还驻留了传教士，待的时间更长，但是，却少有人问津；而库克的航行却很快闻名遐迩，而且由此而发行的出版物对此后几十年欧洲人理解大洋洲产生了巨大的影响。尤其是第二次远征，真正是堪称史无前例的一系列与岛民的接触。他顺访了自1595年之后就没人去过的马克萨斯群岛，大部分时间都用在了瓦努阿图岛和新喀里多尼亚岛以及波利尼西亚的不同岛屿。这次同样，接触并不是航行本身的目的。他在南半球的数个夏季的主要目的在于寻找那里的大陆，可是，在寒冷的南极水域航行是不可能持续数月的，他的船队不得不回到热带补给、休整，似乎也有机会能再进一步地向南继续探险。

这些到访和接触的直接结果就是西方有关太平洋的知识有了新的深度。几位水手学会了近乎流利的塔希提语，其他许多人还学会了波利尼西亚语系的汤加语和毛利语等。没有哪个欧洲人会从语言上和方法上准备着去学习宗教信仰之类的东西以及像20世纪的民族志学者系统研究的那些内容。可是，一谈到那些能观察到的，或能直接交谈的，他们马上就口若悬河，极尽详细地描述原住民的生活活动、手工艺、文身以及礼仪仪式，而转述得比较笼统的往往是政治关系。然而，欧洲人对太平洋新的知识和了解是否精确的问题并不重要，重要的是了解的事实已经发生了，而且涌现了大量的出版文献。随航远征的水手认为他们知道在塔希提或汤加发现了什么样的人；知道他们也许可以买卖什么资源；清楚对方需要交换什么；而且知道到访哪些岛会有风险，对此他们也许可以依赖的就是盛情与好客了。

同样清楚的是，太平洋岛民也开始了解欧洲人。有的岛民，如塔希提的大酋长图(Tu)，对像库克这样的欧洲人特别亲密，撇下仁善的神话不说，像图这样的许多岛民似乎把库克视为真正的盟友，也许是真诚的朋友。从更普遍的情况来看，岛民们逐渐了解了欧洲武器的威力，他们渴望获取欧洲的产品，尤其是铁制品和纺织布匹，这在他们看来不是新奇，而是他们自己树皮布的替换形式，不仅总是普通的，而且还是精致的替换品，与尊贵的地位、神圣和主权密切相关。纺织品的引入，只要一直稀缺，就一定会同化为那个特殊阶级的专属品。[11]

这些日益频繁的、相互了解的许多方面，可以有更多的阐述。尽管这种双向的过程很有趣，然而并不是全部。除此之外，库克的航行还促进了岛民之间的相互了解。迈由于是第一个到访英国的波利尼西亚人，因此成了偶像人物。然而，同样重要，甚至更重要的是他的自传和1774年南太平洋航行期间加入"决心"（*Resolution*）号船的玛希尼（Mahine）的自传，是他们对超越一般航行范围之外的那些岛屿、地方和人的观察与了解。他到了复活节岛、马克萨斯群岛、新喀里多尼亚岛和新西兰；来自这些地方的一些人通过他和他的谈话渐渐知道了塔希提岛和其他的地方。社会和文化的密切关系得以不断地发现和挖掘，并进行了相互比较，那些到访的，那些受访的以及那些待在家里但最终听了这些航海者故事和传说的，都逐渐开始知道他们自己的地区与从前有了很大的不同。这些接触和了解形成了跨文化知识，这与约翰·雷茵霍尔德·福斯特及其他的自然学家通过比较所理解的生活方式和风俗习惯一样重要。从某种意义上讲，对原住民的了解预示着对包含了大洋洲的太平洋想象，即埃波利·霍欧法20世纪90年代用肯定的语气表达的"我们心中的大洋"。[12]

商贸活动

库克船长的探险航行所衍生的不同结果中，有两个结果特别重要。

第一，水手们在沿遥远的北美洲西北海岸航行的过程中，会收集很多皮货，抱着侥幸的心理，认为"决心"号和"发现"号在库克死后，最终冒险进入北冰洋，尔后在回欧洲的途中会顺访澳门，这样，他们就可以把皮货在中国市场卖掉。虽然早在18世纪，俄国人相对距离堪察加半岛的航程更近，早已开始了"皮货交易"，可是，随着库克的船队在他之后继续自己的航行，这种商贸活动增添了新的跨太平洋的动力。[13]

第二，就是在约瑟夫·班克斯（Sir Joseph Banks）的建议下，植物学湾（Botany Bay）被选为臭名昭著的英国刑罚殖民地的合适地点，结果就产生了1788年的第一舰队和悉尼定居地。最初，由于食品短缺，他们航行到塔希提岛获取猪肉。[14]随着殖民地的扩大，这条航线逐渐成为前往新西兰采购木材和海豹肉等初级产品的商贸航线。自18世纪90年代开始，来自新英格兰的船只不断增多，后来太平洋的捕鲸业也初见发展，因此，随着接触的日益频繁，18世纪90年代就成为海洋变化的标志。此10年之前任何岛屿的到访都是偶然的，极为稀少的，而现在像塔希提和瓦胡岛等有名的港口每年有多艘船只到访，不久就是数十艘。

19世纪的最初几年，太平洋岛屿资源的开采开始令欧洲人兴奋。一个叫奥利弗·斯莱特（Oliver Slater）的流浪者最早在广州待过，了解中国市场上檀香木的价值，后来他在斐济认出了这种木材，尤其可能是在第二大岛瓦努阿岛（Vanua Levu）的沿海。他能够确保资助自悉尼出发的航船。菲利普·吉德利王（Philip Gidley King），时任新南威尔士总督，当时正心烦忧虑，美国人似乎要控制南太平洋的商贸，因此，他于1807年至1808年利用殖民地停靠的船，支持开辟了至少两条半官方性质的贸易航线。斐济人和贸易商之间的暴力日益蔓延，前者尽力想控制后者需要的新资源，二者矛盾与冲突不断，从而导致当地战事升级。可是，木材的广泛开发仍持续了十几年，到了1816年大部分木材已被开发殆尽了。一些木材本时期末在马克萨斯群岛被发现，都生长在相对较小的岛上，而且数量有限，因此到1817年就所剩无几了。在夏威夷，檀香木贸易从1816年起一直延续到该世纪的20年代中期。然后，这种商贸的重点就转向了瓦努阿图和新喀里多尼亚。所有这些地区的大量岛民从事这种贸易，而且常常是企业主，而不只是劳工或供货者。这一时期的太平洋日益兴起了世界大同主义，先是一个牧师的儿子塞姆尔·亨利（Samuel Henry）船长率船到了瓦努阿图的南部，带着汤加的劳工来到岛上，接踵而至的是一个更大的夏威夷企业，有两条船，其中一条由瓦胡岛的卡米哈米哈（Kamehameha）总督博基（Boki）指挥。1830年初，岛上已经停靠有4艘船，先后而来的劳工群体分别有汤加113人、罗图马（Rotuman）130人、夏威夷179人，然后又有100多和200多罗图马人。夏威夷人是这种产业的占领者，而不是贸易商，可是，由于备受自己从没接触过的可能是疟疾的滋扰，他们不久就放弃了。如果个别的航行一定存在高风险的话，那么货物的价值却是不菲的，史恩伯格（Shineberg）估计檀香木每吨的价值至少在40英镑。而对于岛民这一方而言，大量的贸易货物在相互交流的背景下也进入了当地的社会。[15]

在檀香木最初被开发的时候，贸易商同样意识到海岛上没有用作食品的海黄瓜或海参。这些海产品在中国被视为美味佳肴，在太平洋各岛屿的大面积浅潟湖区域生长量庞大，当然也包括瓦努阿岛周围海域。[16]他们与当地酋长达成协议，对海参进行采购、清理和加工，这样的运作就需要设立海岸基站，需要贸易商和岛民之间的长期接洽。因此，一些流浪者也不再流浪，开始混迹于原住民社会的边缘，逐渐成为欧洲商家的代理。而船和基站本身也需要食物、燃料和淡水的补给，一些水手也开始在岛民妇女中寻求性服务。有的情况下，这些都是自愿的，而其他情况下也有既非个人意愿提供身体亲昵的，也非社会希望看到这种性服务业的出现，更不会视其为岛屿的优势。虽然太平洋岛屿的人口历史出于种种原因而繁杂多样，但是性交易开始得更早，更普遍地发生在波利尼西亚东部。这种事实一定给性传染疾病的事件带来了相对的影响，也影响了人口下降的相对比例以及酋长等级制度的张力。而这些制度长期以来在西波利尼西亚远比东波利尼西亚更具可持续性。[17]

一方面，檀香木和海参成了太平洋早期贸易的经典商品而上了教科书，另一方面，重要的是应该看到跨文化的交流具有更多的维度。自然物种和手工艺品大批量地被收集。早在19世纪30年代，像塔希提树皮布之类的艺术品已基本售完，由于进口的纺织品更受欢迎，这种树皮布的制作已成为过去。19世纪上半叶，在其他地方，还有岛民至少偶尔会做一些手工品来出售，像最初作为儿童玩具的独木舟模型之类的艺术形式作为旅游纪念品重又获得了新生。后来，好像基本上是传教士实际组织了所谓手工艺作坊，鼓励定期生产手工艺品用于售卖。尽管传教士从事贸易的程度颇受争议，而有这样愿望的传教士的尝试相对也不是很成功，但是在传教的过程中会有需求，尤其是对进口布匹的需求，这也激励了教堂成员从事竹芋粉之类出口商品的生产，用以销售来资助传教活动。

从18世纪90年代到1820年左右，夏威夷诸岛和社会群岛可以视为经历了横跨大洋洲变迁的考验，成为到访频率最高的地方，同时也成为向其他地方探险的出发地。而美拉尼西亚的许多岛屿的接触直到19世纪30年代及之后才开始逐渐增多，更多像纽埃岛（Niue）和复活节岛之类的孤立岛在19世纪50年代后期还鲜有船只来访。但是，就一般意义而言，仍产生了众多的影响，临时的物物交易已让位于更加规则的贸易，一定程度上由重要的酋长和经纪人管控或垄断；火器的引进改变了，而且常常是增强了本土冲突的模式；大量的本地男人和部分妇女成为船员，因此航行到澳大拉西亚、东亚、新英格兰和欧洲的本土港口，并到访了许多航线间的港口，其中许多要么回到本岛，要么在其他太平洋岛屿重新定居，从而开始形成了在交往过程中多元文化融合的海岸社区。实际上，在所有太平洋岛屿上，不同的情景开始出现，有的仅限于不多的个体和家庭，而其他的则是更大的港口社区，其中居住着岛民旅行者留下来的移民、欧洲的流浪者、亚洲或非裔美洲人的后代、白人贸易商和当地合伙人以及混合家庭。这些人口不断壮大，成为正式殖民拓展前几十年殖民社会的象征。

尽管这些当地的社会形式各地存在很大的差异，但折射了远征航行所衍生的结果和影响。可是，普遍的情况是，大量的新资源都成为当地政治人物的所得物。铁制品、纺织品和服装、枪械和弹药、贵重贝类制品、来自其他岛屿和社会的手工艺品、印刷书籍和画像、刀具和许多其他进口品等，在许多当地社会，不同程度地都具有初始新品很高的稀缺价值，成为长期耐用和显赫尊贵的价值。在有些情况下这些成为当地日益增强的需求动力，例如，贸易商开始在那里寻找本地化的产品平台，如檀香木，这意味着他们要不断地到访一些特殊的港口和社会，把大量的贸易货物疏通、运输给当地的酋长和经纪人。已经处于敌对状态的群体会野心膨胀，冲突就会加剧；他们的投注就会更广，风险就会更高；战事就会更频繁、更具毁灭性。经常被早期到访者误认为是国王的酋长，就会尽力维护自己拥有的威望。某种情况下，他们的努力多少会有所成功，例如社会群岛的波马雷家族和夏威夷群岛的卡米哈米哈家族的成功登基。而其他情况下，再次呈现出某些党派期望的政治统一形式，而不是从前的秩序，传教士称其为"内战"，持续爆发——例如在汤加和斐济——而且会反复出现数十年。

皈依宗教

库克船长远征探险间接地影响了英国国内福音教派的改

革运动。虽然传教活动的历史很长，尤其是伊比利亚人殖民化的中、南美洲天主教派的参与，可是福音教的传教活动基本上是异教者的运动，缺乏国家或海军的支持，却在18世纪90年代及之后的几十年里获得了生命力。英国浸礼会（Baptist Missionary Society）的主要创始人之一威廉·克里（William Carey）受到了库克探险航行叙事和画像等出版物的深刻影响。这些叙事的实证性和人类牺牲与食人谣传的图像表征形象地描绘了每个人都了解的、在遥远的欧洲之外存在的异教社会的现实，并激发了一种紧迫感，从而点燃了那些理想活动家一样的宗教志愿者的想象力。相对来说，很少，几乎微乎其微，会有人真的有兴趣割舍亲情，远离故土，去献身传教事务。然而，资助这为数不多的献身传教者成为一场运动，受到了更多人士的热情支持，他们在接下来的数十年将不遗余力地热心投入传教宣传运动之中。[18]

后来成为伦敦传道会的浸礼会将成为太平洋最重要的新教活动代言者。它最初的计划极其宏伟远大，尽管重点在塔希提，但期待塔希提能成为传教使命的重要基地之一，最终将上帝的福音传向大洋洲的所有岛屿（见图3.1）。在欧洲，由于乔治·吉特（George Keate）的一本畅销的情感书《帛琉群岛故事》[*Account of the Pelew Islands*（1788年），多次出版和外译]而家喻户晓的帕劳群岛被认为适合传教团定居。虽然首次航行和后来的伦敦传道会远征事实上都没有在那里留下传教士，可是却在汤加留下了一组。还有一个叫威廉·克鲁克（William

图 3.1 罗伯特·斯默克（Robert Smirke）绘画，弗朗西斯科·巴尔托罗基（Francesco Bartolozzi）刻板，塔希提岛的马塔维区转让给詹姆斯·威尔逊船长供传教团使用

P. Crook）的受推选是否单独留在马克萨斯群岛的塔瓦塔岛，因为他可能的同伴一天夜里在海边受到过度惊吓而考虑是否继续留在那里。克鲁克在岛上生存都举步维艰，更不用说皈依宗教了，几年后，他幸运地乘船回到了英国。汤加的那一组中的几个人在战乱中被捕获给杀了，幸存者搭乘路过的早班船逃离。[19] 即使是在塔希提的较大传教团里，最初的几年对于他们也异常地艰难，缺乏安全感，用他们的话讲就是没有任何"进展"。他们没能获得原住民政体的安全保护，或没能接近原住民领袖，而部分原因是他们就没考虑会武装冲突，或在贸易中充当经纪人，为当时的地方政权想要的重要进口物枪械和弹药搭桥。流浪者，尤其有名的是夏威夷的流浪者，成功地使自己成为波马

第三章　太平洋的帝国时代

雷家族政权的依靠，其中部分原因就是他们的确为其提供了军事优势，因此而进入了酋长的内圈。普通民众和地方当权者都对福音教感到很矛盾，希望他们真的可以帮助岛民获得需要的纺织物之类的其他产品，可是同时又很担心，意识到他们有干涉的意图和愿望，要打破和取代他们习惯的宗教仪式。最初他们认为这很滑稽，所以也就没有过多的怨恨。

太平洋岛民最终接受了基督教的原因以及简单而又极具欺骗性的"皈依"概念的真正意义，广受争议，在非洲和其他地方也一样颇受质疑。可能很清楚，但重要的是要强调，整个太平洋变迁的原因差异很大。基督教传入各地的时间不同，不能单从时间上来看，也要相对地看其他改变环境的发展因素，这些因素明显改变了传教士所传的内容。福音传教士在库克、布干维尔和德·比奇（de Boenechea）之后近30年才到了塔希提。干涉时期的标志不仅是商贸活动的发展，而且也是岛民认为由欧洲到访者带来的一系列伤害性疾病的恶劣影响。因此，可以理解的是，他们自然会认为欧洲是伤害之源，是致命疾病之源。在库克群岛，还有另一个例子，在19世纪20年代传教士到来之前，那里几乎没有欧洲人，也没有接触过外来的这些疾病。塔希提的伦敦传教会没有带去铁制品或其他尊贵的物件，因此他们成了一群古怪的欧洲人。与此相反，库克群岛的岛民却认为这些传教士一定能为他们带来铁制品、新奇的珍品、豪华的大船等。在其他地方，如19世纪20年代早期的南方群岛（Austral Islands）和后来的其他许多地方，"皈依"就成了当地人自己的行为，作为对其他地方转变传说的一种反应，他们主动皈依他教，不用白人传教士的参与。[20]

假如不吉利的话，为什么塔希提人会转向基督教呢？反思这个问题，重要的是要想到宗教仪式的依附关系的转变是有先例的。众所周知，依据社会群岛的传统，对神"奥罗"（Oro）的崇拜主要是以赖阿特阿岛的塔普塔普阿泰的毛利人集会地为中心，而普遍被社会群岛所接受是后来的事情，大约是在18世纪中期。特殊的崇拜往往认为可以带来不同形式的力量和神圣。基督教的确顺应了这样一种正向教养的需要，与岛民认为的一种强有力的习惯教养有密切关系，许多人在与教堂有正式从属关系之前，这种教养就已经存在了，然而基督教在岛上立足的确度过了漫长的艰难时期。到1810年，社会群岛的岛民，尤其是塔希提人，都经受了近40年的疟疾疫情，人口大幅减少。在一种强大的神由于其功效力而备受抚慰和爱戴的文化里，士气的衰落只能腐蚀人们对习惯的牧师的支持，腐蚀人们对祖先传统宗教仪式习俗的支持。无论何种情况，士气的低落总是会导致民俗学家图利亚·亨利（Teuira Henry）所指的"家庭"、"民族"和"国际"毛利人宗教仪式之间的紧张关系，这是他们接受宗教仪式辖地的最后范围了，如塔普塔普阿泰是整个群岛公认的仪式地，而不只是赖阿特阿岛的。[21]换而言之，最近的学术研究偏爱肯定当地文化的延续性，而重要的是应对深层的价值与观念和特殊崇拜的执着加以区别，前者毫无疑问富有弹性，而后者往往是个体和社会随时都乐意屈从的。这样的研究存在风险，即对原住民力量和文化弹性范畴的理论探讨，若不加鉴别，就掩盖了不同时期，不同人口之间，宗教信仰疲乏和完全失败的真实程度。

19世纪20年代和30年代，是伦敦传教会的关键时期。到1815年，塔希提的酋长中基督团体规模在扩大，人口中坚持信仰基督教的已经越发普遍。1818年，约翰·威廉姆斯（John Williams）从英国的到来重新激起了传教的远大理想，他充分地探索能视为福音教传播的秘密武器。英国传教士的绝对人数总是不多，到19世纪60年代，总共才几百人，而这还包括了许多残疾的以及数年之后放弃传教的。换句话说，很简单，这项事业从来就没有得到过众多民众的支持，数量上总是不足以维持在几个当地社区的有效活动。也就是说，除非在当地招募原住民传教士，其中大部分称为"本地教员"（native teachers），以补充人员的不足，从而维持传教事务的开展。可是，他们的角色总是备受争议的。1828年俄国探险家奥托·冯·科策布（Otto von Kotzebue）在争论中指责伦敦传教会偏执的虔诚，扼杀了当地的社会。批评还引用了一个对波马雷军事成功的歪曲叙述，但是却击中了其冒险的要害——一项文明的事业却依赖一群都是"半野蛮的人"来完成，这些人完全是一群所谓受过水手传教士教育的野蛮人。传教士都是典型的手工业者背景，仅受过基本的神学培训，事实上，没有一个是水手。所以，他的意思就是去想象着当地原住民，也许可以自我皈依基督，或自我走向文明，这未免有些荒诞。[22]

传教者本身对岛民雇员的优、劣势也有争议，但是毫无疑问，传教范围的不断扩大最终仍要完全依靠他们。约翰·威廉姆斯实际上设计了一种方法，去拜访那些"未开化的、不信上帝的"岛屿上的岛民，尽力给他们留下印象。他不仅亲自前往，还带了船和贸易货物，然后，把当地的原住民传教士或教员留给岛上的人，并定期再访。这些岛民教员首先帮助促进双方的接触，他们会充当翻译，充分发挥其对当地社会规约和策略的理解，尤其是在波利尼西亚，与岛民的文化密切关系足以让他们胜任中间人的角色。用传教者的话讲，岛民教员的经历和效率不同，可是他们至少促成了许多岛屿正式皈依了基督教，这比英国传教士最初在塔希提的传教效果要迅速得多。传教的"进展"在美拉尼西亚岛仍是试探性的。那里的波利尼西亚人同白人一样几乎都是外国人，然而充足的教员数量及其持久的影响力最终实现了传教团追求的皈依基督的目标。

伦敦传教会吸收了许多其他的传教机构，其中有些是会友，而另一些则是不择手段的竞争者。卫理公会（Methodists）于19世纪30年代开始了在汤加和斐济的传教，很久以后，活动又扩展到新几内亚东北部的新不列颠岛和美拉尼西亚的其他地区。英国国教（Anglican Church）的一个分支，美拉尼西亚传教团沿着塞尔温主教（Bishop Selwyn）1848年搭乘"蒂朵"（Dido）号的行程，开展传教活动；约翰·柯勒律治·帕蒂森（John Coleridge Patteson）自19世纪50年代中期也赋予该传教团更大的动力；与伦敦传教会一样，传教团也依靠当地教员，但是却把他们从其所属的社会转移到传教学校，培训结束再将他们遣回。美部会(American Board of Commissioners for Foreign Missions)在夏威夷以及后来在密克罗尼西亚和部分马克萨斯群岛，都很活跃，后面这些地区基本上是由夏威夷人在教化的。现在马克萨斯群岛的大部分新教徒都来自马－夏人混合家庭，但其在该地区的传教的成功很有限。

　　天主教试图于1827年开始在夏威夷立足。耶稣和玛丽圣心教会在马克萨斯群岛和塔希提也很活跃，马利亚会会员先在汤加和斐济，后来又到了新喀里多尼亚及马克萨斯群岛的一些地方。事实上，大部分马克萨斯人最后都皈依了天主教，这一定程度上反映了与塔希提早期皈依基督教具有同样的动因。正如格雷格·戴宁(Greg Dening)在其挽歌式著作《岛屿和海滩：沉默土地上的话语：1774—1880年间的马克萨斯群岛》(*Islands and Beaches：Discourse on a Silent Land：Marquesas, 1774-1880*)(1980年)中所阐述的那样，这些岛屿人口骤减，社会、文化颓废。[23]长时间岛民士气的崩溃磨蚀了当地人对天主教父的抵抗意志，相反却增强了传教站提供健康和教育等基本福利的诱惑力。马克萨斯岛民之所以倾向于天主教，是因为伦敦传教会与塔希提和波马雷关系密切。加入基督新教(Protestants)就会意味着默认了塔希提的霸权，而依附天主教就意味着独立。在太平洋的许多其他地方，岛民都愿意加入传教组织或独立的教会以示社会和政治上的自治。这样的动力一直延续至今。20世纪初期，被酋长卫理公会的霸权边缘化的斐济人怨声载道，随之转向天主教或安息日会，最近有更多的人加入了神召会和五旬节派教会等之类的其他不同的新教会。的确，他们也普遍形成了自己的教会，其中一些像西所罗门群岛的基督徒团契教会一样，已经名声显赫，颇受欢迎。

劳工

从19世纪初的头几年开始，在太平洋西南部的岛民开始为欧洲人做工。寻找海参和檀香木的贸易商既不用自己的船员去采集海参，也不去亲自伐木。早在19世纪初的斐济，商贸船的船长，或像威廉·洛克比（William Lockerby）这样的代理商，与酋长做生意，用货物而不是现款与酋长结算。从事实际劳作的普通工人从不在合同里出现，从不与白人本人有任何合同关系，他们只简单地集体为酋长做工，就像他们在其他时间可能去打工修建一条独木舟，加固村寨的防御，为宴会采集种植园食物或捕鱼等一样。他们做的工作毫无疑问一定很辛苦，但是通常都是短期的、不定时的，由酋长给予相应的施舍或回报。那些做工者会免费享受宴会餐。时至今日，在斐济的所有村落中仍保留着这种传统，为酋长做工者，无论是为社区还是为教会，都会受到宴请。

像约翰·伊格尔斯顿（John Eagleston）和本杰明·范德福德（Benjamin Vanderford）这样的新英格兰贸易商，在19世纪30年代，不断地到访和重访斐济，讲当地的语言，肯定也有一定的影响力。然而，这种影响力是与他们不断来往的事实相对应的。他们的到来总是断断续续的，斐济的社会和经济在许多方面也伴随着他们的来往在持续发展。当地的酋长能够这样通过新的对外贸易获取丰厚的利润，其参与的愿望也不断增强，然而这也加速了冲突的发生。可是，工作的观念以及斐济男、女生活中工作的地点，从深层意义上讲是再也无法改变了。

詹姆斯·帕登（James Paddon）于1844年1月在瓦努阿图南部的阿内蒂乌姆岛（Aneityum）为自己赢得了声誉，他成功地推进了一系列关系的建立。从瓦努阿图岛向中国输送檀香木，招募定居者，为捕鲸人和其他的檀香木货船提供给养，在派恩斯岛（Isle of Pines）和其他地方建立了更多的基地。其他的企业主，如悉尼的定居者和有名的资本投资商罗伯特·汤恩斯（Robert Towns），很快也进入了这个领域。到19世纪50年代中期，在瓦努阿图、洛亚蒂群岛和新喀里多尼亚的各地出现了许多相互竞争的贸易基地。法国在新喀里多尼亚殖民地的建立意味着更大的利益潜能。帕登对此很快做出反应，获得了官方的合同，为努美阿提供给养，接着又做移民代理，鼓励澳大利亚殖民地的白人移民定居。

由此带来的结果就是岛民劳工的招募。帕登和各种各样的流动贸易商都顺访坦纳岛（Tanna），在那里招工，尤其是20人左右的伐木工。夏威夷人、塔希提人和其他的岛民长期以来一直都做航海雇员，同样，瓦努阿图南部、洛亚蒂群岛和派恩斯岛的人越来越多地自愿成为船员。因此，较小的贸易商船都普遍雇用了岛民做船员，可能会有2至3名白人长官监督。同时，岛民也开始从事这些新的基于海岸的贸易业务，不只是做劳工，也做经纪人、代理商或经理。19世纪60年代初，帕登一度就有一个雇员，归他管的一个贸易殖民者安德鲁·亨利（Andrew Henry）就曾与尔拉曼伽（Erramanga）上的一个"祖籍不明的波利尼西亚"居民托利基·朗吉（Toriki Rangi）一同共事。[24]

随着斐济、萨摩亚和新喀里多尼亚殖民定居的不断扩大，昆士兰的糖业经济的不断发展，劳工贸易也增添了动力。对工人的需求不断上升，一个充满暴力和颇具争议的产业正悄然兴起。普遍认为，招募者为此不择手段，经常性地绑架瓦努阿图岛各地和所罗门群岛的男人和妇女，的确也有得以证实的绑架案例。一方面，认为自己受到冒犯的岛民攻击对方的船舶，杀死贸易商；另一方面，贸易商也从不手软，先发制人采取暴力，或在无授权的情况下实施惩罚性突袭。但是，最终的结果是成千上万的美拉尼西亚人就业或移民，其中大多数的人或多或少都是自愿应聘的，年轻人在旅行中获得见识，最终从经历和带回的商品中为其赢得地位（见图3.2）。结果不仅是丰富了他们在植物园繁重劳作的经历以及昆士兰港、城和其他殖民地的阅历，而且还形成了来自不同岛屿的劳工组成的新社区，形成了洋泾浜语或皮钦语以及许多他们可以共享的东西。[25]

1901年，澳大利亚殖民地联邦成立之后，出台了白人澳大利亚政策，结果导致终止了劳工招募，驱逐了成千上万的岛民，而此时他们都已在昆士兰的南北海岸建立了自己的理想社区。尽管后来有所妥协，但1904年至1908年间仍有7000多名

图 3.2 约翰·林德特(J. W. Lindt)1890 年画册《马勒库拉岛上的招募》

岛民被驱离,只剩下 1654 人得到官方豁免,准许留住。大部分被迫回岛的人都离开了近 10 年之多,甚至更长。回到岛乡,他们与分离已久的亲戚分享自己的经历,消除隔阂,渐渐找回他们的理解和亲情。有的人很难被他们接受,有的人只好选择离开曾经的社区。许多人只好求助依附于已经立足的传教组织,与昆士兰的"卡纳卡人"一起工作。回到家乡的岛上,他们常常要索取或开垦明显有别于原属社区的那些土地,建立新的基督教民定居区。他们对殖民社会的更深层了解也伴随着驱离回到了原地的岛上,从而影响着固守家园的岛民。有时他们会对传教士的教理有一些兴趣,而更多的时候却只是偶尔才会去理会这些下船的教士。许多方面已难以完全恢复重建,四海为家的经历已经融入社会,从而改变了他们。所罗门群岛 1893 年成为受英国保护的领地,1897 年至 1898 年,平息了新乔治亚的猎人行为,并在接下来的几年中,逐步建立了殖民政府。瓦努阿图群岛自 1906 年之后成为英法共管的新赫布里底领地。

在此后的几十年里，一直到1978年和1980年两个殖民地分别独立，为此，岛民始终坚持顽强地抗争，反对统治者的各种压迫和欺诈。从一定程度上讲，这是他们劳工贸易体验的结果，劳工的经历为他们打开了世界经济发展的窗口，并成为他们认识和反抗不平等的动力。

有关劳工贸易所留下的遗产，一个非常规的渠道提供了一个清晰的视角，乍看上去好像是一个与劳工移民没关系的物件。在代表卢浮宫所谓的"艺术节"的许多物件中，有一件瓦努阿图北部马洛岛(Malo)上的萨卡瓦斯村(Sakavas)的男子形体像，涂成了色彩鲜艳的蓝色。这绝不是美拉尼西亚艺术惯用的颜色，而是一种稀有的尊贵进口品。利洁时蓝(Reckitts Blue)是19世纪中期在英国的赫尔(Hull)发明的一种漂白剂。经常会有劳工贸易商谈起一些商品，如镜子和剪刀等，这些东西是在紧张而匆忙的交换时送给那些可能的劳工亲属的，因为这些男、女劳工就要上船离开了。[26]在这些岛屿，这种东西不是用作洗涤剂，而是用作漆，涂绘像卢浮宫的"蓝人像"和许多其他同样的雕刻品。就那个动荡而暴力的时代而言，这些工艺品不仅代表了当地的艺术传统，而且更是创新。对个人而言是大胆的创新，追求创造新的东西，强化他们在本土领域的地位；也是日益熟悉和融入的表达方式。尽管困难重重，但仍展示了一种能力，平衡跨国经济的贪婪需求造成的影响，弘扬一个群体祭奠先祖的志趣，是一种用崭新而精彩的方式祭奠先祖的能力。[27]

主权

本章的最后一个维度，即对岛屿社会正式行使主权。在今天看来，这似乎存在着历史的必然。19世纪初，英国拥有了新南威尔士，西班牙已经长期稳固驻守关岛，但是，除此之外，没有其他的岛屿处于这样的殖民化状态。到了1900年，大部分的太平洋群岛和岛屿都基本处于不同形式的殖民主权统治之下，而今天的国家瓦努阿图的岛屿仍未完全殖民化。1906年，它成为英法共管的新赫布里底领地。汤加正式获得独立，然而却与英帝国保持密切的联系，后来成为英联邦成员。可是，这表面看上去必然的另一面却是阴暗的荒谬与荒唐。大部分领土的主权不知被主张过多少次，有的在短期内接二连三地被来自不同国籍的探险者声明拥有主权，而许多的主权证明在国内的官方常常闻所未闻，更说不上履行主权了；其他情况下，殖民冒险，如在马克萨斯群岛的大卫·波特（David Porter）的殖民，如果当地民众长期怨声载道，那么这种怨恨很快就会四处蔓延，他们往往就会受到暴力的控诉，很快就会分崩离析，彻底瓦解崩溃。[28]

太平洋领地、领土和殖民地的年代进程在此不用赘述，但值得一提的是，有的被建成了罪犯定居区。比较有名的分别是1788年和1853年的新南威尔士和新喀里多尼亚。然而，它们却吸引了大量的自由定居者，最终发展成为殖民定居地。殖民者在周围征用的部落土地上放牧，在这里开矿和经营其他的开发活动。事实上，新喀里多尼亚的众多定居者都来自澳大利亚其他的一些殖民地，其19世纪后期的领土发展富有澳大利亚特征，但是却被历史上法国的现实统治给掩饰了。还有，伴随着定居区的扩大而产生了协约化的正式统治。这些定居区大部分是英国人的后裔，如1840年的新西兰和1874年的斐济。随着种植园主大规模地征用夏威夷人的土地，夏威夷也最终被美国兼并，这些种植园主大部分是新英格兰的传教士。军事干预是成功了，但并没能阻止富有经验的夏威夷人借用其他渠道，通过立法的手段来保护他们尚未被剥夺的本土权利。[29]

法国在太平洋的渗透由于拿破仑战争而中断。到了19世纪20年代和30年代，迪蒙·迪维尔（Dumont d'Urville）的探险航行就已经意味着抵御英国、保护法国在太平洋的殖民地的力量已经在不断衰退。他希望自己在澳大利亚西部和新西兰能担当重任，帅旗震慑，但为时已晚。法国1838年在新西兰南岛的阿卡罗阿建立的定居区，持续到1849年，最后也被新西兰公司（New Zealand Company）给并购了。法国最终兼并了马克萨斯群岛、社会群岛和其他的一些岛屿，使之成为法属波利尼西亚的领土，事实上这成为其在大洋洲的重要战略存在。19世纪80年代和90年代，即帝国主义最兴盛的时代，其他的岛群也被悉数占领。德国占领了萨摩亚、北新几内亚和部分密克罗尼西亚；英国实际控制了所罗门群岛和巴布亚；荷兰自1828年则占领了西新几内亚，后来称为伊里安查亚（Irian Jaya），即现在的西巴布亚，但直到后来很晚才实现了实际上的完全控制。

这些岛屿的领土占领意义不同，效果各异，但都是一样典型的不彻底。地图上显示的边界和阴影区掩盖了原住民社会和原住民世界的存在，许多事例证明，这些社会和世界会由未来数代原住岛民依据自己的价值来构建。

最后，再回到前面谈到的问题，即颇受非议的"致命影响力"这个论题。史学家对帝国在太平洋的意义所赋予的特征过于简洁，对"影响力"的问题似乎无能为力。一种不严肃的观点也许会认为，如果没有合适的概念或解释用以描述这个伟大地区错综复杂的历史，那么可以看看太平洋跨文化交际有名的东西：文身。西方和其他地方的现代文身起源于库克的水手和波利尼西亚人的接触。这种普遍的看法是完全错误的。但是，事实是海员和流浪者接受了这种身体艺术的形式，并出现在现代文化之中，这需要一个形成和发展的过程。[30]因此，其发展的轨迹代表了太平洋对欧洲主流文化的渗透和致命影响。但是，我要指出的是，太平洋的变迁不是像文身那样简单。众所周知，文身瞬间就可以渗入皮肤，称为永恒，而我们不知晓的是，"皮肤深"不仅仅是意味着肤浅，实际上还意味着影响深刻。

第四章
太平洋世纪

入江昭

　　太平洋与其他地区的历史都一样，历史时期的划分有三个方面，可以分为国家、国际和跨国。国家的层面从各自发展的视角，探讨包括东亚和东南亚地区各国的历史。这样，太平洋历史就涵盖了该地区所有的国家和地区的历史。而以国家为中心的历史会掩盖像太平洋历史这样的区域史的观点，因此，我们可以忽略这种方法。在另外两种方法之中，国际的视角经常用来划分世界及其不同地区的历史时期。这种方法经常以跨国的历史观作为补充，甚至取代，本章将对跨国的历史观给予更多的关注。

　　国际史记述了国家之间关系的发展，可是在历史文献中，倾向于视为大国之间的相互关系，因此，承载了地缘政治的世事变迁，历史的兴废盛衰。"大国的兴衰""战争之路""帝国主义的外交"以及其他类似名称的国际史著作，阐释了强国在形成或摧毁地区，甚或全球秩序中所起的重要作用。"国际体系"的概念意义就在于构建由大国维持的"世界秩序"。那么，对历史时期的划分就是要确定哪些的兴衰以及在特定历史时期存在什么样的区域或全球"秩序"。

在这样的框架内,研究20世纪的太平洋历史很容易,即开始于亚洲和太平洋的欧洲帝国时代的中期及后来不断崛起的美国和日本。因而,那个时段的国际史的特征就是帝国主义。正如美国战略情报局局长威廉·兰格(William Langer)在其经典著作《帝国主义的外交:1890—1902年》(*The Diplomacy of Imperialism: 1890-1902*)(1935年)中所叙述的那样,至今依然如此。[1]可是,书中叙事却是1890年至1902年的,而太平洋帝国主义的外交历史也的确是在1902年前后形成的。那时,美国已经崛起,成为殖民大国,兼并了夏威夷,控制了萨摩亚的一部,从西班牙手中接管了菲律宾,镇压了菲律宾人的起义。同时,日本也逐渐崛起成为帝国主义国家,继1894年至1895年中日甲午战争之后占领了中国的台湾地区。美国、日本和欧洲的帝国主义列强于1899年至1900年在中国一起采取军事行动,镇压义和团运动,从而使清朝统治的中国成为"半殖民地半封建"国家。此后,帝国主义列强开始混战纷争,强取分割各自的势力范围。1902年是至关重要的一年,日本与英国结成了同盟关系,从而日本敢于与俄帝国交恶,乘机征服占领了朝鲜半岛。1904年至1905年,俄帝国和日本在中国东北交战,结果,俄国被迫暂时撤出东亚,进而转向中东,其在奥斯曼帝国(Ottoman)的野心导致了欧洲主要战争的爆发。日本借机进一步巩固了其在亚洲大陆的势力,驱逐了德国在太平洋的占领地。同时,日本和美国逐渐发展壮大,成为太平洋的海军敌对势力，然而，1921年和1930年，美国、英国和日本签订了海军裁军协议，形势得到了暂时的缓和，但是，1931年日本开始发动了侵华战争，冲突再次不断升级。1937年，亚洲的全面战争爆发。4年之后，由于日本进攻美国和欧洲在该地区的领土和占领区，企图阻止美国、英国和荷兰前来援助中国，也是为了夺取东南亚丰富的资源，这些资源大部分掌控在欧洲人手里，因此，局部战争演变成了整个太平洋地区的全面战争。似乎太平洋的历史就是一部20世纪上半叶持续战争的历史。

1945年，日本战败之后，另一种类似的区域秩序出现了，即通常所指的"亚洲的冷战"。美国和苏联的全球对抗在太平洋呈现出了有时称为"雅尔塔体系"的形式。该体系于1945年雅尔塔会议后形成，据此，美国、中国和苏联将会成为重要的力量，以维护该地区的战后局势。然而，不久局势再次被打乱，朝鲜和越南的去殖民化诱发了内战，美国被卷入，以重新稳定和恢复地区秩序。中国也经历了内战，可是，美国的干预采取了与中国台湾地区建立军事同盟的方式。日本1952年被缔约国承认为独立国家后也与中国台湾地区建立了关系。由此，"亚洲的冷战"就形成了加拿大、美国、澳大利亚、新西兰、菲律宾、南越、泰国、韩国和日本等的跨太平洋联盟，对抗包括朝鲜和北越在内的社会主义阵营。20世纪70年代，随着美国从已经统一的越南的撤军以及与中华人民共和国关系的正常化，形势发生了巨大的变化。与此同时，中国与苏联、中国与越南开始相互对立。所以，70年代和80年代，太平洋的"冷

第四章 太平洋世纪

战"（若有这样的术语可用的话）则与此之前的"冷战"呈现完全不同的特征。但是，到了80年代后期，伴随着欧洲及太平洋"冷战"的相继结束，"太平"时代在近一个世纪的时间里第一次出现。或者说看上去似乎是这样的。

这就是20世纪太平洋的概况，是风云变幻的地缘政治视角下的太平洋国际史。总之，这个时期，这是一个动荡的、冲突不断的地区，让我们直观地看到了地缘政治发展背景下的历史，这样的历史时期的划分并不难。正如大部分历史书所划分的那样，可以从20世纪初开始到第一次世界大战，其特征可以定为帝国主义列强之间争夺霸权的时期；然后是20年代的"战争时期"，再后来就是1931年至1945年的亚太战争时期。20世纪的后半叶可以广义地视为全球的"冷战"期，一直持续到1990年；这个时期又可以再分为1945年至1970年的"高冷战"期以及后来70年代至80年代的紧张关系缓和期。在欧洲的背景下，一些历史学家把70年代后期到80年代中期视为"第二次冷战"。鉴于80年代末两极体系的突然结束，这种划分观没有太大的意义。无论如何，广大太平洋地区的历史从地缘政治的视角去划分不同的时期和年代，由此来看并非难事。

在这样的时期划分中，几乎总是强调美国的角色，这也并不奇怪，因为美国卷入了20世纪太平洋地区的大部分军事冲突。为此，史学家一直以美国的外交政策和军事策略为中心，延续着太平洋历史的撰写。布鲁斯·康明斯（Bruce Cumings）的《两洋之间的统治：太平洋崛起和美国力量》(*Dominion from Sea*

113

to Sea: Pacific Ascendancy and American Power)(2009年)以及迈克尔·亨特(Michael Hunt)和史蒂文·莱文(Steven Levine)的《躁动的帝国：太平洋上的大国争霸》(Arc of Empire: America's Wars in Asia from the Philippines to Vietnam)(2012年)都是最好的例证。[2]这些著作都把太平洋描述为美国势力稳步扩张的竞技场。同样，长谷川毅(Tsuyoshi Hasegawa)编著的《亚洲的冷战》(The Cold War in Asia)(2011年)中，所有的作者都认为大的"冷战"历史框架中存在着亚洲"冷战"史，其中美国扮演着重要的角色。[3]所有这些著名的学者仍在继续从地缘政治变化的视角阐释20世纪的太平洋历史，把它与美国势力的崛起联系起来，这有可能会不利于从其他的维度来理解这部历史。

当然，不能简单地因为写了这么多有关广大太平洋地区战争的书，或因为许多学者想在美帝国崛起的框架内寻求对该地区历史的理解，就意味着我们应该鄙视其对历史知识的作用。太平洋战争的年代史在许多方面当然极其重要，尤其是从历史记忆方面而言，更是如此，这是我们将要讨论的一个话题。也不应该随意地对待群体屠杀的悲剧性恶行，野蛮地对待战斗人员和非战斗人员，整体地摧毁城市，使用毒气、毒剂反人类，破坏自然栖息地的核试验和其他许多战争的严重后果以及为战争准备而产生的恶劣影响。但是，我们也应该意识到从地缘政治决定论的视角，理解过去的历史是存在一定的局限性的。

首先，我们是否可以以战争来划分20世纪的不同历史时期？如果可以，是哪些战争？这里需要注意的是，太多的历史

第四章 太平洋世纪

书倾向于采用以欧洲为中心或以大西洋为中心的年代划分法，并以同样的方式处理其他地方的历史事件。在普遍认可的历史编年中，20世纪的划分首先是"走向1914"，然后依次是第一次世界大战、"战间时期"、第二次世界大战、"冷战"和"后冷战"时期。简单地把太平洋历史嵌入这样的年代框架，就会造成太平洋版的欧洲或西方历史。例如，我们研究"冷战"就是这样。包括我在内的史学者撰写了有关"亚洲的冷战"的书籍，可是这样的认知留给人的印象就是源于其他地方的"冷战"最终却渗入了亚洲。这是怎么回事，其结果又是什么？这些问题很有趣，然而这些都不是根本的问题，根本的问题在于亚洲是否真的有"冷战"的存在。毕竟，中国不是苏联的复制，而且亚洲和太平洋从来都没有像欧洲那样，清晰地把一定的时期划分为两个阵营。有人可能会认为，即使我们承认"冷战"存在于亚洲，那么与该地区各部分的去殖民化和国家建设相比，"冷战"的发展就微不足道了。经历这样沧桑巨变的亚洲国家的民众是太平洋人类社会的主体，也的确是全世界的主体。

因此，应该看到在辽阔的太平洋有众多过去曾经受殖民强国统治的岛屿，而在20世纪的后半叶，这些岛屿相继获得了独立。那么，以战争为焦点的历史划分，所赋予这些岛屿及其民众的就只能是被动的角色。太平洋的岛屿轻而易举地成为德国在第一次世界大战和第二次世界大战与英国等军队交战的战场，这就是常说的亚洲范围的太平洋战争。美国和日本的军队在西太平洋以及印度尼西亚和菲律宾沿海作战，争夺中途岛、关岛及其他许多岛屿的控制权。"越岛"战役最终为美国赢得了战争。"冷战"期间，一些太平洋岛屿及其周边海域成了核武试验场。在所有这些军事发展过程中，太平洋的命运仍取决于各军事强国的政策和战略。因而，在概念化的太平洋历史中，要赋予其众多的岛屿应有的角色和地位，就必须摆脱以地缘政治为核心的历史编年，就必须考虑太平洋岛屿居民的命运。如何才能做到这一点呢？这就需要构建富有意义的太平洋历史编年。如何考虑岛屿以及东亚和东南亚较大的国家角色呢？显然，在已有的国家史或通用的国际史的框架内是做不到的。

可用的方法之一就是跨国史。与国际史相比，跨国史所关注的基本是非国家的内容、非国家的角色和跨界论题。[4]非国家的内容是指除国家之外界定其存在的种族、宗教和文明；非国家角色存在于国家范围内或跨国之间，但区别于主权国家，如非政府组织和私营企业就是典型的非国家角色。这些组织有自己的议程和安排，经常挑战政府的权威。一系列的跨界论题和现象是跨国史的重要内容，包括经济的、社会的和文化的全球化以及移民、人权、疾病和自然灾害、毒品、恐怖主义、环境恶化；科技和医学研究的进步、文化和教育的交流、旅游和世界运动竞技等。当然，所有这些论题都可以在国际史的框架下进行研究。国家参加了各种各样的会议，签署了促进人权、保护难民等之类的协议和条约等。可是，非政府组织也在这些会议中发挥着积极的作用，并提供了国家设置之外的自己的项目计划，开展了各种不同的活动。宗教和种族团体等非国家的身份在推动相互依存的国际社会的发展中起着至关重要的作用。这些现象只有在跨国史的语境下才能有更好的理解和认知。

考虑到太平洋这样辽阔的区域，那里有众多不同种族、宗教和文明的国家和人民，因此，特别适于跨国史的研究方法。国际史观往往忽略这些非国家现象的存在，而这会导致对该地区过去和现在历史的严重曲解。例如，在当代研究中，习惯把中国视为实际的或可能的军事和经济大国。可是，中国首先代表着一种文明，因而，太平洋的未来要以各种文明以及其多样的人口，如何相互包容为主，发展相互依存、相互借鉴的国际社会，而不只是势力平衡、经济竞争和其他的地缘政治思维。下面我们把重点转向跨国的论题和发展，揭示跨国史的概貌。为便于研究，我选取了几个跨国论题作为例证，以有利于20世纪太平洋地区历史的编年划分。论题包括经济全球化（包括劳动力移民）、人权、文化国际化和历史记忆。这些现象在20世纪太平洋的形成和国际对立、战争和帝国的历史叙事中起着同样重要的作用。相比而言，所选的现象可以认为是全球跨国史的区域性范畴。因为在太平洋历史的大部分叙事中常常强调国际的剧烈变化，所以，也可以认为，在跨国历史发展的背景下，该地区的历史可以视为重在描述不同的历史巨变，指明可能的选择。

在所有的跨国论题中，毋庸置疑，最重要的总是经济全球化，即世界范围内的资本、货物、技术、人员和市场的流动。

史学家通常认为全球化趋势的加速推进始于19世纪中期，可是，那时的全球化的范围和程度怎么样呢？全球化的现象在20世纪后半叶之前大多局限于欧洲和北美，太平洋地区最初没有任何程度上的国际化参与。虽然19世纪跨太平洋的贸易前景令几代美国人兴奋，但是，只是到了20世纪初的前10年，美国西海岸到日本，加拿大西海岸到澳大利亚和新西兰，才铺设了电报电缆。[5]即使如此，直到20世纪末，与欧洲区域内和大西洋的贸易和投资活动相比，太平洋区域内的经济交往仍十分逊色。如杉原熏的章节中所提供的统计数据显示，除美国和加拿大之外的太平洋圈内的所有国家1900年在世界贸易总量中的占比不到15%[6]，整个地区的贸易约占世界总量的1/4，美国就占了其中的一半还多，而且其贸易往来主要是欧洲国家和拉美国家。那时候的中国和日本在世界贸易中根本无什么地位可言。事实上，所有的亚洲国家都是纯货物的进口方，依赖外国借贷和投资支付贸易逆差。至于劳动力流通，经济全球化的重要方面，亚洲国家与北美，与其对应的拉美和欧洲等之间，实际上就不存在。如麦克沃恩（McKeown）的章节所述，大部分的太平洋内的移民都是由中国移向东南亚，这完全是亚洲的现象，而不是太平洋的现象。与跨大西洋的人员流动相比完全不是一回事。成千的日本人在中国的台湾地区、朝鲜半岛和中国的东北定居，但其流动的规模在全球的移民范围来看的确微乎其微[7]。

1914年至1918年的第一次世界大战摧毁了欧洲国家，美国继而成为世界资本和货物出口的引领者,跨太平洋贸易和投资也有了适度的增长,然而,移民统计没什么变化。随着世界重要的贸易国和主要的资本输出国英国重心转向欧洲的军事冲突,美国成为世界经济活动的主角。这当然也包括太平洋地区,美国对日本及其殖民地的贸易和投资不断扩大,同时日本也成为净货物和资本出口国,从而增强了该地区在全球贸易和投资中的份额。即使如此,正如杉原熏表明的那样,20世纪20年代的太平洋,不计美国和英联邦国家,东亚和东南亚在世界商品交易中的比例总量不足几个百分点。[8]例如,1928年,日本的贸易总量不足20亿美元,或不足世界总量330亿美元的6%。由于欧洲在该地区的殖民地都以农业为主导,农产品的价格在战后几年仍处于停滞阶段。同样,由于中国作为外国货物和资本最大的潜在市场,政局不稳,军阀割据,国家四分五裂,所以,这个地区的国际化进展缓慢。一方面,美国和欧洲稳步推进双方经济领域的再度国际化,即恢复经济来往的国际体系;另一方面,太平洋地区在此进程中的作用相对较小。更不用说,白人国家的移民政策也没有什么变化,结果也就没有亚洲人跨越太平洋,向美国、加拿大、澳大利亚或新西兰的移民流动。虽然19世纪20年代,如麦克沃恩所述,有少量的中国人和日本人移居到巴西,但是该地区整体仍体现为"全球的有色区域",属于移民受限区。[9]这样的区分本身本质上就有违全球化的发展。

1929年之后,甚至有限的经济全球化规模也急剧萎缩,走向了经济史学家说的30年代及之后的"自给自足"。可以说去全球化时代就是指20世纪的30年代和40年代。[10]可是，有趣的是，与大西洋地区相比，太平洋区域在大萧条时期（The Depression）蒙受的经济损失更小。例如，美国与日本的贸易不仅没有像与欧洲国家那样萎缩，反而在30年代后期有了实际上的扩大。日本向美国的出口贸易额由1930年的5.06亿日元增长到1940年的5.69亿日元，而同期从美国的进口贸易额则从4.43亿日元猛涨到12.41亿日元。[11]可以肯定地说，这大部分是由于日本在亚洲大陆军事扩张所致。日本从美国采购的坦克和飞机等武器稳步增长，一直持续到华盛顿对其实施贸易限制和最终的制裁。在投资领域也一样，美国和日本在中国的东北有实际的和可能的合资项目。[12]与以金价交易为标准的资本主义工业化国家相比，以银价衡量经济的中国在世界经济危机中没有遭受太严重的损失，也开始了迈向工业化的步伐，在大规模的日本侵华战争开始之前，中国的人均收入也有了实际增长。同时，美国对荷兰东印度公司油田的投资和对马来西亚橡胶种植园的投资也逐步增长。可以准确地说，正是因为美国与这些国家日益增长的经济关系，促使日本坚定了其在东亚建立"新秩序"的决心，企图控制亚洲的资源和市场，阻止美国和欧洲的不断渗透。1940年，日本军方估计东南亚所生产的约1000万吨的石油中，东印度公司占了约80%，其余的为缅甸和英属婆罗洲生产[13]，这些石油资源是日本决心要占有的。从这个层面上讲，太平洋战争就是为控制本地区自然资源所引发的冲突而爆发的。但是,美国政府把冲突视为事关国际化的未来,坚持日本应接受整个太平洋地区实施开放政策。只要日本放弃自给自足,放弃亚太经济霸权的计划,美国就会邀请日本及所有其他国家加入再度国际化的世界经济体系,即布雷顿森林体系,加上新的联合国,这预示着太平洋将从经济上融入世界经济体系。

但是,甚至美国想象的再度国际化都没有涉及劳动力的全球化或无限制的人员流动。尽管20世纪30年代,二者在美国业已存在,美国仍推动移民修正,以此为建立日美关系奠定坚实的基础。可是,美国政府和美国社会都没有接受劳动力全球化的理念[14],甚至移往美国的移民数量也同时急剧下降。与此相比,日本人则大量地移往亚洲大陆,当然,这主要是作为其占领中国的手段。事实仍是移民从来就没有成为太平洋再度国际化初期的一部分。所以,假如我们着眼于移民的跨国论题,那么,就不得不承认,太平洋地区在这一领域没有发挥任何作用。狄克·霍德尔(Dirk Hoerder)在其重要的长达10世纪的全球移民历史著作中,几乎没有怎么谈及该地区,在700页的书中只有简单的3页谈及"种族主义和排外"。可以理解,也只有这些了。[15]

考虑移民限制,就要探讨人权的论题。人权作为跨国历史研究中新的重要主题,从这个意义上来说,太平洋地区的人权历史也需要从跨国的语境下加以研究。[16]这里很清楚,20世纪的上半叶,人权形势令人沮丧。当然,种族主义一直是反对普遍人权原则的。20世纪初，欧洲人对待有色人种和混血人种，尤其是欧裔亚洲人，不言而喻是完全敌视的。但是，这只是太平洋地区否认人权的一个例证。从定义上来看，帝国主义否认原住民的权利，广阔的太平洋地区就是这种现象的最好例证。第一次世界大战期间由帝国军占领的美拉尼西亚的澳大利亚行政官于1918年曾说："当地原住民是最懒惰的种族，他们的想法无非就是吃饭、睡觉、抽烟，偶尔也'伴歌'跳舞。"[17]甚至随着战胜国委托把德国以前的殖民地转交由同盟国设立的托管制统管时，这种种族偏见依然存在。也可以说，威尔逊国际主义并不意味着接受种族平等的跨国原则。换而言之，国际主义并不意味着跨国主义（Transnationalism）。即使日本正式接受战后国际主义为其外交政策的框架之后，仍继续侵犯处于其统治下的朝鲜人的人权。日本采取文化同化政策，剥夺朝鲜人使用自己传统名字的权利以及在学校使用自己母语的权利。在种族偏见的历史中，20世纪初可能算得上特别丑恶的时期，表明不仅是国内，而且跨国也一样。可以说，这个时期的全球化无论是地理上还是人类学上都是部分现象。

但是，种族主义和殖民主义并不是20世纪上半叶否认人权的唯一实例。依据联合国20世纪60年代采用的人权定义标准，大部分亚洲国家的人权记录都很糟糕。诸如言论自由、民主政府、就业机会平等、普及教育权、性别平等、身体和智力残疾人的生活尊严权等原则，在太平洋地区显而易见是缺失的，除了美国、加拿大、澳大利亚和新西兰，那里至少还享有民主和自由言论的权利。可是,即使这些国家,我们也应该能想起,直到第一次世界大战结束,还只有新西兰和澳大利亚的妇女才享有选举权。人们会很容易把这种尴尬的局势归咎于亚洲国家的"落后",要么是他们"东方式的专制",缺乏西方式的个人主义,要么是经济不发达。显而易见,他们没有西方国家那么"现代化",但是,现代化并不等同于人权。秘鲁、印度和其他地方的"传统"社会同样营造了各自人和的氛围,这是人权概念的必要基础,与基督教、犹太教、佛教和其他宗教弘扬的个人诚实与尊严没有什么明显的差别。[18]换句话说,全世界普遍存在侵犯人权的现象,尤其是在太平洋地区,这也许与传统观念没有太多关系,更可能是传统观念与现实之间的差异意识的增强所致。观念在太平洋地区的存在如同其他地区一样,而不同的是与之相应的现实。

上述粗略介绍说明,就经济全球化、移民和人权而言,太平洋地区在20世纪初的几十年,其转变只是表面的。无论是否存在军事冲突或相对安定,与世界其他地区相比,整个太平洋地区的经济和社会领域没有太明显的变化。然而,有一个领域的发展与世界其他区域的发展相当。这就是文化,也就是我们所说的文化国际化,开始在20世纪初的数十年呈现出在太平洋历史上的重要意义。

文化国际化是指思想观念、艺术创作和生活方式的跨国交流,以加强各国人民之间相互联通、相互依存的意识。[19]为此,这些活动的交流用"文化跨国化"(cultural transnationalism)比

"文化国际化"（cultural internationalism）的表达更恰当。无论何种情况，都可以通过专业会议、教育交流项目、博物馆展览、音乐演出、运动会等活动交流相互促进。即使通常把它置于文化西方化的框架中，这种现象也不会完全是单向的。泛太平洋的文化国际化需要多方位的知识、教育和艺术的交流。这有时可能需要政府从外交和内政政策的层面加以推动，但是，民间个体和组织也发挥着重要作用，形成了他们自己独特的空间，而依据主权国之间的关系界定，他们的空间是难以与世界交流互动的。众所周知，美国和加拿大的传教士和教育者以及日本的佛教人员不断地渗透到中国或朝鲜半岛，或整个太平洋地区进行传教活动。不仅是美国人和其他西方人，而且还有中国人、日本人和朝鲜人，都在推动各种不同的社会改革运动，涉及从禁酒到生育控制等不同领域。与来自东南亚的那些人士一样，他们经常参加各类国际会议和奥林匹克之类的运动会。亚洲的艺术品成了美国博物馆熟知的展品，而亚洲的博物馆里则时常展出西方的油画和雕刻作品。这些活动背后的动因之一在于促进文化交流和沟通理解。文化国际化的支持者认为这是国家之间维护和平的必要基础。而有人想得更深远，坚信一个文化互通的世界将会依据其自身的发展进程，依据自身的动力，更能发挥其作用。这样的话，就会界定其自身特有的全球秩序，如同军事实力和经济交往一样，构建它们各自的世界体系。

如果20世纪上半叶太平洋地区看不到一系列的军事冲突，

如果在此期间没有任何证据表明该地区存在经济全球化和人权进步，那么在文化领域，我们可以欣慰地看到其重要的发展。文化的发展在30年代的战争时期和全球经济危机时期显得尤为突出。在文化国际化的历史上，30年代尽管处于战争和危机之中，但是跨文化活动始终没有中断过，甚至可以说还得到了加强。尽管发生了经济危机，但东亚和美国之间的留学交流项目没有受到影响，不仅如此，由于太平洋国际学会（Institute of Pacific Relations）等知名组织对各种项目的资助，甚至极大地促进了交流的发展。30年代交流异常活跃，不断推进跨太平洋的学生会议以及由记者、商人和其他人士参加的研讨会等。[20]国际联盟（League of Nations）学界合作委员会及其太平洋地区各国的分支机构也没中断自己的活动，以至于在1938年中日学者还在聚会讨论其共同关注的论题。[21] 1936年，有夏威夷大学和耶鲁大学共同主办的泛太教育研讨会在火奴鲁鲁（Honolulu，檀香山）召开，与会的教育界人士分别来自美国、墨西哥、中国、印度、澳大利亚、新西兰、新几内亚、吉尔伯特群岛、萨摩亚和巴布亚以及来自日本、英国、法国和荷兰的代表。同样，成立于1923年的世界教育协会联合会（World Federation of Education Associations）在20世纪30年代仍继续着自己的活动。有趣的是，该组织一年两次的会议分别在欧洲和美国召开，一直持续到1935年，而且1937年的会议是在东京召开的。1939年的会议原定于里约热内卢召开，但由于欧洲爆发了战争而未能实施。[22]东京会议是在日本军队进攻北京而爆发的日本全面侵华战争后近1个月才召开的。会议聚集了来自全世界的约900名教育界人士，而且大部分是女士，这在当时的确是一个引人关注的现象。与会者分别来自南、北美洲，西印度群岛、欧洲、亚洲和太平洋地区以及非洲。这些会议是发生在太平洋各地的众多文化交流活动的一个领域。由此也让人联想到美国政府的睦邻政策(Good Neighbor policy)也包括与南美国家的学生和教育交流。运动方面，1932年和1936年的奥林匹克运动会分别在洛杉矶和柏林举办，促进了国际社会之间的沟通[23]。此外，30年代，美国橄榄球队对日本的访问也起到了同样的作用。[24]同时，好莱坞电影也维系着全世界电影爱好者，当然也包括太平洋地区。可是，也应该看到日本的电影也不断流入中国。除了战争宣传的需要之外，也有中日电影制作商交流与合作的文献记录。[25]直到日本偷袭珍珠港之前，中国的影院都有中国、日本和好莱坞的电影在放映。也许可以说，在太平洋地区的文化国际化的历史中，30年代尤为重要，它表明在这一领域太平洋地区也许已经走在了世界的前列。

那么，要对太平洋历史进行时期划分，跨国的视角会提供一个与传统的国际编年法完全不同的观点。20世纪30年代，通常是在导致太平洋冲突的日本对华侵略战争的框架下来理解的，而在跨国的历史观下，有可能被视为文化和教育互动交流频繁的10年。当然，这些交流并未能阻止战争的爆发。但是，文化国际化的遗产却幸免于战争，将直接孕育着战后的跨国历史，而且所有的太平洋国家都参与了这段历史。

第四章 太平洋世纪

1941年至1945年的太平洋战争的确标志着该地区国际史的重要转向,但是,其蕴含的跨国意义是什么呢?在经济全球化的历史上,战争不是重要的标志。国际化的形势或多或少一直延续到了20世纪50年代。而就是在之后的60年代,日本重新加入了世界经济圈,缓慢地,但稳步地取消了外汇限制,大力地推动了规模性的出口,到60年代末,崛起成为该地区位列前位的经济体。同样,随着美国、加拿大和其他国家贸易的扩大,太平洋地区在世界经济中的作用,在现代历史上首次获得了重要地位。正如杉原熏所详述的那样,世界贸易的总量在20世纪后期的几十年中有了显著的扩大,包括东部的美国和西部的中国在内的太平洋国家所占的比例稳步增长,到了新世纪之交,其所占比例已经超过了50%。[26]跨太平洋贸易,即地区国家之间的经济交流,也有了相应的发展。到1990年,除中美洲和南美洲之外,所有其他太平洋国家的收入总计逐步接近110 000亿美元,超过了欧洲国家的总收入。[27]总之,广阔的太平洋地区已成为经济全球化历史重要的组成部分。

这是太平洋历史的重要内容,其历史的编年也许应该突出这一主题,如同越南战争和漫长的"冷战"等一样,假如我们同意亚洲有"冷战"的话,则更要强调经济全球化这一主题。换而言之,从20世纪60年代到80年代是太平洋历史重要的里程碑时期。60年代初期跨太平洋经济发展的特征仍是缓慢而几乎停滞的,但是60年代后却快速发展,到了80年代初之后,随着中国对外经济开放政策的实施,地区经济发展速度更加惊人。很快，中国加入了其他太平洋国家的经济贸易和交流，为整个世界提供劳动力、资本和市场，尤其是对美国、加拿大、澳大利亚和日本。因此，21世纪初，太平洋区域内的贸易额最终超越世界其他地区，就顺理成章了。

20世纪后半叶，太平洋地区的人权历史怎么样呢？很明显，没有像其经济领域的转型那么直观。就移民限制而言，60年代发生了巨变，在接下来的数十年，美国、加拿大和澳大利亚修订或废除了基于种族的移民政策，结果是这些国家的亚洲来访者和定居者人数快速增长。最显著的是，美国人口中，亚洲和太平洋籍的比例从1950年的0.2%上升到1970年的0.7%，再到1990年的2.6%。这些数据表明美国对广大太平洋地区移民的逐步开放。1950年移民主要来自中国，1990年主要来自萨摩亚和关岛。从1961年到1990年，准许移民美国的176.6万难民中，几乎一半的移民来自太平洋地区。[28]显然，由于美国及其他的"白人"国家采取的劳动力全球化和降低移民限制政策，60年代和70年代成为重要的转折点。若要从跨国的视角来界定太平洋的历史时期，而不是以地缘政治来决定的话，那么这些年代比40年代或50年代更应予以重视，更富有意义。

20世纪70年代，人权不再被视为某个种族、宗教或文明的成员或公民享有的自由和尊严，而是视为作为人类的个体应享有的自由和尊严。[29]这样的解释适用于广阔的太平洋地区吗？这样不考虑背景因素，把人权定义为个体尊严的权利或个人受到尊重的权利，很难适用于 20 世纪末生活于太平洋地区的 40 多亿人口中的大多数。那里的确会不时地有民主运动发生。想一想发生于 1989 年的韩国政治演变和菲律宾的民主化运动。这些几近巧合的运动表明，它们不只是单独的国家政治事件，而且很像 1968 年的整个欧洲，形成了广泛的跨国现象。[30] 获得个人的尊严是这些运动的目的之一，还体现了一种不断增强的意识，即个人的自由是超越政治界限的普遍原则。可是，不幸的是，太平洋地区充满希望的人权发展之光经常遭到国家政权的扼杀，或像东南亚经常发生的那样，遭到日益严重的民族间敌对势力的镇压。但是，需要进一步说明的是，到 20 世纪末，所有太平洋国家的非政府组织数量有了显著增加。从某种意义上讲，这些组织成为国家与社会的协调者。他们没有完全独立于国家，大部分情况下，其形成的目的就在于承担国家难以履行的事务，其中包括推进人权的进步。70 年代及之后，非政府组织在全球和地区的发展史无前例，这个事实说明，人权发展即使在政治压抑的国家也正逆势向前。有意义的是，非政府组织残疾人国际（Disabled Peoples' International）于 1981 年在新加坡成立，初始会员有 67 个，旨在投身于残疾人的人权事业。1991 年，联合国亚洲及太平洋经济社会委员会（Economic and Social Commission for Asia and the Pacific）在北京聚会，采纳了一个帮助残疾人地区合作的十年计划，把 1993 年至 2002 年定为"亚太残疾人的十年"。这些标志性的内容在人权历史研究中很少有所谈及，但是明显属于太平洋跨国历史的一部分，是承认身体和智力残障人员权利的重要转折点。[31]然而，必须认识到，在整个太平洋地区，所有国家在残障人人权保障方面仍需努力。

同时，20世纪后数十年，太平洋地区的文化国际化也持续发展。尤其是伴随着中国的改革开放，进一步促进了地区文化的交流。80年代之后，到外国留学的中国学生和访问学者不断增加，包括中学生在内的总人数达到50万人之多。有相当数量的人员赴欧洲学习，但大部分交流的学生和学者都去了太平洋的其他国家。其中大部分人留在了目的国生活和工作，促进了学术领域的多样化。同样，中国的音乐家也普遍到国外去演出，外国人也开始纷纷访问中国，后来也开始到越南，因为这两国享有同样的饮食文化。而在其他地区文化交流的项目数量和程度也一样在持续，到了20世纪末，可以说广大的太平洋地区已经在文化上互联了。这样的结果形成了地区文化的多样化，形成了文化的杂合（hybridization）。

杂合（hybridity）是人类学家、社会学家和一些历史学家开始使用的一个概念，指不同背景的人相聚在一起，融合在一起。在此过程中，自身在形成一种混合或杂糅，是不能用单一的范畴来解释说明的。杂合是贯穿于人类历史的一个过程。可以说，在20世纪，尤其是20世纪末，随着日益增加的人员流动以及随之流动的货物、思想和生活方式，这个过程在加快。信息和媒体技术的创新加速了现实与"虚拟"体验分享的趋势。在这种情况下，假如曾经有这样"纯粹"的、同质的种族、国家或文明之类的东西存在的话，那么现在已经没有"纯粹"的存在了。在人的构成方面，太平洋地区比世界其他任何地区都更具有多样性，因此也更有可能逐渐成为更加杂合的地区。这可能意味着，如同其他国家一样，从所居住的人来看太平洋地区的国家会变得不再具有明显的区别性特征。正如业已看到的结果那样，无论是国家特征还是民族自信（nationalistic assertiveness）都会逐渐减弱。

一个世纪前，即20世纪初，像中国的康有为和比利时的保罗·奥特雷（Paul Otlet）等梦想家幻想着有一种世界，所有的国家和人民团结一致，和平相处。1910年法国记者古斯塔夫·赫夫写道："19世纪是国家主义的世纪，而20世纪则是国际主义的世纪。"现代文明已经到了国家之间崇尚合作的时代，甚至最终会组成"一个世界联合体国家"，而不是坚持相互敌对的关系，对此，他充满希望。[32]他的乐观主义证明是不成熟的，但是，可以注意到，赫夫的国家对立观最终转向了国际主义，只要世界上的国家仍作为主要的自治体存在，他的这种观点就是不现实的。国家必须进行转型改造，成为更加杂合的国家，才有可能迎来国际社会的时代，或更理想的一个跨国世界。那么，只有当国家失去了它的部分区别性特征，在它们的居民构成、生活方式和思想观念相互交融的时候，这样的世界才会真正实现。这也许会是21世纪所面临的有趣问题。

在这样的依存关系中，记忆的问题，无论是个体的还是集体的，都至关重要。太平洋地区自身在渐渐地转变，是否能够形成这样的国际社会，不只是地理上相邻共享的国家和人民的一个合集，更是要看他们各个方面记忆共享的程度。史学家观察到，战后欧洲的"记忆共享社会"的发展是欧盟（European Union）建设的前提条件。[33]显然，在太平洋地区，这样的社会目前还不存在。最显著的例子就是中国、日本和朝鲜半岛对第二次世界大战的记忆冲突。中国人和朝鲜人都不会接受那些日本人的观点，即发动的战争是为了解放亚洲，摆脱西方列强的统治才是这场战争的记忆。而中国人和朝鲜人对现代历史的记忆则是民族和国家屈辱的反映，中国人会追记到鸦片战争，朝鲜人会想起日本的半岛殖民统治，二者很难与日本的近代史观协调。这些国家具有跨国意识的学者和老师不断地聚会，探寻对其历史理解的切合，可是与欧洲相比仍无什么成效。而在欧洲，法国人和德国人，德国人和波兰人十分成功地协调了各自对两次世界大战的记忆，达成了共识。长期以来，他们共同编写历史教科书，以便像德国和法国的学生那样学习其共享的历史记忆。尽管有一些零星的尝试，但中国、朝鲜半岛和日本仍未有任何明显的突破。

然而，不只是中国和日本，朝鲜半岛和日本，在太平洋地区有很多这样相互对立的国家，的确很难形成记忆共享感。例如，印度尼西亚人对"第二次世界大战"的记忆就与那些日本人主导的印度尼西亚人的观点不一样。后者强调日本帮助了印度尼西亚摆脱荷兰的殖民统治赢得了独立。虽然官方禁止的记忆从苏加诺总统到苏哈托时代，再到近年的民主政府，存在一定的差异，但是无论是个人还是群体感受的，绝大多数的印度尼西亚人对战争的记忆都与日本残暴的军事占领有关。如果说战争最终有助于印度尼西亚摆脱荷兰统治，那么日本的占领相对而言也只能是坚定了印度尼西亚人民顽强战斗争取自由的信念。[34]美国人和菲律宾人之间，在两国的战争认知方面也长期存在同样的差异，这如同美国人和墨西哥人对19世纪40年代的战争认知一样。1812年战争的200年纪念表明，加拿大人和美国人对那场沿安大略湖（Lake Ontario）的边境之战的看法存在鲜明的差异。两个长达60年的地缘政治同盟国美国和日本之间，似乎一直存在着难以弥合的隔阂，尤其是在对1945年的原子弹轰炸的理解和解释方面存在严重的分歧，以至于1995年美国国家航空航天博物馆（Smithsonian's Air and Space Museum）计划展出"艾诺拉·盖"（*Enola Gay*）号轰炸机，其初衷就是要表明各自的观点，但愿望从未实现过。最后变成了以美国为中心的历史观陈述和说明，博物馆馆长马丁·哈威特（Martin Harwit）不得不郁闷地终止了这项计划。[35]

这些实例表明，国家主义或民族主义的力量仍很强大，笼罩着不断全球化和跨国化的趋势。在此情况下，要发展和形成一个基于共享记忆的太平洋社会仍有很长的路要走。20世纪是两个历史时期竞争的世纪，一个取决于地缘政治，另一个取决于跨国主义。21世纪之初情况仍不会有太大的变化。一方面，外部对2011年日本地震和海啸的慷慨相助和真诚的同情说明，世界各国的非政府组织富有深深的跨国情怀和英勇无畏的精神，倾力提供人道主义援助；另一方面，中日之间以及中国、越南和印度尼西亚之间的领土争端，表明了各自不屈的国家情感。对日益崛起的中国有了更多的担心，这是一种地缘政治现象。如果像华盛顿、惠灵顿、利马等国家政府倡导的跨太平洋伙伴关系计划能够实现，那么，跨国主义才会得以普遍认同。然而，计划的成功与否取决于这些倡议国和该地区的其他国家采取行动，使其成为一个历史记忆共享的社会。这可能是最重要的，也是今天太平洋国家面临的最大挑战。未来，它们是否能够以同样的基础建构与大西洋和欧洲一样的历史呢？如何建构？为此，历史教育起着重要的作用，不仅要教授和研究自己国家的发展史，也要让学生了解该地区和整个世界的发展。这会实现吗？中国、德国和美国对世界史的理解和教授的方法颇具矛盾性，这的确令人沮丧，他们各自都有自己独立的世界史教育理念。[36]可是，如果欧洲能成功地发展成为一个历史记忆共享的社会，那么太平洋地区就没有任何理由在未来可能做不到。为此，我们就必须培养这样的理念，把太平洋视为一个社会，一个跨国人员互动的地区，其中包括跨国的老师和学生，随时超越国别特性，拥抱跨国共享。

第二部分

纽 带

第五章
环　境

伊恩·琼斯

1700年1月27日,日本那珂凑(Nakaminato)的海滨,通常的小海浪开始出人意料地涨涌,对海啸迹象久已熟悉的居民开始逃离海滨。而这时,海浪渐渐减弱了。当地的历史书中记载了这次事件,当地的居民想,附近没有地震,浪是从哪儿来的呢,因此没再多想。而就在此前的一天,太平洋对岸的,从今天的加利福尼亚州到英属的哥伦比亚海岸,大地剧烈地震动,30多米高的巨浪冲向惊慌失措的人群。历史上相传当时有数千人遇难。[1]此后300多年,2011年3月11日,日本同一地方的村民在大地剧烈的晃动中惊醒,匆忙逃离即将涌来的惊涛骇浪。在整个太平洋周边,从阿拉斯加到夏威夷和智利,再到澳大利亚,人们很快从海上漂浮的浮标和空中定位的卫星收到了海啸预警(见图5.1)。太平洋东部的居民很清楚巨浪数小时前就已经开始朝他们这边涌来。有一个可能是尤罗克人(Yurok),前往加利福尼亚州北部的克拉马斯河口(Klamath River)去观察涌浪时被卷入大海,后来他的尸体被冲到了距此向北300多英里(约483千米)的海滩。[2]

第五章 环　境

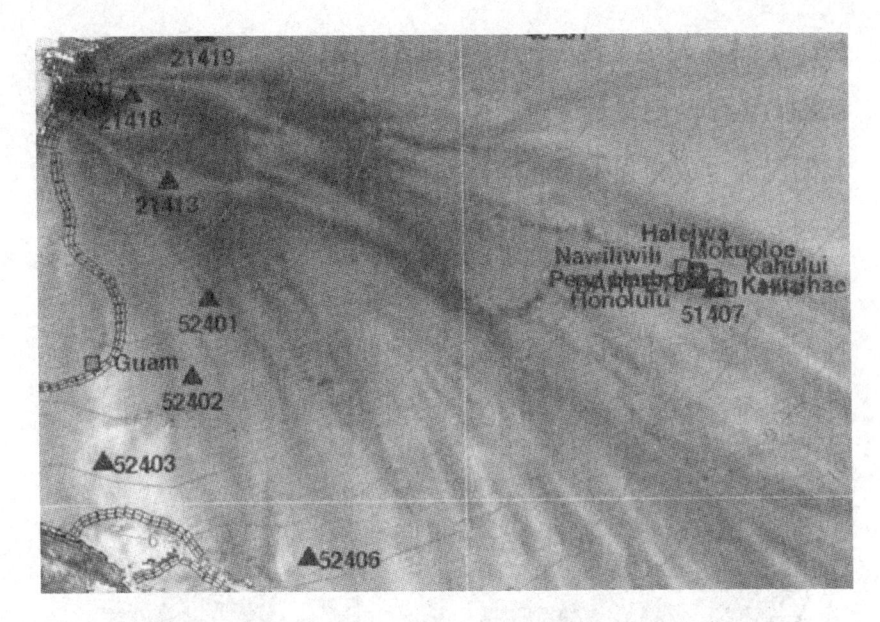

图 5.1　2011 年 3 月 11 日日本海啸所产生的海浪

20 世纪，每 10 年至少有 2 次大海啸袭击整个太平洋，摧毁俄罗斯、加利福尼亚州、日本、智利、阿拉斯加、夏威夷、萨摩亚及其他地方的居民区，由此也把他们的命运连成了一体。1960 年，20 世纪最强的地震达里氏 8.8 级，发生在智利，而涌起的 25 英尺（7.62 米）之高的海浪却袭向了距震源万里之遥的太平洋对面的日本沿海城镇。[3]海啸是较好的例子，喻示了太平洋的环境史，寓指了大洋本身相通的自然力，可以远距袭击人类。作为太平洋周边不断感知的自然力，海啸也表明以生物和运动物质形式传导的能量在太平洋历史中同样起着重要的作用。太平洋过去 500 年的环境史可能是由区域内一系列变化的能量流动形成的，这些能量有时源自其自身内部，有时则来自外部，但结果都是对生命的重置。在这样广阔的大洋区域

137

内，也只有人类、鲸、厄尔尼诺和拉尼娜(El Niño/La Niña, ENSO)能够与能量传导过程中产生的海啸抗争。[4]太平洋海啸掀起的巨浪也成为强大的心理建构，天涯相隔的人从心理上感知着相互的存在。站在太平洋聚集能量的任何一个地方，比如夏威夷的北海岸(见图5.2)、阿拉斯加的瓦尔迪兹(Valdez)，或日本的福岛(Fukushima)，都会直接地感觉到有一条强大的能量链联通着遥远的海岸和人类。

图5.2　1964年夏威夷海啸遇难者纪念碑

本章太平洋历史的研究着重探讨海洋环境，揭示3个特征各异的能量流动。1741年前，人类在整个太平洋的奔波在于寻找其能量分布不均衡而提供的机遇。此过程的开始基本都在本地环境相当的赤道南、北区域。1741年至1880年，殖民列强

第五章　环　境

与当地的原住民共谋开采太平洋丰富的能量资源，致使大量的生物数量减少，但却涵养了许多较小的低能量需求的生物。1880年后，伴随着现代战争、旅游和经济发展时代的到来，太平洋迎来了高强度的能量灌输时期，而且至今仍在延续，也再一次改变了其能量流动，主要是对近海生态系统产生了影响。对大洋能量流动的研究表明，世界日益走向互通，整个太平洋以显著相似的方式多次重构互通的世界。薄雾笼罩的科迪亚克渔场，拉罗汤加岛周围的珊瑚礁以及其他各地，人类在辽阔的太平洋空间相遇、结识。然而，令人感伤的是，正是这些人的相遇和心灵的相通，夺去了2011年克拉马斯河那个人的生命。他像欧洲和美洲原住民的先祖一样，致力于太平洋众多海岸的联通观察。假如他知道巨浪即将到来，他可能也绝不会到大洋的那片海域去冒险。

循环流通

几乎连续不断的环太平洋"火山带"至少自19世纪以来，已经表明这是一个整体的空间。这些活跃的火山大陆块和岛屿形成了营养丰富的大洋，因此能量有助于海洋生物的生长。[5]但是，太平洋的能量分布是不均衡的。几个地方产生的大部分海啸巨浪辐射了整个盆地。同样，许多散布于大洋不同区域的动植物种群都来自两个重要的进化热点区域，即热带印度–南太平洋区域和寒带北太平洋区域。[6]向东涌的洋流把海洋生物从印度尼西亚分散到所罗门群岛和近大洋洲地区，可是远距的太平

139

洋洋流通道使远大洋洲地区相对鱼种较少，完全依靠人的迁移来寻踪哺乳动物。北太平洋有大量的生物种群，但限于繁殖能力，种群不大，这里也是像鲸之类的高营养种群的能量聚集区。这些物种形成丰富的地方，与大洋的一些偏隅之地的海洋生物量相当，甚至更多，其中包括众多的边缘海域地区。向上翻涌的大洋滋润养育着丰富的鱼群，尤其是出现在东部边缘海域，如厄瓜多尔、智利和加利福尼亚海岸地区。温暖气旋的洋流湿润着日本和澳大利亚的海岸地区，那里尽管物种可能多样，但海洋生物量相对较少。[7]然而，北海道(Hokkaido)和俄罗斯的远东地区却是个例外，那里亲潮(Oyashio)和千岛群岛(Kurile)的逆向洋流为大量的动物种群提供了丰富的营养。[8]

这些能量的状态都不稳定。依据季节、年代，甚至更长的时期，能量都会产生难以预料的波动，其海域分布也会随之产生变动。尤其是厄尔尼诺和拉尼娜现象使太平洋成为一个独特的整体大洋空间，数月内即可将热能从智利传向相距数千英里的对岸澳大利亚，如1998年的厄尔尼诺现象。这种极端的气候导致从新几内亚到墨西哥的圣卢卡斯角(Cabo San Lucas)的珊瑚大片死亡。如同其他大洋一样，在低气压地区常年吹着太平洋信风，这对于欧洲的领航员至关重要，他们在太平洋上掌握了一种可识别的领航模式，而早期的波利尼西亚航海人也是利用这相对较弱的南半球东向风，快速驶向南美洲的。强热带风暴，也叫台风，一般在夏至后在太平洋赤道区域形成，然后

第五章　环　境

旋即向西，吹向从昆士兰到日本的大陆块。在更靠北的地区，阿留申低压在整个冬季经常向阿拉斯加和加拿大刮飓风，并夹杂着暴风雪或雨。尽管大洋之间很少有清晰的界限，但是太平洋却在南纬35°区别性特征明显的洋流区终止，然后就是南极的永久冷风暴区。[9]

太平洋的动物居住在自己创造的大洋世界里。黑背信天翁栖息在赤道附近的几个小岛上，可是它们却飞越整个太平洋，觅寻捕食乌贼、鱼等食物。鸟对海洋物种最丰富的地区最亲近，最熟悉，它们觅食的区域主要在夏威夷和阿留申群岛之间中途的海下山峰区以及太平洋和南极交汇的富养海域。[10]其他海鸟直接地改变着太平洋的环境，在东部的岛屿上用粪便堆积养分。海鸟粪便融入珊瑚石灰岩，形成高高的肥山和栖息地，尔后吸引人类来开采这些富含能量的肥料。[11]其他海洋动物，尤其是像鲸、海豹、鲨鱼和鲑鱼等大型掠食动物，利用太平洋的地理和季节能量的差异，掌握聪明的迁移技能，从而能够在低生物量地区繁殖（通常在赤道附近），在营养能量更丰富的区域生长（一般在高纬度地区）。通过消耗、死亡和被捕食的循环，海洋迁徙动物在整个大洋重新分配着能量，这也是太平洋人类的角色和作用。

太平洋人类长期以来追随着这些能量的流动，并改造着这些能量，尤其是伴随着他们从农业地区迁移到不同的岛屿，情况更是如此。对中国台湾地区金门岛（Kinmen Island）的研究表明，中国居民对该岛上千年的开发，经历了利用、离弃、回迁的循环过程。由于担忧其能量的不足，人口和生物总量起伏跌宕，变化巨大。到1600年，他们调整建筑结构和思路，试图减缓暴风雨的破坏力，更换了前沿防护林，以适应海岛的生活。[12]在大洋洲大面积殖民的奥斯特罗尼亚人同样也改变了从前无人居住的太平洋荒岛。这些发展中的波利尼西亚人为了定居发展农业，将全套的家禽一同带上岛，这有助于灭杀成群的病原性鸟类，其中包括一半的夏威夷鸟类种群。动物种群的引入，森林的砍伐和近海环境的过度利用完全改变了夏威夷岛及其他岛屿的面貌，日益接近大洋洲人原住的东南亚过度垦耕的岛屿。[13]太平洋环境的生态变化链经常是极为复杂的，海洋与其他生物种群的生存相互交织。例如，海鸟是像大拉帕岛（复活节岛）这类低能量岛屿的主要施肥源。如果人类灭杀鸟类，农业就会萎缩、停滞，随之人口就会减少。[14]

在北太平洋，由于那里难以进行农业生产，因而情况就有所不同。那里定居和生活的主要是航海的因纽特人，因而大型动物种群数量明显下降，甚至可能导致了大海牛的灭绝。[15]另一方面，居住在萨纳克岛（Sanak）的阿留申人却保持了与生态系统相对稳定的发展关系。初期人类对海洋哺乳动物和滩涂潮间无脊椎动物的过度捕捞对生态系统起到了一定的稳定作用。他们对动物种群的捕捞长期都没有什么变化，这种状况一直维持到20世纪40年代他们迁居离开。[16]尽管影响各有差异，但是史前人类人口趋势表明，从塔希提到阿拉斯加都表现出惊人的相似，这可以从共同的海洋取向和在海洋气温与营养流动变化面前物种的脆弱等方面得到解释和说明。[17]这些同样的环太平洋要素也许能形成不同的趋势。在小冰期[Little Ice Age（约公元1300年）]开始之初，大洋洲人的航海活动就停止了，或减少了，也许就是因为海平面的降低和急剧下降的海洋生产力的缘故。[18]相反，在太平洋北部，由于强大的阿留申低压（Aleutian Low）暴风系统提升了能量，从而产生更强大的海洋取向，不断发展的贸易以及战争从西伯利亚（Siberia）一直延伸到太平洋西北海岸（Northwest Coast）的广大地区。[19]

到16世纪，以中国一直到苏门答腊岛为轴线，形成了太平洋生态交换的中心。中国对木材和海产品需求的不断增长，太平洋西南各地对木质染料、麝猫、海参、龟壳及其他消费品和装饰品的开采，进一步促使其走向大洋，从而到遥远的地方从事农业耕作。最初是在海南岛，日本的近海。15世纪至18世纪，中国人的船只开始忙碌于从菲律宾到马鲁古群岛（Maluku），再到苏门答腊的海域，有时在回程中收集海洋生物的残骸。收获海洋生物可以动员整个社会参与，男的、女的、儿童都可以用手采集海蛤之类的海洋生物。[20]这样的收采和不断增长的需求与高度地方性生长的生态系统相交织，可能就意味着生态的快速衰退。到18世纪初期，印度尼西亚托吉安群岛（Togian Islands）周围的玳瑁龟就基本绝迹了。[21]给自然日益带来压力的一个相对应的例子是1609年被日本占领的冲绳岛（Okinawa），实行封闭发展的政策，海外贸易日益下降。在之后的数个世纪，蔗糖生产以及由此而导致的森林砍伐一直在持续进行。尽管植树造林和土壤保护在不断加强，但1664年和1709年一系列的地震、海啸和台风仍给冲绳群岛造成了极大的破坏，数千人遇难，这表明任何国家政策都不可能完全置身于太平洋世界之外，都必须考虑太平洋因素的影响。[22]

太平洋人对其与海洋关系的变化有着各自不同的理解和调控。在整个大洋洲，实施定期的禁令式限制，暂停对一些物种的采收，而这常常是为了贵族的宴会储备之需。汤加人信奉的神几乎一半都是鱼，每个都有神话历史和起源地。例如，遮目鱼据说来自萨摩亚，因此应该像尊贵的客人一样敬重和接待。这些历史传说和想象对于捕鱼成功很重要，它决定着哪些种群的鱼类会成为渔民捕捞的对象。[23]阿留申人通过海獭的任意交配关系认为其类似于人的乱伦行为[24]，而另一些人与动物捕食者保持明显的空间属地关系，如巴拉望人（Palawan）与鳄鱼之间的领属空间很清晰，以免受到攻击。[25]甚至现在，能把鲨鱼诱引到近海岸的巴布亚新几内亚人，仍保留着为特殊的上层社会捕猎鲨鱼的习惯。

夏威夷人也许对人与周围海洋的关系有着最著名的叙事。他们相信，精神的先祖（aumakua）会有意钻入特定鲨鱼的腹内，借此帮助自己的后人。这些鲨鱼会帮助驱赶鱼群进入渔网，或者引导落水失踪的船员。[26]因此，夏威夷人、阿留申人和其他人群说明，人与动物世界相互重合及相似的方式，追溯了太平洋世界多元物种相互交织的流通与循环关系。塞德罗斯岛

第五章 环　境

（Cedros）的美洲原住民把他们与下加利福尼亚相分隔的、很少接触的凶险洋流的原因归于一个魔鬼，认为朝那个方向甚至看一眼都是罪孽。这个传说包含了一个恐怖的真实故事。1732年，西班牙传教士说服美洲原住民离开岛屿，接受洗礼的时候，一条鲨鱼咬住了他们中的一位萨满教道士，"撕咬着把他拖走了，海滩上的人就这样无助地看着"[27]。

从15世纪开始，伊比利亚人、荷兰人和英国人进入太平洋并没有改变流通循环的路径，但的确对跨太平洋的生物大交换产生了影响。整个地区的航海人交换了最初从秘鲁得到的甘薯，可是直到1571年的某个时候，才通过西班牙人传到了菲律宾。[28]这种富含营养的根茎植物从菲律宾进入了亚洲的航海圈，1606年在冲绳受到欢迎，再晚些就到了日本。1665年，日本商人把它进口到萨摩国（Satsuma），尔后这位商人被尊为"中国甘薯大师"。[29]然后，甘薯又回程向东，通过密克罗尼西亚，跨越太平洋到了墨西哥，成为墨西哥人的肯模特薯（camote）。许多其他植物，大的小的，贵的贱的，搭载欧洲的船穿越太平洋。西班牙重商的商人试图移栽其中利润较高的香料植物到菲律宾和墨西哥，可是常常是非正式的，但关键的太平洋圈把这些孤立的植物世界联系了起来。[30]例如，16世纪后期，菲律宾水手把椰树移向了墨西哥和巴拿马西部，但在当地分散的树中却发现了熟悉的同类树源，与他们带来的一样，漂洋过海在太平洋东海岸存活了下来。[31]甚至到了18世纪以后，虽然西班牙太平洋航运已经衰弱，但是其形成的植物传播圈仍在继续。在卡米哈米哈王的夏威夷宫廷做事的西班牙人唐·弗兰西斯科·德·保拉·马琳，从帕劳出发向加拿大的努特卡湾航行，在他的珍珠港花园种上了来自世界各地的植物种子，如有名的咖啡、番木瓜和仙人球等。尽管他收集储藏的这些作物都具有外来的特性，可是每当玛卡希基节开始的时候，他都会精心挑选献祭给夏威夷神。[32]

这种麦哲伦大交换的影响不能与哥伦布大交换相提并论，后者把旧世界(Old World)的种子、动物，尤其重要的是疾病，带到了这里，导致了人口的迅速变化，把欧洲的殖民地变成了牧场。证据表明，菲律宾、关岛和香料岛的人口下降了2/3，传染病后来重创了太平洋北部地区。可是，在太平洋的众多地区，殖民人口都很少，相互间的距离又很遥远，很少有大家不知道的来自旧世界的动物。[33]像塔希提这样的地方，由于当地的塔希提人反应冷淡，或者由于当地物种更强的竞争力，欧洲人引入的新奇植物和动物经常难以存活。番石榴颇具物竞天择之优势，可整个太平洋地区的口味特别难以接受。此外，一些太平洋人的宇宙观特别灵活，很容易利用异国的东西，就像澳大利亚北部的原住民做梦一样。[34]因此，1750年前人类与植物循环的结果基本上是太平洋类同化，就如西班牙大帆船一样，中国的商人和菲律宾的水手完成了大洋洲人做的事情，把椰树、甘薯和仙人球传向了整个太平洋地区。

19世纪，太平洋的殖民者逐渐转向用更慎重的方法，对广大的地区进行类同化(homogenizing)。成立于1861年的澳大利亚维多利亚本土化协会（Australia's Victoria Acclimatisation Society）把驼羊、美洲驼和其他"有用的、漂亮的自然品"带到了澳大利亚大陆。[35]另一个例子是成功地把北美洲的鲑鱼引入了南太平洋的不同河流，从此，成了这些河里的永久鱼类。[36]虽然动植物在智利的引进比较漫长，可是到20世纪80年代，大马哈鱼和奇努克鲑鱼还是在流入太平洋的河流安了家。以前，只有温热的赤道水域成功地阻止了这些鱼类的殖民扩张，难以进入新西兰和智利水流湍急的冷水河鲑鱼的理想栖息地，那里面对的正是经常翻涌的海洋生态系统，营养十分丰富。而现在，鲑鱼已经日益成为整个太平洋的种群，与大西洋的以前众多的野生鱼类一样数量已经急剧下降。[37]因此，太平洋过去500年的能量迁移，在某种情况下使其与世界的其他地区具有相似性，另一方面又呈现出特定的扩张性生物地理特质。同时，太平洋人及外来者正通过利用其最大的人口优势，用另一种方式改造着这片辽阔的大洋。

能量开发

1741年，俄罗斯探险家维塔斯·白令（Vitus Bering）带领的由西伯利亚的当地人、俄罗斯人和欧洲人混合组成的跨国探险队，遭遇了船难。饥饿的船员刚一到阿拉斯加，就捕杀了第一头30多英尺（9米多）长的巨大海牛。他们巨大的能量消耗终于换来了更大的回报，那头海牛为他们30人提供了近3个月的食物给养。斯特勒海牛为人类提供了食物。但在18世纪和19世纪，食物营养并不是人类捕杀太平洋动物的诱因。沿千岛群岛和温哥华岛之间海岸和岛屿，俄罗斯贸易商很快就组织向欧洲出口海獭、海狗和海狮的皮，而大部分出口到中国。海牛也成了附带的牺牲品，用作猎捕者追逐油和皮更丰满的种群的燃油。这种行动迟缓的海洋巨兽数量本来就不多，到1768年，也许就捕杀殆尽了。

捕杀海牛以及随之而来的皮货贸易热，从几个方面成为新时期的典型特征。从18世纪50年代一直到20世纪初的10年，太平洋变成了世界的储藏库，除了那时尚未通航的南极之外，它拥有比其他任何大洋的规模都大的鱼群、海豹和鲸积存量。虽然仍定向于中国市场，但是太平洋能量的开采规模增加了，相关人的国际组合也越来越杂。这就需要强化陆地上欧洲式的产权保障，消除海洋上的各种限制。海洋能量开发的时代日益集中于远离人口密集的偏远地区，形成了居住地域辽阔、但密度较低的太平洋。太平洋大型种群匮乏、小而机遇性物种丰富。[38]太平洋的猎捕与小冰期的后几年相当，其北部也曾经史无前例地蕴含着丰富的大型海洋哺乳动物。动物种群的终结也与1880年之后气候开始变暖的初期相应，有可能进一步加快了动物数量的减少和灭绝。另一方面，在其南部，现代暖气温时代迎来了丰富多产的海洋能量的回归，迟滞了海洋开发时代的负面影响。

1778年，库克第三次远征探险期间，到过俄国较小的定居区，之后，英国、法国和美国的皮货贸易商就来到太平洋北部，猎捕海獭和海狗。在欧洲人到来之前，这些皮类海洋动物都是由堪察加人(Kamchadals)、阿留申人、特里吉他人(Tlingits)和海达(Haida)族人猎捕的，随着进入更加广阔的太平洋，他们仍是主要的猎捕者，猎杀在继续，有时是为了盈利，有时是为了应对绑架和更糟的威胁。尤其是阿留申人成为重要的航海者，追捕海洋哺乳动物，利用他们良好的因纽特单人划子和久经磨砺的猎鹰眼，延伸着他们故土原有的生态，结果导致北太平洋能量蕴含丰富的中心区域下加利福尼亚和南千岛群岛之间的海洋哺乳动物数量锐减。这种当地人的猎捕在19世纪20年代达到鼎盛期，一直延续到20世纪中期。日益匮乏的海洋，自然招致抵制和对抗。特里吉他人和其他人感到融入开放的太平洋没有什么优势，就奋起抵制，极力维护自己对大洋特定区域的传统拥有权。随着俄国人19世纪80年代退出太平洋东部，加拿大、日本、美国和印度的皮货商开始不断闯入遥远的阿拉斯加和西伯利亚的河口和海湾区域，傲慢地抵御任何国家保护的企图。

在南太平洋，几乎没有这种跨国联合型的猎杀式猎捕者，也没有欧洲商人和大量的皮质动物。但塔斯马尼亚和巴斯海峡群岛(Bass Strait Islands)地区例外。19世纪初，那里被绑架的或受雇用的原住民妇女，时常会扮得像海豹一样，悄无声息地游向猎物，然后捕杀它们。[39]猎杀海豹业在新西兰也有，窘迫的英国、法国和毛利猎捕者被留下来，血腥地猎捕海豹。1850年后，在澳大利亚的昆士兰，欧洲定居者开始猎捕绿毛龟和一种体型较小的、但相对种群较大的儒艮海牛。[40]然而，在此以南，人类大多看到的是低等的海参。海狗皮在中国市场用于制作冬衣保暖，海蛤熏制后用于保健。海参贸易在太平洋的重要地位延续了数个世纪，然而如同在北太平洋一样，欧洲人扩大了生物量开采的范围和规模。19世纪30年代，从斐济开始，一直扩展到密克罗尼西亚和美拉尼西亚。[41]热带水域尽管营养含量低，但却涵养了大量的小体动物，几乎不会完全灭绝。而檀香木和香料树皮就不是这样，从斐济到所罗门群岛，一次次狂热地、非持续性地大量开采，然后运往中国，所以已经很难找到最初原生的林木了。[42]

  横跨两半球的能量开采业就是捕鲸业。一般而言，整个太平洋的捕鲸业呈北向延伸。先是18世纪70年代，从智利和秘鲁近海开始，同期向新西兰和斐济发展；19世纪20年代，延伸到日本、夏威夷和赤道附近的地区；40年代，到了阿拉斯加沿岸的科迪亚克渔场；50年代，是南下加利福尼亚滋养潟湖的黑鲸；60年代，延伸到了鄂霍次克海(The Sea of Okhotsk)和白令海(Bering Sea)。捕鲸业是最后的跨国性参与的产业，雇佣了美国人、瑞典人、因纽特人、毛利人、夏威夷人、斐济人和无数其他的太平洋人。这些大洋巨兽的猎捕者不仅不断地在偏远的海域捕获海洋动物，而且也到智利附近的胡安·费尔南德斯之类的偏僻岛屿满足自己的食欲，那里可以找到欧亚迁移来的猪类的动物，以补充给养。[43]除了人类之外，鲸类是太平洋唯一迁徙、活动在整个太平洋盆地的动物。猎捕鲸就把整个大洋连成了一体，这在其他大洋是没有的。航行遍及智利、火奴鲁鲁（檀香山）、萨摩亚、日本和堪察加，在各地扔下背叛者，卸下鲸，这是常事，捕鲸者复制了海啸一样能量的地理。猎捕对太平洋鲸数量的影响仍存在争议，抹香鲸和座头鲸的状况可能略好一些，而黑鲸、南露脊鲸和北露脊鲸的种群到20世纪初，其命运几乎与海牛一样，几近灭绝。

太平洋的猎捕有时候可能令人窒息，很突然，也很彻底，当然也很残忍。20世纪初，日本的野禽捕猎者突然来到一系列太平洋中部的岛屿上，搜寻信天翁羽毛，以供给全球市场的需求，这种鸟很长寿，但繁殖得特别慢。正如1902年一位备感震惊的中途岛环礁的到访者写的那样，"到处都可以看到齐腰高的、成堆的信天翁遗骸。数千只、数千只地被棍棒打死……成堆扔在那里腐烂掉"。两年后，他们离开了被毁灭的中途岛，又登上了利西安斯基岛（Lisiansky Island），猎杀了28.4万只鸟。甚至在美国政府宣布这些岛为鸟类保护区之后，猎杀仍延续了整个20世纪30年代。[44]再向北，在堪察加附近的水域，日本人、美国人和加拿大人逃避俄国的海洋保护力量，大肆猎杀海獭、海狗和鲸。以出口活能量为主的太平洋地区大部分都集中于剩余的无人居住区，那里不受任何国家的管控，为此，成为世界性的互联互通的空间水域。

能量开发的时代不是社会影响力的简单重构。大洋洲地区海参的采收由于控制劳动力的利润在大幅上升，因此，当地部落首领的权势似乎也得到了增强。在西北海岸，普遍认为，毛皮换来的财富促进了当地传统文化的繁荣，例如，建设了大量的图腾杆、柱等。[45]在白令海峡附近的圣劳伦斯岛（St. Lawrence Island），美国的捕鲸者猎杀了大量的海象，毁灭性地劫掠了重要的食物资源，以至于造成19世纪80年代数千因纽特人饿死。[46]最典型的也许是最近所罗门群岛的一个小岛翁通爪哇的居民所经历的。21世纪初，这里海参产业的繁荣给他们带来的不仅是现金收入的增加，而且也促进了社会的更加不平等。[47]动物的种群在这个时期也产生了结构性的变化，居于较低营养层的小体生物随着大型猎食种群的消失更加繁盛。美国和墨西哥西海岸的鲍鱼和海胆随着海獭数量的下降而爆炸性地繁衍，鱼类随处都可以觅到更加丰富的食物，因为它们的猎食者都变成了皮和油。[48]可是，这些小的生物流动性不强，不像猎食它们的大型动物那样，能够把整个太平洋联系起来，因此能量开发时代，就意味着其自然走向终结的恶果。

能量开发时代的起源和终结同时都降临到了费拉隆群岛（Farallon Islands）。此岛至今仍无人居住，像一个经常受到海浪拍击的前哨，从旧金山只有天气晴朗时才能看得到。这些岛屿在欧洲人到来之前，可能偶尔起着接待来自北方数千英里之遥的尤罗克到访者的作用，这从岛上的一些神秘的人为现象可以看得出。可以肯定的是，到1806年，俄国人在那儿渐渐地汇集了100多名阿拉斯加和加利福尼亚的当地人，猎捕海狮和海鸭。每年秋天，这些动物也会引来太平洋四周的大白鲨。这些太平洋人的混合群体居住在简陋的岩石洞穴里和小土屋里，用海狮骨头生火做饭。海狮鞭后来做成粉粒，卖向旧金山(圣弗朗西斯科)的中国市场，那里是古老南亚航线在东太平洋的延伸。1896年，加利福尼亚州科学院(California Academy of Sciences)禁止再猎采鸟蛋，其数量已经下降了82%。今天，人类只有来去匆匆地光顾费拉隆群岛，鲨鱼则已经回来了。但是，群岛周围所有的生命都要面临核废料沉积的新环境状况，第二次世界大战后囤积在那里的核废料，成了新太平洋时代的写照。[49]

人类并没有停止从太平洋开发能量。目前，它的商业性捕鱼业是世界上最大的，鲨鱼的种群数量由于恐怖而残忍的鲨鱼翅猎取和浪费而导致塌方式下降，东南亚地区普遍的炸药捕鱼构成了海洋生物永久灭绝的威胁。然而，随着世界以化石燃料取代动物油，太平洋的能量流自19世纪80年代前后开始反弹回升。如同最初喷涌而出的潮水，吸引着众多的人涌向大洋捕获随浪跃起的动物，却不知这预示着海啸灾难的到来。同样，伴随着能量开发时代的终结，即将到来的可能是许多方面不可抗的威胁。

能量注入

日本人封闭数十年后，受太平洋的诱惑开始捕猎鸟类，猎捕海洋哺乳动物，开采磷酸盐矿产等。不久，他们发现有必要为这些产业的发展注入更多的能量，尤其是在第一次世界大战之后，日本获得了对马里亚纳群岛、卡罗琳群岛和马绍尔群岛的托管权。把马里亚纳群岛变成了"一个浩大的蔗糖种植园"后，日本也开始慢慢欣赏岛屿的美景，并为此实施了植树造林和鱼类保护措施。[50]当20世纪30年代战争来临之际，日本人意识到航空运输对遥远的太平岛具有重要的战略意义，就利用强征来的原住民和朝鲜劳工在岛上修建了机场。他们砍伐棕榈树，炸毁珊瑚礁，再次武力进入太平洋，由此开启了现代太平洋历史的定义，即以战争、发展、旅游和气候变暖的形式大规模注入能量的时期。[51]对环境的影响是这个时期的典型特征。大规模的发展给大洋带来了巨大的影响，尤其是近海岸地区，给低能量环境下生长旺盛的珊瑚造成了致命的破坏，转移了人们对海洋本身的关注。由于世界其他各地忙于开采海洋古生物演化沉积而成的化石燃料能源，太平洋活的生物种群由此看到了能量源的逐渐回归。

第二次世界大战的太平洋战争以史无前例的钢铁炮舰、混凝土堡垒和人体残骸摧毁了森林、海滩和珊瑚。1945年，盟军到了密克罗尼西亚，看到了被战争摧残的景象。在乌利西环礁岛（Ulithi Atoll）上，潟湖里"充斥着战争的残骸"，大部分树木在日本占领期间已被砍伐殆尽。美国人也常常留下他们自己的痕迹，从阿留申群岛到关岛，随处可见丢弃的军事装备，日益锈蚀的废铜烂铁，至今仍毒害着岛上的溪流和海湾。然而，瞬时的战争破坏往往可以很快修复。美国的巡视员注意到，到1946年，丘克（Chuuk）环礁岛上的丛林"在日本投降后一年就已恢复"。[52]由于战时日本的捕鱼和捕鲸船队都处于蛰伏状态，

第五章 环 境

所以从某种意义上讲，战争暂时会缓解由高速现代化经济带来的环境压力。然而，战争动员产生的动力再现，到20世纪50年代，日本人重建了自己的捕捞船队，捕捞量赶超了历史水平。[53]在密克罗尼西亚，美国人不久就很好地恢复了战前的基础设施，主要是毁掉活的珊瑚，修建了机场跑道和道路。[54]过去的70年中，丘克环礁潟湖见证了太平洋战争给环境带来的错综复杂的概貌，湖底仍存留着52艘日本舰船的残骸，而太平洋残留的第二次世界大战舰船残骸总计约7000艘，而且仍在慢慢地外溢残存的油料。同时，这些残骸已成为生物多样性的滋生地，吸引着大量的潜水游客，也起着人工珊瑚的作用，以取代日益退化的天然珊瑚。[55]

其他大规模的一次性向太平洋生态系统注入的能量，比支撑战争和经济发展所需的基础设施产生的低能量附加带来的影响期会短一些。[56]例如，1989年"埃克森·瓦德兹"(*Exxon Valdez*)号在阿拉斯加的威廉王子湾(Prince William Sound)的溢油事件，是太平洋历史上最严重的。这次事件造成成千上万的动物死亡，可是10年后其生态系统没有留下什么清晰的痕迹。[57]20世纪上半叶，人类最大的能量释放发生在长崎和广岛的原子弹轰炸，然而由此所产生的环境影响也惊人地小。长期以来那里的动植物生命好像没有受到太大的冲击。同样，比基尼岛(Bikini)、埃内韦塔克环礁岛(Enewetok)和穆鲁罗瓦环礁岛(Moruroa)上的核试验尽管给人的健康带来了伤害，摧毁了珊瑚，但对日益城市化、商业化、依赖进口的太平洋社会并未留下太久的影响。到了 80 年代，密克罗尼西亚的小岛夸贾林岛(Island of Kwajalein)迎来了太平洋彼岸来的导弹和军事人员，因而成为太平洋最城市化的地方。[58]战争也加速了整个大洋的生物大交换，最突出的例子就是棕色的食鸟树蛇，随美国军舰来到了关岛，在那里的繁衍异常旺盛。

这些军事和国家主权势力的增强遏制了太平洋可能的对立。20 世纪 30 年代后，对加利福尼亚州油污染的批评声沉寂了，俄勒冈州人却谴责以能源供应为托词，把他们的三文鱼丰产河用于疯狂的船舶建设区；同样，韩国人和巴拿马人无奈地不得不接受美国在他们的国家建立军事基地。改造环境的规划常常超越理智。旧金山(圣弗朗西斯科)的战时雷伯计划(Reber Plan)可能会通过海湾形成两处陆地的分割交叉，从而使加利福尼亚州最大的河口生态系统被永久地一分为二。[59]50 年代，由此向北，美国利用第二次世界大战的声呐等技术，发展了阿拉斯加新的海蟹产业，而战时却疏散了阿留申人，把阿图岛和阿姆奇特卡群岛(Amchitka Islands)用于军事禁区和核试验区。[60]在瓦胡岛，通过用大量垃圾填满的方式，建设了卡内奥赫海军陆战队的机场(Kaneohe Marine Corps Air Station)，然而珊瑚被破坏，鱼类受到毒害，在夏威夷著名的潟湖形成了永久的藻类泛滥区。同其他地方一样，一些种群却从这些附加的营养中获得了滋养，其中包括异域物种，如切萨皮克牡蛎(Chesapeake oyster)和菲律宾红树林等。[61]整个太平洋地区珊瑚遭到破坏，加重了对大洋陆地的影响，暴风雨能量几乎失去了缓冲力，给菲律宾这样已经很脆弱的地区带来了更大的破坏力。

从环境的视角来看，太平洋现代战争的到来和现代的旅游热看上去似乎本质上是一样的。与即将到来的航空旅行联系起来，两种现象都促进了经久耐用的有形基础设施的疯狂发展，极端地改变了当地的地理概貌，大肆侵占人口稀少的动植物栖息地，进一步推进了太平洋的生态和文化融合。战争与旅游经常是相互重合的。20世纪40年代，驻扎在澳大利亚凯恩斯的美军士兵经常到附近的大堡礁(The Great Barrier Reef)"实地考察旅行"，回到基地却带回大量盗取的珊瑚。火奴鲁鲁(檀香山)作为重要的军事基地也开启了团队游，去游览美国最多样化的生态系统。其他地方，同样通过施肥增强农业生产(通常有发展基金援助)以及发展旅游和军事设施建设，改变了太平洋的生态。从拉罗汤加岛到昆士兰，随着营养物质深入大海，鱼类窒息而死，海星类种群爆炸式繁衍，严重影响珊瑚的生长。[62]旅游一样直接与资源的开发相联系。2004年，库克群岛与中国达成协议，成为中国游客渴望的"旅游目的地国"，以换取其对群岛专属经济区渔场的投资。[63]

旅游和军事发展的动力不只是来自环太平洋地区的强国，而且也来自原住民社会内部。20世纪90年代，毛伊岛(Maui)的旅游委员会建议延长该岛的机场，而这有可能毁掉鸟类重要的栖息地。为此，一个当地的夏威夷人把其家族的神"猫头鹰"作为工程的徽标献给了项目的支持商。[64]毛伊猫头鹰联合会然后也支持这个成功的规划，从而使21世纪之交岛上来自环太平洋地区的游客数量大幅上升。同样，虽然关岛人为了旅游的发展，失去自己对土地的控制权，为支持美国海军在岛上的扩建，亲眼看着自己的珊瑚被挖掉，可是他们大部分人是欢迎美空军基地从冲绳迁往该岛的，这预示着巨大的经济驱动（见图5.3）。[65]那里美国海军的一个重要物流供应商是阿鲁提克公司（Alutiiq Corporation），是阿拉斯加科迪亚克岛民当地的企业。因此，那些很大程度上被视为能量开发时代的受害者，偶尔也充当了太平洋发展新时代的助推者。[66]

图5.3　保护与抵御（不要采挖我的家）。关岛美国海军基地旁公路边的壁画，抗议太平洋的军事开发

　　太平洋以不太直观的方式，但却是更长期的进口方式，已经成为全世界工业排放二氧化碳的最大吸纳地。日益加剧的酸化威胁着大堡礁，同时日益变暖的海洋气温为远自赤道的珊瑚虫的滋生提供了可能。过热的厄尔尼诺现象发生得越发频繁，而且更有可能会与海啸的频发有直接关系。[67]与动物的不断迁徙一样，太平洋人类也正随着海平面的上升开始改变自己的住居。可是，一些特别容易受影响的南太平洋岛民则相信，危机到来之前，基督上帝会降临拯救他们的。

第五章 环　境

许多形式的太平洋污染不可思议地产生了讽刺性的负面效应，聚拢着太平洋各地的居民。20世纪中期，每天都有来自遥远的消费者丢弃的各种废料涌向太平洋海滩。50年代，阿拉斯加海岸有时会出现放射性的海象一样的东西，一些怪异的证据表明是苏联神秘的太平洋活动。[68]此外，把太平洋用作核试验和核废料场刺激着新的环保主义组织的诞生。1971年，在温哥华形成的绿色环保组织重点关注开发和能量倾注两个孪生问题，发起了重要的抗议运动，抵制苏联在加利福尼亚州附近捕鲸和法国在波利尼西亚及阿留申群岛核试验。这些运动在新西兰和下加利福尼亚得到了众多忠实的拥护者。[69]努力消除能量开发造成的影响，远比遏制发展的趋势更容易成功。尽管游客还在增长，军事设施建设还在继续，但鲸的种群数量仍有了反弹回升。

这样的环太环境发展增强了太平洋特质的认同。1960年，在阿拉斯加北部的波因特霍普镇，因纽特人质疑美国能源委员会在附近测试"为了和平"的原子弹计划。一位参加者回忆说，最终之所以能成功阻止试验计划的实施，主要是因为：能源委员会一直面对的那些人都参加过第二次世界大战的太平洋战争；去过加利福尼亚州和夏威夷；许多人都在国民警卫队服役过，深知丢在长崎和广岛的原子弹的威力。[70]

20世纪下半叶，对核的恐惧可能已是全球性问题，而对于生活在阿拉斯加的人而言，却是深刻的太平洋问题，他们对核试验的抵制源自其特别的能量爆炸时代的太平洋经历。现代太平洋环保主义者坚持认为，环境问题的解决是不存在国家领土边界的。1911年的《养护北太平洋海狗公约》(The North Pacific Fur Seal Convention)和南太平洋论坛(South Pacific Forum)渔业局宣布，太平洋环境共赢正式成为其关注的重要论题。太平洋作为一个整体，其目前的管理可能是失败的，直到1965年之后，苏联、智利、日本和美国意识到泛太平洋这种巨浪所显示的威力，才将各自的海啸早期预警系统连为一体。[71]

过去的500年，太平洋能量的传递者不只是海啸，还有跨太平洋全域的重要生态代言者人类、鲸、海浪和厄尔尼诺现象，这些因素的交互过程中，迟缓了鲸的合力，也许就增强了厄尔尼诺的威力。经过过去一个世纪的环太平洋大交换，大规模的能量开发以及更大规模的能量注入，今天的太平洋已经发生了质的变化。21世纪的太平洋看上去已更像世界的其他大洋，而若情况是不断走向单一的鲑鱼种群，那就是更具特色的太平洋。但是，我们没有任何理由忽视海啸，不能忘记2011年，海啸摧毁了日本的鲑鱼养殖业，造成核辐射泄漏进入海洋，以前孤立封闭的海洋生物迁移至俄勒冈海岸。[72]在强大的人类和自然能的混合作用下，海啸波及了整个太平洋，融入了太平洋历史。

第六章
互联互通

亚当·麦克沃恩

史学家常常把辽阔的水域描述为接触区，在那里不同民族的人和社会相互交流，发展共同的制度和体系。[1]可是太平洋很大程度上抵制这样的史学框架。遥远的地理距离和多样化的民族群体使大部分构建太平洋一体化世界的想象和尝试流于失败。[2]我们至多有太平洋不同部分的多样化历史，如太平洋圈、太平洋群岛、亚太或美洲太平洋等。这些不同的太平洋部分都是接触区的一个范围，一个模式。但是这些接触空间都只是可以合理地称为太平洋的一部分，还没有形成重要的互动与交流意义上的框架体系。

通常之所以认为太平洋是一个相互分隔的地区，而不是一体化的地区，不只是因为其庞大的地理范围。整个太平洋地区对一体化与多样的认知深深地根植于其社会差异、文化想象和政治界限的形成，同样也根植于跨越地理距离所面临的挑战。先进的通信技术可能有助于克服这些地理上的界限，然而技术的配置总是有其特定的社会和历史背景的。有时通信技术是实现政治和文化扩张野心的重要工具，可是社会边界和文化差异也时常会阻碍技术的有效性。新的通信技术甚至可以用于巩固这些文化边界，使之成为坚固的抵御互动交流的屏障。

伴随着太平洋区域人员和货物的流动，我们通过追溯这些社会地理不断变迁的历史轨迹，就可以厘清太平洋不同区域扩张和收缩的历史变迁以及不同区域之间的相互关系；我们也能够看到，伴随着人员和货物的流动我们往往可以超越太平洋的边界。一定的时期，太平洋的某些部分作为流动和交流的中心枢纽，其重要性往往超越了太平洋的范畴。

历史上，几个重要的交流区在太平洋不断地出现。讲奥斯特罗尼西亚语（Austronesian）的太平洋联通了自夏威夷和复活节岛直至印度洋的马达加斯加的海洋世界。这个语系的东部支系以自己的语言清晰地界定了由美拉尼西亚、密克罗尼西亚和波利尼西亚构成的岛屿太平洋，这是一个直到最近两个世纪才与外界有所接触的世界。相比而言，西部奥斯特罗尼西亚语的马来语者则在一个统一的、多民族的西南太平洋，或在东南亚海洋世界的形成中，发挥了重要作用。这里一直是全球互动交流的枢纽，是海洋与滨海社会的重要交汇地，但是很容易被想象为印度洋或欧亚世界的一部分，而不是太平洋的一部分。沿太平洋海岸，我们会发现许多其他的沿海社会与太平洋的海洋世界没有太多持续的交流与互动。其中许多像中国、日本、秘鲁的莫切帝国（Moche Empire）、西班牙帝国和美国等之类的社会都是太平洋至关重要的经济和政治强国。但是，它们之间及其与太平洋其他社会之间的交流常常是时有时无。然而，探讨

第六章 互联互通

这些环太平洋国家之间跨太平洋互动的兴衰变迁,却是勾勒该地区交流的另一条路径。扩大我们的视野,就会发现像澳大利亚、俄罗斯太平洋区域、从事捕鲸的船和人以及早期的中国贸易等之类的地方,往往都属于太平洋岛屿、环太平洋、不同区域和跨区域空间的范畴,它们与这些大的范畴相互交织,相容互补。

这些相互分隔的部分能否组合构建成为"太平洋历史"仍是值得讨论的问题。可是,太平洋的确形成了一个空间框架,用以思考这些不同区域可能存在的相互关系。追溯人与物的流动也提醒我们要关注太平洋历史的兴衰变迁与外部世界的关联度以及与更广意义上的国际交流进程的关联度。

滨海定居与奥斯特罗尼西亚人的太平洋

先于其他大部分岛屿而有人定居的是太平洋环海地区和东南亚的岛屿。最早的移民是约 6 万年前源自非洲的智人(现代人的学名),他们沿着印度洋北部的海岸来到这里。到了公元前 5 万年,人们已经在现在的东南亚大陆至新几内亚和澳大利亚的整个地区定居,开启了这个地区与印度洋的联系。这些移民可能主要沿海岸线移居,靠海洋资源生活,依靠基本的航海技术航行。那时的海平面一般比当代要低,东南亚和澳大利亚之间的许多地方仍在海平面之上,可是要到澳大利亚仍需要通过重要的深水航道。人类到达亚洲海岸的北部顶端至少是在约 4 万年前,而对进入美洲的时间仍存在争议。最早的大规模

163

移居美洲可能是 4 万年前，或者最近提出的 1.5 万年前。然而，人类到达美洲南端的时间是确定的，很清楚不晚于 1.2 万年前。

最初的环海定居都是在孤立的情况下发展的。澳大利亚原住民的确是世界上基因最独立的人类群体。像中国、日本、玛雅、秘鲁沿海的查文和莫切等较强的国家兴起了，但东、西太平洋相互之间几乎没有什么接触。直到 19 世纪，原住居民的后代仍是美洲、澳大利亚和高地新几内亚的主要人口群体，而在新几内亚至今仍是如此。这些孤立封闭的原住居民在亚洲其他地区也有，可是大部分都已经被迁出，或者与后来大批的移民相混居。后来的移民中最引人关注的是讲奥斯特罗尼西亚语的人，他们是最早从沿海走向太平洋腹地的群体，也最终成为西南太平洋沿岸地区和岛屿的主导人口，并且重新联通了印度洋。

讲奥斯特罗尼西亚语的人在太平洋岛屿地区的流动是过去 5000 年中较大的人类迁徙之一，有助于当代世界语言和文化分布的形成。正如同时期的班图语人、汉藏语人和印欧语人的流动一样，都与较强的技术传播有关。就奥斯特罗尼西亚语人而言，这些技术包括水稻培植、梯田农业、制陶、高跷房子、家禽猪、狗和鸡的驯化以及文身等。然而，16 世纪前，他们是唯一主要靠海路迁徙的人，能够使用先进的引航技术和驾驭外舷支架独木舟。也正是这个时期的唯一人类迁徙，发现并殖民了广阔的无人定居之地。在其他的迁徙中，语言、文化和技术的交流和传播并不总是伴随着人的流动。但是奥斯特罗尼西亚语言的传播清楚地与人及其基因相伴而动。即使他们迁移进入已有的定居地，仍有基因分析的证据表明他们与当地人口的融合。

奥斯特罗尼西亚语也许产生于中国的"长三角"或更靠南的地方。他们有的也许向北迁移，可是大部分迁移离开了大陆，于公元前4000年到了台湾岛。[3]然后，于公元前2000年进一步迁往菲律宾、婆罗洲和爪哇。主要分为两个部分：一部分是马来语人，迁移到了东南亚和印度洋；另一部分是马来-波利尼西亚语人，迁移到了整个太平洋岛屿。前者成为东南亚人口融合密度较大的海洋区域的主体，也成为辐射全球联通的枢纽。公元1000年期间，马来水手远航至东非和马达加斯加，他们也许就是借助印度洋季风深海航行的开拓者。马达加斯加现在的语言都属于奥斯特罗尼西亚语系，其基因库近半都源自马来人。[4]同时，东南亚也逐渐发展成为来自东亚、印度洋、阿拉伯和最后欧洲的商人与传教士的联通地。

奥斯特罗尼西亚语人的另一支系分布在整个太平洋。于公元前1500年，在现在新几内亚正东方的所罗门群岛，形成了拉皮塔文化的源流。这种文化是奥斯特罗尼西亚移民和先前居民的混合，其后代的语言和基因可以在高地新几内亚找到。在此后的2500年里，奥斯特罗尼西亚语人利用自己的航海技术逐步分散到了太平洋的所有岛屿。其中一个支系迁移到了现在的密克罗尼西亚，另一个分支即逐渐形成的波利尼西亚语人，他们迁移到了太平洋的腹地岛屿。到公元 1200 年，他们到了新西兰、夏威夷和复活节岛，即世界上最后无人定居的荒野之地。南美洲甘薯在整个太平洋的分布和哥伦比亚与南太地区鸡的共同 DNA 等证据说明，波利尼西亚航海者可能到了南美洲。

定居之后，密克罗尼西亚人和波利尼西亚人在相互融合的太平洋空间里继续保持接触与交往。与航海人一起从事研究的人类学家绘制了太平洋的风和洋流图，并做了实验性的远征航行，确信远距航行是有意向安排的，而且是可以反复的。无论是单独创海的年轻人，还是冒险的部落群体，都是为了开辟新的家园，拓展自己部落的属地，这同时也是其力量和胆识的体现。他们的独木舟装有帆，有足够的空间躲避风雨，圈养小动物，存放种子、水和其他不断续航用的给养。当在主要的岛群定居之后，跨岛之间的航行和来往可能一直持续到公元 1600 年。对老鼠的基因测定所得出的推测表明塔希提和夏威夷之间的常规交往至少延续到 16 世纪，荷兰的航海者还于 17 世纪初，画了独木舟远距航行图。[5]

尽管有这些广泛的联络，波利尼西亚的太平洋很大程度上仍处于与周围沿海地区和东南亚的隔离状态。有证据表明，密克罗尼西亚人和东南亚之间有联系，他们使用与印度洋航海一样的三角帆船进入密克罗尼西亚。[6]但是，波利尼西亚太平洋终究是一个自给自足的独立的世界，与作为重要的国际走廊的东南亚的崛起存在很大的差异。可是，17 世纪中期，波利尼西亚航海的衰落与东南亚当地的航运的衰落是一致的。[7]它们的衰落可能都与那一时期的气候变化有关,当然也与国际经济整体下滑的背景相吻合。具体地讲,波利尼西亚航海时代的结束也可能与岛上人口的增加有关。几乎没有资源可以用以供给更远范围的海外航行,野心勃勃的年轻人开始将注意力转向当地资源和政治的争斗。18世纪后期的欧洲探险者发现,许多岛屿都陷入了内战。

1760 年至 1840 年的太平洋融合

自16世纪,欧洲人开始探寻跨太平洋的新联通航线,促使沿海地区之间及其与太平洋岛屿之间更紧密的联通与融合,可是直到18世纪晚期才真正获得了生机。首先是西班牙人于1570年在马尼拉立足,将其作为墨西哥和菲律宾之间经常跨太平洋贸易帆船的西端停靠地。成千上万的中国人在马尼拉定居,从事最后通往中国的贸易。许多船由那里的亚洲人建造;船员也包括中国人、菲律宾人和日本人,其中一些人在墨西哥定居。1614年,日本人甚至在西班牙造船者的帮助下建造了他们自己的船,载着外交使团前往墨西哥,再从那里继续前往罗马。

帆船航线尤为重要,不仅是首条常规性跨太平洋航线,而且也是建立环绕世界贸易航线的最后一段。从墨西哥运往中国的银是连接世界经济全球一体化银市场的重要组成部分。返回墨西哥所运输的亚洲的丝绸、大理石和家具对形成全球的奢侈品需求起着重要作用。[8]但是，帆船对太平洋重构的影响很有限。西班牙人除了主要的航线之外没有从事其他的探险，而且对获取的知识严守秘密。投入帆船贸易的商业利益也保护了他们的贸易避免外来者的竞争。帆船成了连接太平洋两个端点的一条丝线，一直被秘密政治和垄断利益所封锁，直到1815年后停止航行为止。[9]

随着欧洲和美国航行的不断增加，太平洋作为地理和社会空间所经历的另一个更为重要的变化发生在18世纪60年代。最初的许多航行都是由德国、法国、俄国，尤其是英国有名的探险家开展的探险航行，都是受科学探奇、帝国野心和搜寻与中国贸易的货物等因素所驱动的。他们对太平洋进行测绘，绘制海图，把它绘制成了一个盆地，成了一个特色鲜明的水体，四周被陆地环绕，其中点缀着无数的岛屿。这为欧洲人后来在太平洋的领土主张、殖民和定居奠定了基础，也成为其19世纪中期10年扩张的重要前提。

想象中的太平洋由于欧洲人日益贪婪的对中国贸易这一行为而被赋予了具体的实质内容。整个东南亚和东亚，在17世纪后期，本地和欧洲海运衰落之后，不断复兴的中国商品贸易给地区重新注入了活力。许多如同有关贸易和政治一样的朝贡使节来到中国，18世纪后期也达到了高峰。[10]在欧洲人和美国人的助推下，这种贸易在太平洋不断扩大，进而走向全世界。探险者和贸易商在太平洋岛屿和沿海四处搜寻毛皮、檀香木、龟壳、珍珠、燕窝和海参之类的产品，然后销往中国。岛屿之间和南、北美洲海岸开辟了新的航线。美国独立后，新英格兰的贸易商越来越多地出现在中国、东南亚和波利尼西亚的港口，为源自墨西哥矿的银进入这个地区注入了活力，也把太平洋融入了全球规模的贸易网络中。

由贸易商形成的联系得到了捕鲸者的促进和加强，也许正是他们推进了早期的、基本的太平洋一体化。1789 年，在智利海岸，英国的"艾米莉亚"(*Emilia*)号成为第一条捕获鲸的欧洲船。在此后的半个世纪，随着他们在大洋的各个角隅追逐猎物，捕鲸者在地图上绘制出了更为抽象和空旷的大洋空间，成为人为活动的区域。太平洋周围偏远的地方建立了许多像火奴鲁鲁(檀香山)和帕皮提(Papeete)这样日益繁荣的港口，为捕鲸者提供服务。他们也与整个太平洋孤立的岛屿有了最初的接触，也接触了日本的诸侯。捕鲸船和贸易船的船员本身就是太平洋岛民、欧洲人和太平洋环海人的混杂群体，从而在这些小船上汇聚了来自不同地区的人。其中很多人后来弃船，成为荒岛流浪者以及当地岛屿社会的受尊重者。

1850 年至 1914 年的流动与停滞

太平洋融合的初期繁荣在 19 世纪 20 年代逐渐减缓。由于墨西哥独立后，能够获得的质量好的银币数量减少，因此中美贸易在 19 世纪初的 10 年开始下降(见图 6.1)。环太平洋与中国贸易的主流产品如毛皮和檀香木等在 40 年代被过度开采，中国在西南太平洋的船运也逐渐由更大的欧洲横帆船所取代，把中国贸易不断增长的部分分流到了印度和欧洲。30年代后，由于石油产品替代了鲸油，因而捕鲸业也开始持续下滑。

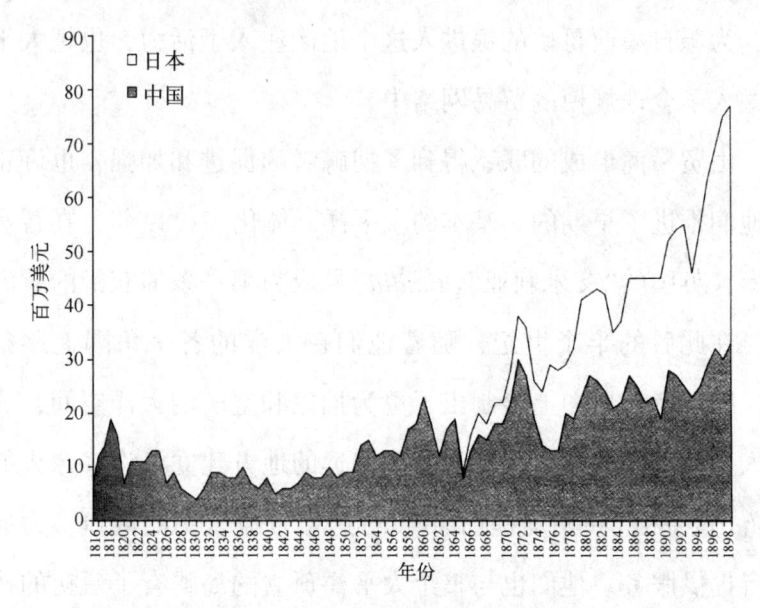

图 6.1　1813—1899 年美国-东亚的贸易

来源：苏姗·卡特（Susan Carter），等. 美国历史统计：自古至今，卷 5. 纽约，2006：534-536，540-542. 潘书伦. 美国与中国的贸易. 纽约，1924：15.

1850 年后的 20 年里，太平洋地区的流动进入了一个新的发展期。的确，19 世纪 50 年代可能是太平洋流动与融合的鼎盛期，衰落的捕鲸业和古老的中国贸易在迅速发展的跨太平洋流动中得到了活力，联通了南美、东南亚、澳大利亚，尤其是北美不断扩大的海岸经济。最直接的动力来自北美和澳大利亚的淘金热，淘金吸引着大批从事商品生产和消费的移民，不断跨越太平洋。可是，这些只是全球贸易和流动繁荣的一部分。在太平洋地区，这种繁荣还呈现了例外的形式，即不断发展的种植园和采矿业，包括古巴和秘鲁的棉花和蔗糖种植，智利和秘鲁的鸟粪、铜和银的开采，东南亚的蔗糖、水稻和采矿以及太平洋岛屿的蔗糖，尤其是椰子的种植，提取椰子肉用于制作油料和肥皂。所有这些产业都吸引或诱骗着整个太平洋地区和全世界的劳动力移民以及出口产品的产业工人。

到了19世纪70年代，这种流动与融合开始停滞。种植园主和矿业主开始寻找新的领域，然而区域流动，尤其是跨太平洋的流动，持续放缓。其部分原因是受到70年代至90年代初的世界经济下滑的影响。但是，这也是亚洲人和欧洲人之间产生严重文化界限误区的时期，西方为此实施了移民法和治外法权。由此，太平洋不再是一个互联互通的地区，更像是一个"文明的"西方和"非文明的"东方的一个边界区。在二者之间，太平洋岛屿渐渐地被视为"蛮荒"的无人之地，需要西方的殖民兼并和种植"开发"。70年代以来，尤其是90年代后，日本的崛起一定程度上缓解了停滞的恶化。其与美国的贸易增长尽管缓慢，但很稳定，日本整体经济的发展是对非文明东方和文明西方二元对立论的质疑，使其逐渐成为东亚贸易的联结点。但是，尽管日本给太平洋的融合注入了活力，但同时也巩固了其在东亚区域互动的空间，推进了太平洋的分裂，使之成为美国和日本势力角逐的竞技场。

移民

淘金热为加利福尼亚和澳大利亚带来了上百万移民。两地的采矿人口中近 1/4 是中国人，自 19 世纪 50 年代到 70 年代，大约 90 万中国人跨越太平洋，移向澳大利亚和美洲。这是这个时期中国外移人口总数的 1/4，占 50 年代淘金热鼎盛期的 40% 之多。尽管其中有 1/4 是移往古巴和秘鲁的契约移民，但其中大部分都是由中国人自己组织和资助移民的。

早期的许多移民都是搭乘帆船前往的，可是到了 50 年代，蒸汽轮船航线在东亚和东南亚已经开通，可以从亚洲前往欧洲；在美洲，可以从巴拿马到旧金山（圣弗朗西斯科）。第一艘跨太平洋的蒸汽轮船是 1853 年从旧金山（圣弗朗西斯科）开往悉尼的。到了 60 年代，定期的日常航线在太平洋地区已经开通，其中最成功的是英属巴拿马、新西兰和澳大利亚皇家邮船以及从旧金山（圣弗朗西斯科）开往日本和中国的美属太平洋邮船。搭乘从中国到美洲和东南亚航线的远途乘客主要是中国人，而且航线上的船员大部分也是中国人。[11]沿海及跨太平洋蒸汽船航线的开辟极大地促进了太平洋环海地区的一体化。随着这些航线的开通，来往于太平洋岛屿之间也更加便捷。可是，跨太平洋的乘客大都是经过这些岛屿，只有个别像火奴鲁鲁（檀香山）这样的重要港口例外。而且，也不像帆船那样，岛民很少有在蒸汽船上受雇用做船员的。[12]因此，尽管流动自身在不断地增加，可结果却是太平洋环海地区与岛屿太平洋之间日益隔绝、孤立。

然而，19 世纪 70 年代，跨太平洋的移民达到了高潮。进入 20 世纪，随着太平洋逐渐成为人类流动的障碍和壁垒，移民逐渐停滞。70年代后,中国向外移民的总量依然巨大,但大部分仅限于亚洲移民,主要移往东南亚,到20世纪20年代,移民增加了20倍(见图6.2),而且19世纪80年代后,有3000多万移民流向了中国的东北。[13]相比之下,移往澳大利亚和美洲的人数仍然稳定,但数量在下降,只占外移人口总量的5%。90年代后,日本人开始逆势向外移民,外移的百万人中约一半去了美洲和夏威夷,另一半去了中国的台湾地区与东北以及日本的殖民地朝鲜半岛。[14]但是,日本整体的移民规模始终小于中国,前往南美洲和北美洲的近50万中国人只是其移民总量的一小部分。

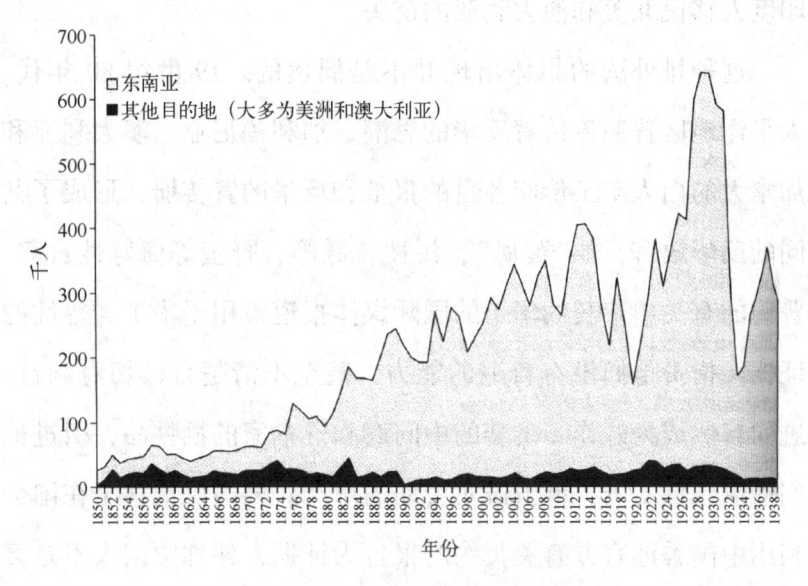

图6.2 1850—1939年中国的移民

来源:亚当·麦克沃恩.1850—1940年中国在全球的移民.

世界历史期刊,2010(5):120-124.

弄清亚洲移民下降的原因并不难。与秘鲁和古巴的契约劳工贸易受到普遍指责,有证据显示存在虐待劳工现象,因此于1874年就终止了。更重要的是,采金业的白人矿工强烈抵制同时不断流入的中国矿工,通过反对华工的歧视性法律,最终导致了19世纪80年代的反华移民限制,相继在1881年的澳大利亚和新西兰、1882年的美国、1883年的夏威夷、1884年的英属哥伦比亚和1885年的整个加拿大发生。这些政体从太平洋地区法律的实施中看到了成功与失败,从中吸取教训,在此后的30年中不断地改革自己的法律。法律的路径和原则最终沿用到其他亚洲群体,尤其是成功地抑制了20世纪初的前10年印度人移民北美和澳大利亚的苗头。[15]

这种排外法的集体出现并不是偶然的。19世纪80年代,太平洋地区普遍流传着反华的思潮。加利福尼亚、澳大利亚和加拿大的白人矿工传阅各自的报纸和反华的宣传册,形成了共同的反华语言,如"黄祸"、污秽、低等、野蛮等侮辱性言辞。普遍的有关虐待契约华工的国际媒体报道被用于华工劣等性的证据,指责他们没有自卫的能力,甚至不清楚自己切身利益,进而自然成为奸诈、贪婪的中间商和资本家的牺牲品,引进他们借以压低工资,诋毁诚实劳动的尊严。美国议员甚至在国会利用中国香港官方有关契约的报告为证据,诬称中国人不是真正的移民,而只是"合同商的债务奴隶,是苦力奴隶"。[16]这样的特征化有助于为他们废除保证从中国"自由移民"的条约做合理辩护,从而实施单方面的排外法。事实上,与欧洲人曾签有契约的中国人不到1/3。契约的意象和亚洲移民从根本上不同于欧洲移民的形象已成为至今对亚洲移民理解的主导。这些种族主义的信仰转换成具体的移民法，就使误认为的或想当然的差异成为现实。他们在太平洋地区排除了华人的广泛流动，从而进一步强化了相互分隔的亚洲、美洲和岛屿太平洋区域的形成。

在这种区域分隔中，日本的地位很矛盾。到19世纪90年代，日本经济的成功和崛起的实力成为其诉求享有"文明"国待遇的基础，也多次得以满足，许多日本的知识界人士甚至呼吁"退出亚洲"。但是，其作为西方国家的诉求却从来都没有完整地被认可过。尤其是围绕有关移民问题时就显得更加清楚。继排华法成功地实施之后，白人定居国的普遍运动也要求把日本人排除，使其同样成为不受欢迎的亚洲移民。由于日益强大的日本政府实行了强烈的外交抗议，各国政府不愿意实施这样的法律。取而代之的是他们达成了妥协，实施了表面上非歧视性的法律，实际上却包含了语言测试或其他条款，可以有选择地针对亚洲人加以实施。在美国和加拿大，1907年采用了《君子协定》(Gentleman's Agreement)的法案。据此，日本同意限制其向这两个国家的移民。但是，同时，日本也随意地限制中国向日本内地的移民。

与中国和欧洲向淘金区的大规模移民相比，来自太平洋岛屿的移民量相对较小。可是，就其本土人口而言，也算是历史上移民规模最大的了。由于帆船上工作机会的减少，太平洋岛民，尤其是来自美拉尼西亚的岛民，在19世纪60年代后，越来越多地在新兴的种植园经济区域受雇做工，但他们常常是被采用诱骗或强制的方式，即"黑奴一样绑架而卖掉"。曾经是捕鲸者和中国贸易商重要的给养补给地，独立的岛屿国家日益屈从于少数种植园主的需求，直接地被兼并成为殖民帝国的附庸。欧洲势力和第一次世界大战后崛起的日本不断地渗透进入太平洋腹地，然而，在这个过程中，这些岛屿却变成了越发落后的无人区，成为美国和亚洲环太平洋之间的荒芜封闭的"野蛮之地"。

贸易

虽然东亚区域内部及其对太平洋外的其他国家的贸易在持续扩大，但19世纪50年代出现的跨太平洋贸易前景在70年代后也未能达到其预期。1873年后，中美贸易开始出现停滞（见图6.1和图6.3）。一定程度上，这反映了70年代世界经济下滑期间中国贸易增长的整体放缓。可是，即使是在90年代经济向好的时期，美国贸易仍是中国整体贸易相对重要的部分，60年代与第一次世界大战期间在5%至10%之间浮动。1885年之后，中国大部分的贸易增长主要是亚洲区域内和除了英国之外的欧洲国家贸易增长的结果，其中日本占了约1/3。中国的贸易在地区和世界范围内强势增长，但不是在太平洋地区的增长。

同样的情况也出现在美洲的太平洋海岸。19世纪60至70年代，北美与亚洲和澳大利亚的贸易快速增长，可是在此后的

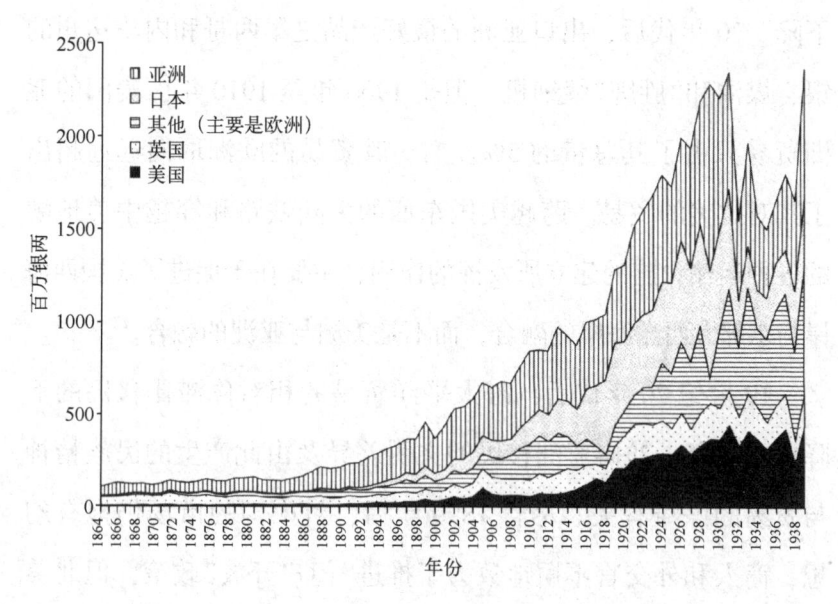

图 6.3 1864—1939 年的中国贸易

来源：1864—1949 年中国外贸统计，马萨诸塞州剑桥，1974。大部分贸易都通过中国香港进出于东亚和印度，只有一少部分(图中没有反映)输往英国。

参见 A. J. H. 莱瑟姆《环太经济历史研究集》中的"香港 19 世纪贸易统计的重构：亚洲动力的产生"，伦敦，1998。

数年里，没能实现预期。淘金热的最初几年，加利福尼亚的商品和劳动力价格异常高，以致衣服都要从旧金山(圣弗朗西斯科)送往中国香港去洗。50 年代末，加利福尼亚开始向亚洲和澳大利亚的殖民地出口小麦、水银、兽皮、木材、燕麦、大豆、土豆和羊毛。可是，到了 70 年代，西海岸的大部分产品都销往美国东海岸和欧洲。面粉是加利福尼亚输往中国最成功的产品，大部分都卖给了开放口岸的欧洲居民。然而，随着中国发展了自己的面粉工艺，80 年代后，这类产品的出口也开始下降。70年代后，出口亚洲的最好产品是墨西哥和内华达州的银、煤油和"胜牌"缝纫机，但是1900年至1910年，美国的亚洲贸易只占了其总量的5%左右。其贸易的欧洲取向远远超出了其对拉美的贸易。跨越美国东西的大陆铁路和穿越中美地峡的各种运输设施的建立所发挥的作用，主要在于促进了美国西海岸与东部大西洋海岸的融合，而不是美洲与亚洲的融合。[17]

19世纪70年代后，跨太平洋贸易的相对停滞比移民的下降更难解释。妨碍亚洲移民的文明差异及由此产生的民族精神与贸易的停滞有关。尽管1899年后，对中国的市场仍抱有幻想，商人和外交官不懈地致力于推进"门户开放"政策，但北美和澳大利亚对亚洲人的排斥促使其亚洲贸易的转向。把亚洲移民描述为由于低工资和耍滑的习惯而对当地的就业和经济产生不公的威胁之类的政治话语，同样把亚洲贸易视为威胁。例如，19世纪后期，对亚洲的担心之一就是认为中国和1897年后的日本使用廉价的银币，压低了金本位国家生产者的价格和生活水平。温斯顿·丘吉尔的父亲伦道夫·丘吉尔勋爵简明扼要地表达了对种族和经济的担忧，他妙语双关地讽刺说："使用白色金属的黄种人任意摆布着使用黄色金属的白种人。"[18]

文明的差异也意味着在东亚地区治外法权管辖的建立。1840年至1842年和1856年至1860年的鸦片战争后，治外法权强加给中国。在19世纪60年代，也首次成为与日本国际协约的一部分。治外法权意在建立由欧洲人控制的产权和其他合法权利的空间，借此促进贸易。可是，就贸易增长而言，结果可能的确是相反的。由于外国人不可能顺从于当地的法律，中国和占领者日本都有权禁止外国人进入治外法权管辖之外的内地。这种限制约束了国际市场进入东亚地区，同时也限制了中国和日本的商界在治外法权港贸易中可以发挥的作用。在此管制下，英国和美国的贸易出现了停滞，继而给其竞争者提供了机会。[19]

日本作为崛起的地区势力既表现出对此管辖解释的约束，又随着其对太平洋贸易霸权的控制，提供了补充性说明。尽管有治外法权，可是日本的经济和贸易在19世纪60年代后快速发展，迅速成为与美国和中国一样重要的贸易目的国（见图6.1）。然而，90年代前，美国的贸易只占日本贸易量的10%，日本对太平洋域外的贸易几乎近半走向了欧洲。日本贸易的真正繁荣始于19世纪90年代，在日本的治外法权的实施远不及在中国那么严厉，尤其是1899年后，治外法权在日本被完全废除。此后的30年，日本的贸易以同样的规模在太平洋地区，在亚洲和全世界迅猛崛起（见图6.4）。

日本在太平洋地区流动中的重要性更多地体现在航运方面，而不是贸易。自1875年开始，日本人利用巨额的政府补贴建立起了直达上海的定期航线，这在美国和英国，除了邮政合同之外，海运是不可能得到补贴的，因而日本的竞争实力超越了太平洋邮政（Pacific Mail）和英国东方半岛邮轮公司（British Peninsular and Oriental Line）。日本邮船株式会社（Nippen Yushen Kaisha, Japan Mail Shipping Line）1893年开辟了它的第一条东亚之外的孟买航线，1896年拓展到整个太平洋海岸、澳

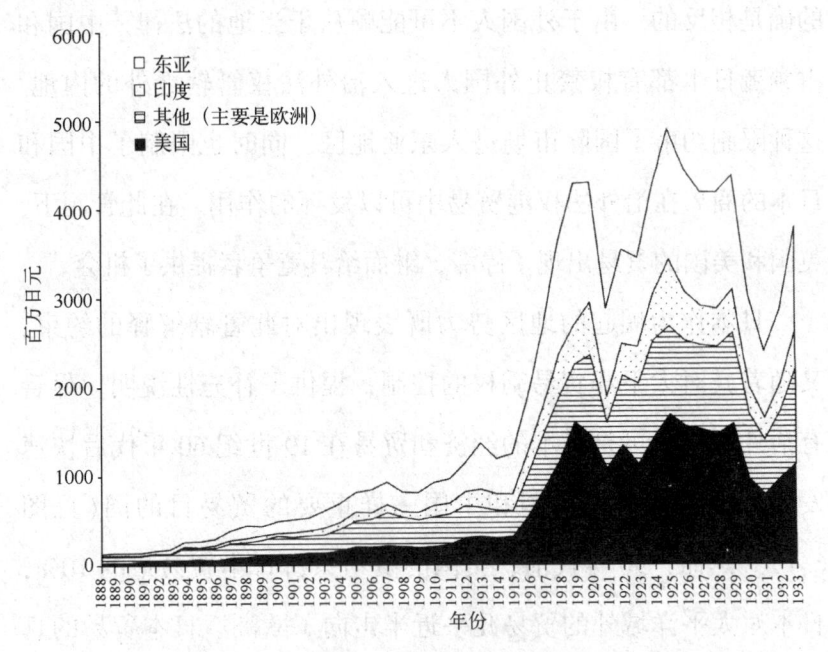

图 6.4　1888—1933 年的日本贸易

来源：日本的对外贸易．东方经济学家，东京，1935.

大利亚和欧洲。在此后的 15 年里，几家日本公司相继开通了跨太平洋航线。其中，1905 年，东京川崎汽船会社开辟了仅有的一条由亚洲直达拉美太平洋沿岸的航线。日本船运很快就控制了亚洲至印度洋的贸易，在跨太平洋贸易中与美国和加拿大船运商展开了激烈的竞争。竞争中，美国受到了 1915 年《海员法》的严重掣肘，严禁美国船运公司雇佣廉价的中国劳动力。[20]到 20 世纪 20 年代，日本的船运吨位占了其港口海运量的2/3以及中国港口货运的 1/3（见图 6.5 和图 6.6）。日本的崛起同时巩固了东亚地区的互动，激活了跨太平洋之间的联通。

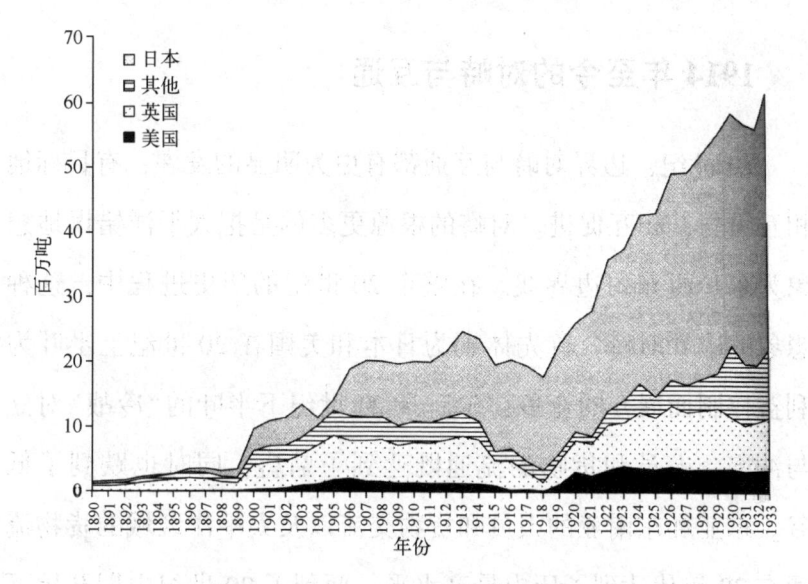

图 6.5　1890—1933 年日本港口的船运

来源：日本的对外贸易. 东方经济学家，东京，1935：440-447.

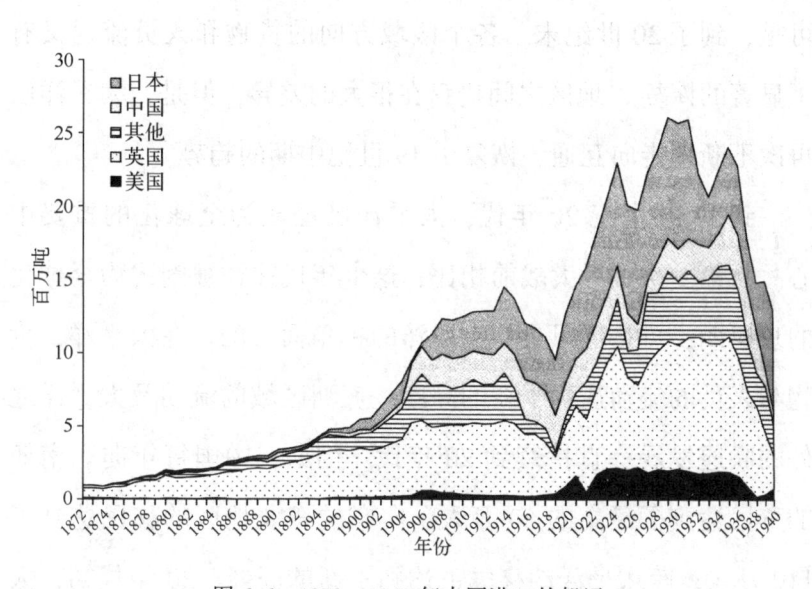

图 6.6　1872—1940 年中国港口的船运

来源：萧亮林. 1864—1949 年中国外贸统计. 剑桥，1974.

1914年至今的对峙与互通

20世纪，边界对峙与互通都有更为明显的发展，有目标地相互对立，相互促进。对峙的根源更多的是把太平洋错误地想象为东、西方的边界线。在整个20世纪的历史进程中，这种想象的边界对峙，首先体现为日本和美国在20世纪上半叶为利益控制而展开的竞争；尔后是20世纪下半叶的"冷战"对立与冲突。人员和货物的流通既达到了鼎盛，同时也跌到了低谷。东亚和东南亚的人员和货物交流以及太平洋区域的货物流通在20年代达到了历史最高水平，而到了20世纪中期开始下降，取而代之的是与战争相关的大规模物资流动和人力动员。可是，到了20世纪末，各个区域方向的货物和人员流通又有了显著的恢复。[21]地区之间仍存在很大的差异，但是，太平洋已再次不断地走向互通，恢复了19世纪中期的趋势。

到了20世纪20年代，太平洋已经成为全球化的重要中心。与第一次世界大战前相比，这个年代往往被阐述为全球化的衰退期，可是这只是从大西洋的视角而言的。在太平洋，货物与人员的流动达到了新的高度。亚洲区域的流动及太平洋之外的联通发展一直持续到20年代。例如，中国每年向东南亚的移民达到了最高的60万人，向它的东北地区的移民达到了110万人；跨太平洋的移民也达到了新的高峰，20年代初，大批的日本人移往巴西，每年超过2万中国人移往美洲，约2000人移向澳大利亚，与移往东南亚的移民量相比仍不足为道，但这仍达到19世纪70年代以来跨太平洋移民的历史新高。

同期，太平洋西部及太平洋域外的贸易也在持续增长（见图6.3和图6.4）。尤其是东南亚的木薯粉、稻米和橡胶等产品日益成为国际市场的重要需求。可是，跨太平洋贸易的复兴才是这个阶段发展的最重要体现。这个时期的发展主要源自日本崛起的刺激，而美国贸易的变化也起到了重要的作用。美国的太平洋贸易自20世纪初开始适度地增长。但是，1914年巴拿马运河的开通和第一次世界大战期间欧洲太平洋贸易的衰退为跨太平洋贸易的复苏提供了契机。到20年代，美国的对华贸易与战前比成倍增加，增长了16%，对日贸易提高了一半，增长近30%。东南亚橡胶之类的产品也日益成为美国市场的重要需求，亚洲对美国的整体贸易战后翻倍增长，占到了美国贸易总量的11%，因此其贸易地位更显重要。美国和日本日益突出的重要性体现在其在华的外国公司数量上（见图6.7）。1887年，两国在华的公司都约为25家，而到了1931年，美国在华成立了559家公司，日本则以绝对的优势拥有7249家。与此相比，没有任何其他国家的在华利益扩张得如此迅猛。

随着流通的增长，太平洋也日渐出现美国与日本的利益纷争，并由此导致政治上的分歧。到19世纪70年代，太平洋已经成为"新帝国主义"的重要舞台，日本与多个欧洲列强在中国、东南亚和太平洋岛屿等独立的国家兼并领土，巩固已有的殖民地势力，强迫这些独立国家妥协让步。19世纪与20世纪之交，日本和美国在利益主张上逐渐锋芒凸显，咄咄逼人，而

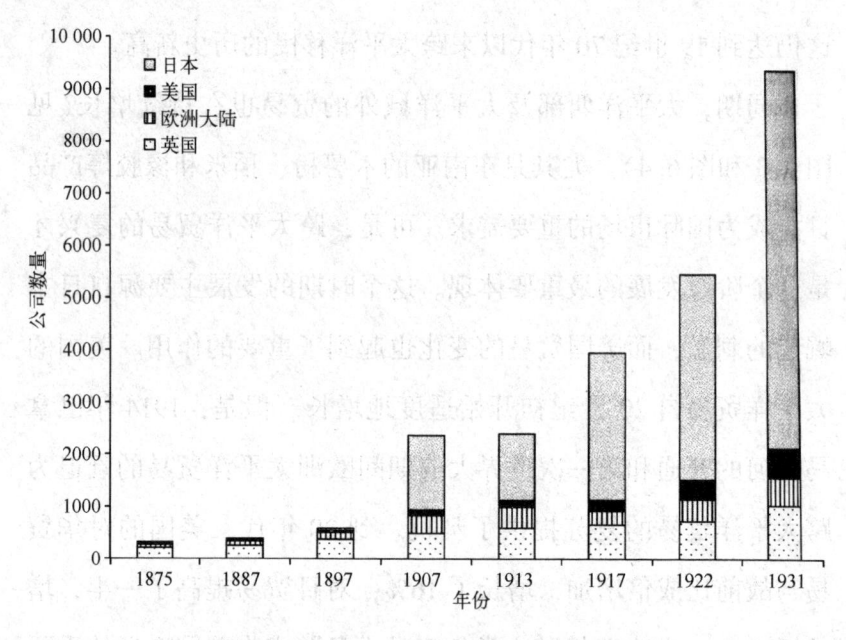

图 6.7　1875—1931 年在中国的外国公司

来源：彼得·施兰，1850—1931 中美商务关系的次要意义；厄内斯特·梅（Ernest May），约翰·费尔班克（John Fairbank），美国对中贸易的历史观：中国和美国的表现，剑桥，1986，225 页。

欧洲国家则极力维护自己的所得利益。1895 年，日本侵占了中国的台湾地区，1905 年把朝鲜半岛纳入其势力保护范围，并不断地逼迫中国妥协，加紧势力入侵。1898 年，美国兼并了夏威夷、菲律宾和关岛，1899 年控制了其领属的萨摩亚群岛。1906 年针对日本向北美移民的斗争，促使双方都大放厥词，要派军舰巡航太平洋。美国的"白色舰队"（Great White Fleet）投入了这场较量，于 1907 年至 1908 年参加了环太平洋巡视。双方的政客都渐渐地把太平洋视为必须占领、殖民和竞争的地理空间。在此后的 20 年中，日本的政客宣扬有必要建立以日本为首的亚洲帝国，或其他亚洲共荣圈之类的联合，而美国则转向太平洋，视其为向外扩张的"天赋使命"（Manifest Destiny），从而征服了整个北美洲。从这种话语意义来看，辽阔的太平洋水域大部分应该是不隶属于任何人、任何政体和社会的。相反，却被想当然地视为补给站、资源待开发区、殖民定居空间和地缘政治的舞台。许多人认为，这两个列强之间的战争已不可避免。

同时，也有许多人，尤其是学术界人士和从事不断扩大的跨太平洋贸易的商人，则呼吁联通太平洋，寻求共同的价值和利益。这种呼吁在19世纪中期并未能形成推进互动振兴的框架，相反，他们开始无休止地探讨种族、文化和商业发展等的差异，而这些难题在历史上直到现在随着通信技术的发展和精英的卓见才逐一得到克服。19世纪后期培育的差异文化已经抹去了人们对从前数世纪互动交流的记忆，重新阐释了东西方之间的现代界限，差异像遗产一样永恒存在。

联通互动的努力最突出的失败在于移民领域。暗地里支持美国的澳大利亚公开反对日本企图在国际联盟协约中加入种族平等的条款，担心由此自己可能不得不修改反亚洲人移民法。美国于1924年单方面强化了针对日本的移民法案。在许多日本人看来，这足以证明与西方种族主义的任何让步都是不可能的，冲突已不可避免。同时，《凡尔赛条约》（Treaty of Versailles）承认了日本在该地区的势力范围，把德国在中国掠夺的权利让与日本，其在赤道以北的太平洋岛屿划归日本管辖，德国在赤道以南的殖民岛屿归属澳大利亚和新西兰。

到20世纪30年代，政治对抗逐渐演变为军事冲突。第二次世界大战的太平洋，主要是美国和日本之间的对抗。1945年后，伴随着东南亚地区针对荷兰、法国和英国的反殖民统治的斗争，爆发了一系列的战争，同时也爆发了1946年至1949年中国共产党和国民党之间的战争，1950年至1953年的朝鲜战争，直至70年代整个东南亚的战争以及持续到80年代的中美洲国家和秘鲁的战争。除秘鲁之外，美国与日本结成了非军事同盟，在所有这些战争中扮演了重要角色。

从劳动力移民和贸易的角度来看，20世纪30年代至70年代这段战争时期，太平洋的融合降到了低潮。最早始于1930年，虽然亚洲贸易和移民没有像大西洋地区衰退得那么多，但经济危机（Great Depression）却重创了日本和美国。第二次世界大战之后，"冷战"对安全的担忧和后殖民时期的民族主义都助推了严厉的移民管控与高关税。互动交流被视为对安全和发展的严重威胁。飞机旅行、大规模的船运和不断进步的通信技术等的兴起不足以克服这些障碍。

可是，从另一个视角来看，这一时期又被称为互动的高峰期。大量的美国资源和士兵被运往亚洲，首先是投入对日战争，然后是朝鲜战争和越南战争。美国的军事基地、顾问和援助也遍布整个太平洋，包括1949年前的中国、日本、印度尼西亚、泰国、中美洲和众多的太平洋岛屿。其军事扩张进一步巩固了美国在太平洋的政治势力，产生了无数的混血婚姻、儿童和难民，从而再次诱发了20世纪50年代开始的亚洲向北美的移民。美国对日本的军事占领也提振了地区经济的融合，对韩国、新加坡、马来西亚和泰国等经济的成功发展发挥了重要作用。

20世纪70年代，东亚经济的振兴和北美与澳大利亚移民和贸易法的放松促进了跨太平洋的流动。集装箱海运、航空旅行和1979年中国的对外开放政策促使货物和资本的流通于80年代达到了史无前例的水平。中国和美国之间的跨太平洋互动与交流发展得尤为迅速；美洲和澳大利亚已成为东亚与太平洋移民喜欢的目的地，其中也包括中国之外的其他国家。中国的移民并未恢复到其20年代的人均水平，但是，中国人却是北美和澳大利亚的主要移民群体之一。反观19世纪，东亚和东南亚的区域贸易与移民自20世纪80年代开始也伴随着跨太平洋联通的复兴而快速发展。[22]

太平洋再次成为全球互动交流的重要区域，然而互动融合的程度仍存在不均衡。太平洋的互动主体目前仍集中于环太平洋沿海地区，尤其是中国、美国和日本的重要港口地区。太平洋岛屿受到这些发展的深刻影响，普遍的移民和经济也依赖于环太平洋沿海地区。但是，由于其人口和资源规模较小，岛屿国家除了作为旅游目的地之外，其他仍处于沿海经济和现代联通航线的边缘。拉丁美洲与太平洋世界的互动仍适度有限。在东盟和其他区域政治与贸易联盟的推动下，东南亚的区域一体化在经历了20世纪中期的政治纷争之后也已复苏。可是，它已经不再是从前曾经的全球互动的重要节点，相反，像香港、旧金山(圣弗朗西斯科)、首尔、上海、新加坡和东京等成为新的岛链，连接着太平洋，使其与外部的世界互联互通。

第七章
1800年后的经济

杉原熏

  本章探讨1800年后太平洋地区经济一体化的发展过程。相对而言，把太平洋两岸的经济作为一个单一的分析单元是近期才出现的一个新思路。20世纪60年代后期，日本、澳大利亚和东盟国家(Association of Southeast Asian Nations，ASEAN)尽管都采取了降低关税、非关税壁垒、减少资本流动的壁垒等宽松措施，但它们对太平洋西部的区域经济一体化各有自己不同的观点，这直接影响着整个太平洋地区的经济一体化。到80年代中期，依据数据和相关概念，普遍认为，太平洋地区的贸易在总量上已超过大西洋地区，东亚已成为世界经济增长的核心。到了90年代，太平洋圈或盆地(The Pacific Rim)出现了，成为把该地区视为世界经济推动力观念的重要范畴，并出现了像亚太经合组织(Asia-Pacific Economic Cooperation，APEC)之类的概念。那时，争论的主要领域在于美国单一的霸权模式和美国、欧盟与日本作为经济增长引擎的观点。

  太平洋圈的观念受到了一些人的青睐，他们看到了该地区充满动力的潜能，这种潜能不仅存在于富有的发达国家，而且也存在于各种不同的经济体,其中包括亚洲的新兴经济体和资源型国家(以前称为新定居区),如加拿大、澳大利亚和新西兰。这种观念的出现源自这样的一种见解,认为广阔的太平洋地区有巨大的生态多样性和文化多样性,如果能够合理地联通和治理,那么可能会成为推动全球发展的最大资源。在经济一体化的背景下,更大的环太平洋圈经济议题主导了讨论和政策对话,然而对包括太平洋岛屿和拉美太平洋沿岸在内的其他经济体的影响并没有得到应有的关注。但是,经济一体化和环太平洋经济与贸易的增长根本上已改变了太平洋地区的整体特征。

过去的 20 年,在中国的引领下,在东亚、东南亚和南亚其他国家的助推下,亚洲经济持续增长。一体化的政策路径发生了变化,谈判从多边走向单边,然后在一定程度上从单边回到多边,如跨太平洋战略经济伙伴关系协议(Trans-Pacific Strategic Economic Partnership Agreement);另一方面,中国在东亚取代日本成为主要的经济体。同时,许多观察者已逐渐看到了美国引导的全球化和亚洲引领的经济增长二者的同等重要性。因此,这些经济体的经济一体化对世界经济的平稳运行至关重要,这比 20 年前显得更加明晰。由此,认同太平洋地区为世界经济推动力的主要因素终于明了完善。

本章将以悉尼·波拉德(Sidney Pollard)阐述欧洲经济一体化的同样方式,着重构建太平洋地区经济一体化的发展和起源的叙事。[1]这里的叙事是基于重要经济数据的历史重构,无论是与国家历史叙事相比,还是与东亚或拉美等区域历史相比,都不依赖深奥的学术研究。换而言之,在经济一体化出现的时候,没有相应公认的政治、文化或环境方面的背景,预见或期盼这么大规模的经济一体化。因此,本章旨在建构该地区更悠久的、深深地植根于环境和文化的历史叙事,最新的、受工业化驱动的历史叙事。

1800 年至 1930 年的经济

1820 年,东亚拥有人口 4.27 亿人,是环太平洋圈人口最稠密的地区。[2] 美洲和澳大拉西亚拥有 2300 万人,东南亚有 3400 万人。中国拥有人口 3.8 亿人,是一个庞大的帝国,其陆地自沿海向西绵延数千英里,可是其大部分人口生活在沿海或靠近沿海地区。[3] 因为那时欧洲居民和亚洲人的生活标准差距相对不大,经济规模很大程度上反映了人口规模,所以环太平洋经济体中,东亚处于中心地位,这不会有太多的争议。环太平洋圈的国家和地区中,美洲和澳大拉西亚的国家和地区(见表 7.1 中的 1—9)占地区国民生产总值 GDP 总量的 6%,而东亚和东南亚的国家和地区(见表 7.1 中的 10—18)占总量的 94%。假如中国内地 GDP 的 60% 是来自其沿海地区,东亚和东南亚仍占了总量的 91%,而单是中国内地沿海就占了环太平洋圈 GDP 的 67%。[4]

东亚地区人与经济活动的集中状态在 20 世纪有了巨大的变化(见表 7.1)。到了 1928 年,美洲和澳大拉西亚占了 GDP 总量的 64%。这两个区域的生活水平跃入世界前列,人均 GDP

表 7.1　1820 年至 2008 年环太平洋圈 GDP 麦迪森评估

	1820 年	1870 年	1913 年	1928 年	1950 年	1980 年	2008 年
1 加拿大	738 (0.2)	6 407 (1.7)	34 916 (3.4)	52 269 (3.5)	102 164 (4.3)	397 814 (4.3)	839 199 (2.9)
2 美国	12 548 (4.2)	98 374 (26.1)	517 383 (49.8)	794 700 (53.0)	1 455 916 (61.4)	4 230 558 (45.7)	9 485 136 (33.0)
3 墨西哥	5 000 (1.7)	6 214 (1.6)	25 921 (2.5)	30 846 (2.1)	67 368 (2.8)	431 983 (4.7)	877 312 (3.1)
4 太平洋加勒比海和厄瓜多尔	0 (0.0)	0 (0.0)	0 (0.0)	7 450 (0.5)	22 422 (0.9)	104 394 (1.1)	219 235 (0.8)
5 哥伦比亚	n. a. (0.0)	n. a. (0.0)	6 420 (0.6)	11 357 (0.8)	24 955 (1.1)	113 375 (1.2)	284 91 (1.0)
6 秘鲁	n. a. (0.0)	n. a. (0.0)	4 434 (0.4)	9 319 (0.6)	17 613 (0.7)	73 727 (0.8)	157 224 (0.5)
7 智利	535 (0.2)	2 509 (0.7)	10 252 (1.0)	13 798 (0.9)	22 352 (0.9)	63 017 (0.7)	216 948 (0.8)

8 新西兰	40 (0.0)	902 (0.2)	5 781 (0.6)	7 475 (0.5)	16 136 (0.7)	39 141 (0.4)	77 840 (0.3)
9 澳大利亚	173 (0.1)	5 810 (1.5)	24 861 (2.4)	34 368 (2.3)	61 274 (2.6)	210 642 (2.3)	531 503 (1.8)
10 日本	20 739 (7.0)	25 393 (6.7)	71 653 (6.9)	124 246 (8.3)	160 966 (6.8)	1 568 475 (16.9)	2 904 141 (10.1)
11 韩国	8 244 (2.8)	8 616 (2.3)	13 463 (1.3)	16 105 (1.1)	25 887 (1.1)	205 467 (2.2)	974 216 (3.4)
12 中国 内地	228 600 (77.2)	189 740 (50.3)	241 431 (23.2)	274 090 (18.3)	244 985 (10.3)	1 041 142 (11.2)	8 908 894 (31.0)
台湾地区	1 100 (0.4)	1 290 (0.3)	2 545 (0.2)	4 762 (0.3)	6 828 (0.3)	93 563 (1.0)	479 645 (1.7)
香港地区	12 (0.0)	84 (0.0)	623 (0.1)	961 (0.1)	4 962 (0.2)	53 177 (0.6)	222 516 (0.8)

续表

	1820年	1870年	1913年	1928年	1950年	1980年	2008年
13 菲律宾	11 271 (0.4)	3 159 (0.8)	9 272 (0.9)	17 458 (1.2)	22 616 (1.0)	121 012 (1.3)	281 120 (1.0)
14 越南	3 453 (1.2)	5 321 (1.4)	14 062 (1.4)	15 656 (1.0)	19 992 (0.8)	49 261 (0)	302 276 (1.1)
15 泰国	2 659 (0.9)	3 511 (0.9)	7 304 (0.7)	9 568 (0.6)	16 375 (0.7)	120 116 (1.3)	573 073 (2.0)
16 马来西亚	173 (0.1)	530 (0.1)	2 776 (0.3)	5 865 (0.4)	10 032 (0.4)	50 333 (0.5)	260 126 (0.9)
17 新加坡	3 (0.0)	57 (0.0)	413 (0.0)	498 (0.0)	2 268 (0.1)	21 865 (0.2)	129 521 (0.5)
18 印度尼西亚	10 970 (3.7)	18 929 (5.0)	45 512 (4.3)	68 099 (4.5)	66 358 (2.8)	275 805 (3.0)	1 007 750 (3.5)

第七章 1800年后的经济

1—9 总计	19 034 (6.4)	120 216 (31.9)	629 968 (60.7)	961 582 (64.2)	1 790 200 (75.5)	5 664 651 (61.1)	12 689 318 (44.2)
10—18 总计	277 224 (93.6)	256 630 (68.1)	408 694 (39.3)	537 308 (35)	581 269 (24.5)	3 600 198 (38.9)	16 043 278 (55.8)
总计	296 258 (100.0)	376 846 (100.0)	1 038 662 (100.0)	1 498 891 (100.0)	2 371 469 (100.0)	9 264 849 (100.0)	28 732 596 (100.0)
世界总计	693 502 (42.7)	1 109 684 (34.0)	2 733 190 (38.0)	3 696 156 (40.6)	5 335 860 (44)	20 029 995 (46.3)	50 973 935 (56.4)

来源与说明：

印度尼西亚 1999 年前包括东帝汶。

太平洋加勒比海诸哥斯达黎加、萨尔瓦多、危地马拉、洪都拉斯和巴拿马。

1928 年的新加坡：评估认为人均 GDP 自 1913 年开始其增长与马来西亚相当。

1928 年的中国内地和泰国：用 1929 年的数据。

1928 年的中国香港：评估包括柬埔寨和老挝。用于 1928 年的数据表明其增长与 1913 年 GDP 与新加坡相当。

越南：1950 年开始其增长与柬埔寨和老挝。用于 1928 年的数据表明其人均 GDP 与 1913 年相当，人口增长了 11%，增速与其他同类国家一致。

1928 年世界总计：数据用于 1929 年，源自英国经济学家安格斯·麦迪森（Angus Maddison）的《世界经济 200 年回顾：1820—1992》，巴黎，1995，227 页。

常常超过西欧，是中国历史记录的9倍之多。东亚和东南亚的总值份额也下降至36%，如果不计中国非沿海地区的40%，那么就只有31%。然而，普遍公认的是，这些财富的大部分，尤其是北美，都来自更靠近大西洋的中、东部地区，因此，这个比例整体上夸大了环太平洋圈东部的经济活动规模。可是，即使排除北美GDP的大部分（90%）[5]，不算中国非沿海区的GDP，那么美洲和澳大拉西亚仍会占到总量的32%。这表明北美的太平洋西部以及拉美和澳大拉西亚的太平洋沿岸到19世纪末，其人口在不断地增加，环太平洋圈的经济活动变得愈加均衡和多样化。总之，在这两个基准年份之间，经济重心发生了变化，由中国引领的东亚转向新移民地区，其中包括太平洋沿岸的美国经济。

这样的结果是否意味着跨太平洋地区现代经济联通的发展呢？或者，只不过就是环太平洋圈不同地区经济增长的总量统计呢？对此，我们分为4个主题来加以讨论：银的作用；商品贸易量；初级产品的出口量和美国的需求以及亚洲区域内贸易的增长和日本的工业化。我认为，所有这些特征的不断发展都预示着走向一体化，美国需求和以日本为中心的工业化驱动的贸易这两种动力仍相对独立。就环太平洋经济圈的相互联系而言，美国大西洋沿岸经济的增长对太平洋贸易的发展发挥了重要的作用，为环太平洋国家提供了出口机会，同时，东亚的发展很大程度上受到了其与西欧互联的驱动。然而，这个时期环太平洋圈一体化的贸易联通仍十分有限。

第七章　1800年后的经济

银的作用

16世纪和17世纪，西班牙人通过马尼拉把新大陆的银大量运往中国，由此，我们可以看到，太平洋贸易时常在世界经济发展中发挥着重要作用。[6]直到19世纪，拉美的银成为太平洋两岸经济交流的主要媒介，这部分是因为马尼拉的帆船贸易一直在延续，另一部分原因是银仍是国际货币。可是，到了19世纪初期，随着拉美国家的独立，银币的质量开始下降，银的含量被人为地降低了，从而在东亚货币流通中出现问题。由于中国的内部贸易和亚洲区域内的贸易很大程度上都依赖于以美洲的银做交换，结果就给大洋彼岸带来了冲击，使亚洲的贸易和中国的政局出现了动荡。[7]

同时，正如卡尔·马克思所看到的那样，太平洋地区对世界经济变化的作用也是加利福尼亚和澳大利亚发现黄金的结果。[8]1845年至1848年，北美包括加利福尼亚在内的西海岸120多万平方英里（超310万平方千米）的领土归属了美国。美国很快就利用了发现黄金所形成的经济机遇。[9]随之而来的是1851年澳大利亚黄金的发现，二者共同推动了世界黄金产量的增长，满足了欧洲市场的需求，最终为迈向国际金本位奠定了基础。虽然欧洲于19世纪70年代开始走向金本位，但是重要的是太平洋贸易仍以银为货币单位。19世纪中期之后，墨西哥开始生产更加可靠的银币。当日本对外贸易开放时，对其封闭时期产生于国际币值的国内复本位币值迅速作出调整，货币值最终与墨西哥银比兑。19世纪，加上中国和东南亚的大部分地区，太平洋西岸仍是大部分使用银的区域。

因此，1868年，太平洋两岸的大部分国家都依赖银本位或复本位，并经历了19世纪70年代至90年代长期的货币贬值以及银对金的贬值。由于世界经济主要由基于金本位的大西洋经济主导，因而给太平洋在世界经济中的地位带来了深刻的影响。到1908年，除了中国和部分加勒比海国家之外，大部分太平洋国家都转向了金本位制。[10]

即使如此，中国仍在西方专家反复建议采用金本位制的情况下使用银本位，直到20世纪30年代。另一方面，日本于1897年采用了金本位制。可是，在从伦敦输入资本的时候，日本为了与银本位的国家在地区市场的工业品进行竞争，始终坚持低外汇汇率。甚至在1931年，经济危机后，日本放弃了金本位制，导致日元严重贬值，其中部分诱因是为了与中国抗衡。一定程度上因为中国市场很重要，即使在银流通已从许多其他环太平洋国家退出，而以银价变动确定汇率的趋势仍在延续。

商品贸易量

1880年前，跨太平洋的商品贸易量很小。由于欧洲贸易有更好的记录和研究，因此经常引用的世界贸易统计给人的印象往往是19世纪的世界贸易总是以欧洲为主导的。罗斯托(Rostow)的评估表明，欧洲在1800年占世界贸易份额的77%，

1840年占74%；北美和拉美1800年分别占5%和7%，1840年分别占7%和8%。大部分世界贸易可能都发生在大西洋沿岸，而太平洋亚洲和澳大拉西亚的贸易根本没有记录。[11]对1840年贸易的一项更详细的研究表明，环太平洋圈国家和地区在世界出口贸易中的比例为19%，可是，如果把北美90%的贸易归于大西洋，那么其比例就会降为10%。但是，可以肯定的是，1840年，有100万美元的出口来自环太平洋的11个国家和地区[12]；到了1900年，增加为20个国家和地区。这说明太平洋贸易比世界贸易的增长要略微快一些(见表7.2)。我认为，考虑到中国内部的普通商品和远距贸易，1840年的数据应该可以调升。这样，环太平洋贸易在世界贸易的比例大约是25%，扣除北美的90%[13]，也可以达到17%。我的研究仅限于亚洲区域内的贸易。有关跨太平洋的贸易也适合于这样的调升。

尽管如此，整体情况却是大部分的太平洋国家的贸易严重依赖欧洲及其他太平洋域外的国家。区域型贸易的模式主要在亚洲，可是，即使在这里，亚洲港口对外贸易开放的重要动力则来自英国和西欧理念和体制的变化，从重商主义走向自由贸易，也来自欧洲及美国列强强加于亚洲国家的自由贸易规则。中国、暹罗、日本和朝鲜相继对外国贸易开放了各自的口岸，主要是依据"不平等条约"开放的通商口岸，同时，东南亚大部分国家都变成了西方势力的殖民地。在东南亚，1824年的《英荷条约》标志着自由贸易秩序的建立，形成了亚洲内部的格局。在此背景下，1845年成立了香港自由贸易区。由此，殖民"强制的自由贸易"体系出现了，联通了东亚和东南亚的通商口岸和殖民地口岸。1800年至1930年，太平洋圈极大地促动了太平洋贸易的区域规模发展，在西方政治和军事强国的胁迫和控制下成了具体的自由贸易区。

表 7.2　1840 年至 1900 年太平洋国家的出口

单位：百万美元

	1840 年	1860 年	1880 年	1900 年
1 加拿大	15.6(6.9)	36.2(5.3)	68.9(4.7)	148.0(6.0)
2 美国	111.7(49.4)	316(46.3)	823.9(56.2)	1370.8(56.0)
3 墨西哥	n.a.(0.0)	n.a.(0.0)	29.7(2.0)	74.6(3.0)
4 哥伦比亚	1.2(0.5)	11.8(1.7)	22.4(1.5)	10.5(0.4)
5 厄瓜多尔	0.9(0.4)	2.1(0.3)	3.7(0.3)	7.7(0.3)
6 秘鲁	1.9(0.8)	24.9(3.6)	20.0(1.4)	21.9(0.9)
7 智利	7.0(3.1)	25.5(3.7)	51.6(3.5)	60.7(2.5)
8 新西兰	n.a.(0.0)	2.8(0.4)	24.4(1.7)	57.2(2.3)
9 澳大利亚	7.0(3.1)	76.4(11.2)	113.0(7.7)	153.2(6.3)
10 日本	n.a.(0.0)	3.8(0.6)	25.4(1.7)	101.8(4.2)
11 朝鲜	n.a.(0.0)	n.a.(0.0)	n.a.(0.0)	4.7(0.2)
12 中国	37.7(16.7)	78.0(11.4)	106.2(7.3)	117.5(4.8)
13 菲律宾	4.5(2.0)	9.7(1.4)	21.1(1.4)	23.0(0.9)
14 法属印度支那	n.a.(0.0)	n.a.(0.0)	9.7(0.7)	30.0(1.2)
15 暹罗	n.a.(0.0)	6.5(1.0)	8.7(0.6)	15.2(0.6)
16 沙捞越	n.a.(0.0)	n.a.(0.0)	n.a.(0.0)	4.4(0.2)
17 海峡殖民地	8.0(3.5)	32.0(4.7)	63.0(4.3)	116.4(4.8)
18 荷兰东印度公司	30.5(13.5)	57.0(8.3)	68.7(4.7)	103.7(4.2)
19 斐济	n.a.(0.0)	n.a.(0.0)	n.a.(0.0)	3.0(0.1)
20 夏威夷	n.a.(0.0)	n.a.(0.0)	4.4(0.3)	22.6(0.9)

续表

	1840年	1860年	1880年	1900年
总计	226.0 (100.0)	682.9 (100.0)	1464.8 (100.0)	2446.9 (100.0)
世界总计	1195.5 (18.9)	3194.8 (21.4)	6480.5 (22.6)	9769.7 (25.0)

来源与说明：约翰·汉森（John R. Hanson）. 转型中的贸易（第二册）. 纽约，1980：139-141。

以下国家不包含在汉森的表中，但在查尔斯·斯托弗（Charles C. Stover）的文章"热带出口"中收录，阿瑟·路易斯（Arthur Lewis），1880—1913年的热带发展：经济发展研究，伦敦，1970：47-49。

	1883年	1899年		1883年	1899年
萨尔瓦多	5.9	3.7	北婆罗洲	0.5	2
洪都拉斯	0.8	2.7	巴布亚	0.1	0.3
哥斯达黎加	2.1	4.9	新喀里多尼亚	0.6	2.1
委内瑞拉	19.7	15	法属波利尼西亚	0.7	0.8

初级产品的出口量和美国的需求

1820年至1870年，中国的内部政治和环境动荡拉低了环太平洋国家GDP的增长；1870年至1913年，日本新政府实施了工业化的进程，其他的经济体也有了稳步的发展。这种趋势持续到了第一次世界大战时期，GDP的增长主要靠美国的发展，一少部分来自日本（见表7.1）。到了1928年，主要以大西洋联通为主的美国和比中国面积小很多但发展迅速的日本成为太平洋两个重要的贸易国。

图7.1显示了1928年环太平洋国家和地区的主要贸易路线。从图7.1可以看出，许多环太平洋国家和地区向美国出口

初级产品或像原蚕丝之类的半工业品，形成了跨太平洋贸易的主流。因此，美国对初级产品的需求成为太平洋贸易的驱动力。工业化和城市化以及生活水平的提高与消费的增长，带来了对餐饮和原材料需求的增长。

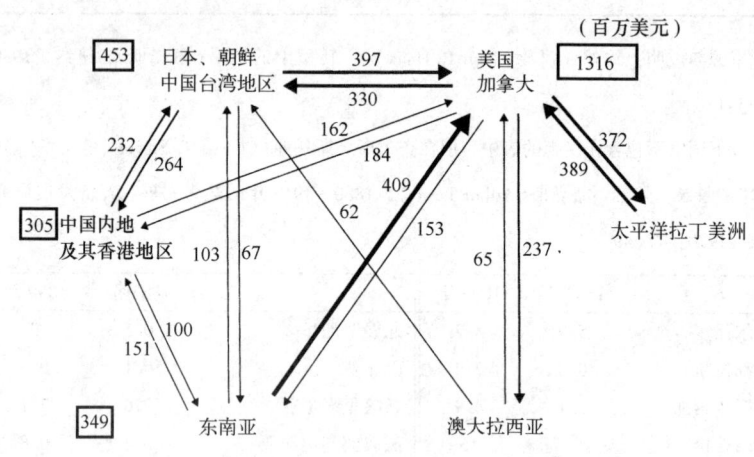

图 7.1　1928 年的环太平洋圈贸易（国家和地区）

来源与说明：同盟国，世界贸易关系，日内瓦，1942，附件三。有关日本、朝鲜和中国台湾等国家和地区之间的贸易，参见：杉原薰，亚洲区域贸易的模式及其发展，东京，1996，114 页。框中的数字表明地区内的贸易值。美国和加拿大的贸易大部分都基于北美大陆和大西洋，美国只有 11% 的出口和 12% 的进口在太平洋海岸通关。世界贸易总量达到 335.47 亿美元。箭头只说明大于 2500 万的"旧"美元贸易。

中国和日本的对美贸易是首要的持续性定期跨太平洋货运，主要是茶叶和蚕丝。有名的"运茶快船"主导着跨太平洋运输，直到 19 世纪后期才被汽轮所取代。[14] 随着蒸汽机船、铁路和电报的发展及应用，早期的运输和通信革命使太平洋的不同地区能够互联互通。1914 年巴拿马运河的开通联通了太平洋和大西洋，从而使跨太平洋运输线对于亚洲和美国东部之间的贸易更具吸引力。

同样重要的是热带产品的出口,主要是由东南亚发往美国的热带特产。环太平洋和大洋地区出现了许多初级产品生产商。早期的出口包括许多热带食品和饮料,如荷兰东印度公司和加勒比海的咖啡,荷兰东印度公司、菲律宾和太平洋岛屿的蔗糖以及厄瓜多尔的可可等。出口的增长产生的副产品可以说就是移民,例如,印度人移向加勒比海地区和斐济,中国人和日本人移往夏威夷等。来自温带和热带的其他出口食品和饮料包括中国、荷兰东印度公司和日本的茶,美国、中国和东印度公司的烟叶以及法属印度尼西亚和暹罗的稻米,也包括工业和农业用的原材料,如主要输往日本的美国原棉,智利的硝酸类化肥,东印度公司和加拿大的木材,菲律宾的大麻纤维,东印度公司和马来亚的橡胶、锡,秘鲁和智利的化肥以及智利和墨西哥的铜等。

其中只有一小部分属于太平洋贸易,大型的种植园和矿业都是欧洲人投资的产业,所以贸易直接指向欧洲。但是,到了20世纪20年代,大量的橡胶从马来亚通过太平洋出口到美国,其中部分由日本贸易公司经营。1928年,菲律宾出口的75%,英属马来亚出口的42%以及荷兰东印度公司出口的13%以上(其中大部分通过英属马来亚再出口),都输往美国。[15]

也有来自加拿大、澳大利亚、新西兰和美国的羊毛、小麦、肉和皮货出口的增长。总之,在美国经济增长的刺激下,太平洋生态多样性的部分作为初级产品生产商融入了世界经济，顺应了工业生产的节奏和现代消费的需求。

一些初级产品生产商出于不同的原因从出口中获得了更大的利益。依据经济增长的大宗商品论，如加拿大皮货或小麦之类的国际上具有竞争优势的初级产品能够产生一系列的连锁效应，例如加工业的发展、铁路的建设以及为初级生产商提供购买力，继而刺激当地人口所需。[16]总而言之，新移民区域从前一种连锁效应中获得双向的利益。

此外，人口众多的热带地区从后者最终的需求链中获得利益。例如，国际市场橡胶的高价为马来亚种植园的工人提供了相对较高的工资，他们可以在当地或通过区域贸易购买食品和服装。这样，远距离的贸易就与东南亚当地和所在区域的贸易增长相关。与19世纪80年代后严重依赖美国经济的菲律宾相比，大部分东南亚国家除了远距贸易之外，都从事当地或区域贸易，经常是由海外的中国商人经营的。

不太专注从事贸易的其他地区随着其沟通网络渗入整个地区，也会受到跨太平洋和区域贸易的影响。加勒比海和拉美的太平洋沿岸地区大多都没有开发利用其土地资源和其他资源，主要是由于地理上存在通达的困难和其他不利的生态条件，而且也由于其制度而导致其资源开发利用更难。[17]

亚洲区域内贸易的增长和日本的工业化

随着很大程度上由美国需求而快速增长的跨太平洋贸易的发展，从区域层面上看，如图7.1所示，还有另一个重要的发展，即由日本劳动密集型工业化所推动的亚洲区域内贸易的增长。日本的相对优势在于质量较好的廉价劳动力供应，因此专注于劳动密集型工业生产，成为亚洲第一个工业化国家似乎合情合理。所以，日本从西方进口现代机器，输入资本，通过出口茶叶和原蚕丝赚取外汇，同时，先后从中国、印度和美国进口原棉，尔后向中国出口棉纱锭，逐渐发展到向整个亚洲出口棉布、服装及各种各样的纺织品等。日本的战略是通过最大化地利用廉价优质的劳动力，最小化地利用稀缺的资本，在劳动密集型产品的生产领域内使自己具备基本的竞争优势。廉价的工业品是亚洲普通人的需求品，日本借此能够获得亚洲现代消费品市场较大的份额。因此，日本的发展路径与美国的发展路径不同，后者的发展特征重在资本和资源密集型。

中国就是融入了这种劳动密集型之路的新兴亚洲国际化经济。最初进口日本的机器制棉纱锭，手工纺织者再用来织布扩大国内需求。随后又进口日本的纺织机械，推进现代棉纺织业的发展。日本的棉纺织业借此提升产品质量，应对来自中国的低工资劳动成本的竞争。这样，东亚经历了区域规模的劳动密集型工业化过程。整个战前时期，日本、中国、东南亚和印度的贸易相对自由，从国际贸易收益中获得了利益。即使在20世纪30年代，由于日元区贸易的发展，亚洲区域内的贸易在世界贸易中的份额有了很大的增长。

但是，受美国需求驱动的跨太平洋贸易和受日本工业化驱动的区域贸易并未直接融合形成一体化的发展动力。19世纪后期，大西洋经济的崛起以及随着1867年苏伊士运河的开通，作为海上重要通道的苏伊士-马六甲海峡航线的开辟推动了大西洋和东、西方贸易的大幅增长，由此也导致了太平洋贸易的相对减少。19世纪末，随着伦敦国际金融市场的兴起，加上汉堡和鹿特丹世界航运中心的崛起，世界贸易的组织中心在西欧形成了绝对的主导地位。从事日本出口美国原蚕丝货运的船商认为他们的船运是"副航线"业务，而苏伊士运河航线才是世界贸易的"主航线"，标志着重要贸易的波动起伏。同时，美国的贸易政策也倾向于保护主义，亚洲向新定居区的移民逐渐受到严格的限制。新定居区和其他环太平洋国家之间的人均GDP的差距加大。到20世纪20年代，太平洋经济的发展处于大西洋经济的阴影之下。

1930年至1980年的经济

20世纪三次经济和政治动荡决定了环太平洋贸易的变化，即1929年9月华尔街崩溃而引发的大萧条（The Great Depression）或称经济危机；1931年日本入侵中国东北而爆发的亚太战争，导致了1937年的日本侵华战争和开辟了1941年第二次世界大战的亚洲战场；随着中国和许多东亚、东南亚国家相继退出"自由世界"和自由贸易体系，开启了"冷战"的对立。前两次的动荡严重地扰乱了太平洋贸易，而第三次则把亚洲分成了两个阵营，使许多国家脱离了太平洋贸易。但是，美国在整个太平洋实施了军事、政治和经济上的超级霸权，使得亚洲的部分国家和地区经历了一段持续的经济增长期。这是以美国为主导的太平洋经济一体化时期，在这种背景下，东亚和东南亚在日本的引领下人均 GDP 以世界前所未有的速度快速增长。

同样重要的变化是东亚国家开始向美国出口工业品了，同时也开始从美国引进先进的高科技和管理技能。不仅美日的经济关系本质上日趋平等，而且整个太平洋贸易也开始走向工业化时代，东亚和东南亚的发展中国家逐步地融入了现代工业制造中劳动力国际化分配的复杂体系。到 1980 年，太平洋经济在实质上已经成为世界经济的自治力量，能够独立地开发自己的发展动力。

经济危机和第二次世界大战的影响

1929 年开始的大萧条，即经济危机，尽管颇具破坏力，但仍标志着美国对东亚经济产生影响的开始。欧洲主导的世界贸易体系走向崩溃，因而欧洲国家建立了关税和货币区以保护国家和帝国的经济利益。英国 1931 年退出金本位制，到 1933 年，美元转向英镑本位制，取代了金本位制。这样，国际金本位制就由英镑-美元的双货币体系所取代。

经济危机的一个重要的但意外的结果是中国放弃了银本位制，成立了有效的中央政府，调控国内经济和国际经济的关系。国民政府致力于实行劳动密集型工业化的经济政策，把中国的货币与英镑（等于与美元）兑比。因此，中国首次开始针对现代资本主义的宏观经济信息做出应对反应，包括对外部动荡的应对。

面对日益激烈的来自中国的竞争，日本在同期决心继续致力于发展重工业和化工工业。可是，日元区不仅没有缩小，反而扩大，日本的原材料严重依赖进口，尤其是依赖美国和英国在环太平洋的殖民属地进口。由于中国采用持久战的战略，因而日本需要不断地增加从日元区以外的地区进口大量的原材料和能源，以维持其战争的野心。战争的失败表明，任何像日本这样借"东亚共荣"之名幻想自我霸权的图谋在这个地区都是徒劳的。

这两次动荡使东亚清醒地意识到自己在世界经济中的地位，欧洲饱受严重的战争破坏，预示了战后秩序的出现，一方面是美国的霸权，另一方面是以苏联为首的共产主义阵营的对抗。

"冷战"体系和东亚的崛起

20世纪40年代至50年代，大部分亚洲国家纷纷独立，开始实施自己的工业化计划。但是，由于"冷战"的到来，这些国家的发展一致地受到了影响。战前亚洲区域内的贸易模式分别被两种严格的分歧所取代：一个是美国主导的自由贸易；另一个是受苏联领导的共产主义阵营影响的国家，或遵循印度开国总理尼赫鲁和印度尼西亚首任总统苏加诺倡导的不结盟运动。后者实质上脱离了世界贸易。只有一小部分环太平洋国家完全融入了世界经济。

50年代至60年代，日本经济的"高速增长"是对这种新的世界秩序的首个成功回应。第二次世界大战战败之后，日本政府决心通过扩大内部市场需求，致力于全面的经济现代化建设。但是，资源的不足仍是制约其发展的瓶颈。而正是"冷战"改变了美国对日本经济前景的态度。40年代后期，其对日本国家的定位在于经济的发展主要以保护和促进东亚的"自由世界"为主。相应地，也就允许日本系统地引进资本型重工业产业。虽然30年代尝试了重工业的发展，某种程度上战时经济时期得到了加速发展，但正是40年代后这个时期，日本发展的特点从劳动密集型产业转向二者的融合：东亚劳动密集型和西方资本密集型。日本的尝试逐渐开始显现重要的国际意义。

美国一方面专注于资源型和资本型产业，如军事工业、航空业、飞机制造和众多的石油化工行业等，另一方面乐于帮助东亚拓宽产业结构，从棉纺织等轻工业走向非军事的、相对劳动密集型重工业领域，包括造船、汽车和消费电子业等。几个新兴的工业化经济体和东盟国家（主要是菲律宾、印度尼西亚、泰国和马来西亚）都是由政治上压抑的政体统治，但却致力于经济的发展，所以能得到美国政治和军事的支持。"冷战"体系隐约得到了经济发展的支撑，展示了资本主义的一面。从这个意义上讲，"冷战"和东亚经济的发展揭示了同一事物的两个方面。

由"冷战"走向"长期的和平",使得军事需求疲软,这时东亚致力于发展的大众消费市场扩大,地区对美的工业品出口以及亚洲区域内的贸易却迅速增长。美–欧贸易和欧洲内部贸易都稳步增长,但仍很缓慢。逐渐从战争恢复的欧洲经过努力,形成了政治上颇受非议的欧洲经济共同体(European Economic Community),采取严重的与世界其他地区对立的保护主义。随着去殖民化的发展,英镑区逐渐瓦解,可是那些新独立的国家与亚太没有直接的联通,仍没有感受到竞争的激烈,当然也没有从国际贸易中获得可能的利益。以苏联为首的共产主义阵营的贸易也没能在劳动密集型产业的技术进步和新的消费需求中形成发展的动力。因此,战后贸易的增长是由美国引领的,是由高速发展的日本及其他东亚国家推动的。

从亚太经济一体化的视角来看,重要的是美国成为向环太平洋国家出口工业制造品的重要国家。20 世纪 40 年代前,最重要的出口商品是原棉;到了 1980 年,最大的出口产品是机械。产业联系成为太平洋经济新的、更强大的制约要素。

图 7.2 表明,到 1980 年,1928 年活跃的贸易路线重新确立,其中不包括中国内地。如图 7.2 所示,中国内地和香港地区属于一个群体。可以说,中国香港地区 1980 年的贸易量比内地多。中国内地的独立自主是全面的,从而成为环太平洋圈的一个空白点。

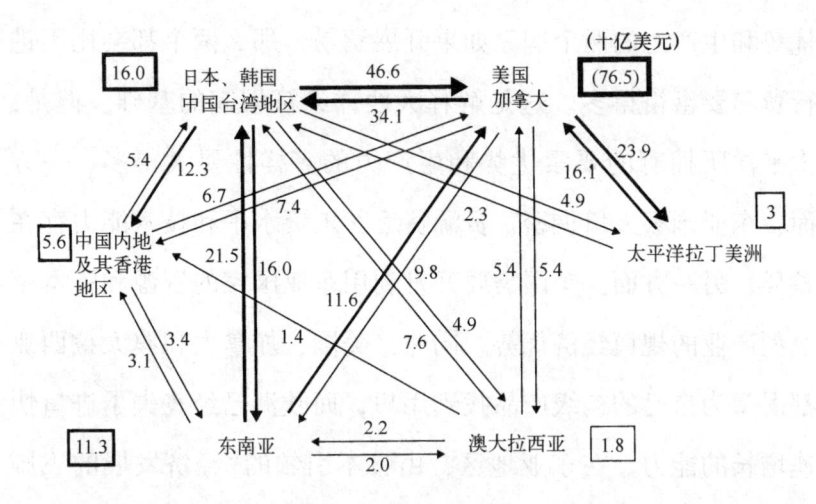

图 7.2　1980 年的环太平洋圈贸易（国家和地区）

来源与说明：世界货币基金组织，1987 年贸易统计年鉴指南，华盛顿，1988。框中的数字参见图 7.1 的说明。1970 年，美国 17% 的出口和 14% 的进口经太平洋沿岸海关通关，1980 年可能比例更大。世界贸易总量 19 150 亿美元。箭头只表示大于 10 亿美元的贸易。

第二次运输革命与跨文化融合

这个时期连接太平洋圈经济的最直接动力是第二次运输革命，其中包括大型油轮的应用、港口及相关设施的升级改造、公路与铁路联通以及中国工业品运输的集装箱化。[18]运输成本的降低联通了生态和文化具有多样性及其资本和劳动力集中领域存在差异的不同国家。突然之间，世界上最大的海洋为贸易的发展提供了最大的机遇。

应该如何阐释太平洋贸易的增长与扩张呢？里卡多（Ricardo）极力推崇"国际贸易的收益"说。据此认为，拥有不同要素优势和生产力的两个国家如果开展贸易，那么两个都会比不进行贸易要富裕得多。这是解释大西洋经济崛起的基础。但是，太平洋所拥有的要素优势和生产力的多样性要大得多。一方面，东亚国家人口稠密，资源贫乏，工资水平和技术能力存在差异。另一方面，美国需要开发利用东亚国家的资源和资本密集型产业的规模经济优势。同时，美国、加拿大和澳大拉西亚都渴望为自己的初级产品找到用户，而欧洲已经丧失了进口快速增长的能力。在东亚地区，由日本引领的"经济发展的飞雁模式"成为亚洲区域内高科技工业品贸易快速增长的基础。

在所有这些发展中，一个简单的原则就是，多样性越突出，贸易的机会就越大。"开放的区域化"是一个很好的案例，区域内实行低关税壁垒，可是，又不像欧盟那样，不存在对区域外的国家采取歧视性措施。经济国家化常常保证进程的质量，但也会延缓进程，尤其是在农产品贸易领域，亚洲国家很欣慰地拥有中国香港和新加坡两个自由贸易港。东亚和东南亚的大部分增长型经济都严重依赖这两个自由港进行贸易，尤其是与美国的贸易以及东亚和东南亚增长型经济之间的贸易。只要该地区保持世界最快的增长率，就可以相信它们会从贸易中获得最大的利益。因此，采用开放的区域化就成为亚太经济合作组织（APEC）形成的指导原则。

而且，不同文明之间出现了史无前例的更加全面的技术与文化融合。20世纪60年代，东亚对美国的大众消费市场做出了重要贡献。例如，东亚的纺织领域，有日本的人造纤维生产商和日本的通用贸易公司,还有中国台湾地区的织布商和中国香港地区的成衣制造商等,在美国低端的布匹和服装市场有序竞争。80年代和90年代,技术融合成为双向的过程。日本吸收了多领域的美国技术和文化,生产了具有国际竞争力的汽车和消费电子品,而美国的生产商也相应地应对日本的挑战,采用了一些日本的生产工艺。换句话说,通过贸易出现了趋同化和专业化。在这样的情况下,为寻找最好的投资项目而产生的国际竞争日趋激烈,而太平洋的经济体早已经习惯了不断的变化和快速增长。

亚洲的大众消费市场也见证了空前的消费品位的融合。20世纪50年代和60年代,美国大众消费市场的部分动力源自这样的事实,即欧洲多样的文化和品位自由融合形成了一种新的大众消费文化。80年代和90年代的东亚和东南亚,范围更广的文化和品位积极地相互融合,创造了多样的饮食、服装和居舍模式。况且,随着人均收入的快速提高,日常家庭的支出消费也开始投向各种消费电子品、汽车和计算机。一方面,这意味着相对以文化为中心的产品需求更大,主要来自机械产业;另一方面,又不至于导致消费品位的"泛化"。例如,一件简单的用地方语言编制的计算机软件也许需要一款设计与汉字和中国文化的"感觉"相匹配,而且中国人口的规模可能会创造一个巨大的市场。通常正是那些东亚的企业家,把地方文化符号转换成经济价值,可以满足这些需求。同时,随着技术从美国的流出,西方的商家就可以公平地分享与其相关的远距贸易。关键在于如果两个或更多的不同文明基于不同的语言和文化，发展略微不同的大众消费市场，而同时技术和文化趋同的大趋势又有效地被认同，那么商业经济的机遇就会比在单一文化的情境下要大得多。这里，规则同样很简单，即多样性越突出，贸易的机遇就越大。

1980年至2010年的经济

20世纪70年代初期，世界经济的重要格局发生了变化。美国开始失去其主导地位，导致从固定的汇率制向浮动的汇率制转变。在固定汇率体制下，世界贸易以美元作为主要的结算货币，这种转变可以使每个国家依据自己的经济实力变化来做出更加灵活的对策调整。同时，1973年至1974年的第一次石油危机预示了商品价格的上涨，从而影响了初级产品和能源生产者与消费者之间的关系。然而，日本、新型工业化国家和那时刚形成的东盟国家的经济则相对运行良好。

这种成功是20世纪70年代后期中国政策变化的重要背景。中国的政策变化极大地扩大了太平洋经济的人口和市场。由此，基于东亚工业实力的经济力量取代了"冷战"，开始影响地区的国际关系。随着1991年苏联的解体，美国开始减少其军事工业的投入，强烈希望发展成为金融大国。"华尔街-财政部联合体"(The Wall Street-Treasury Complex)成为美国金融利益和东亚工业化之间一个新的互补，弥补了旧的劳动力划分，即军事的和非军事的，并为贸易的持续增长提供了基础。[19]

1950年，表7.1中所显示的国家和地区占世界GDP总量的25%，到了1980年，占39%，到2008年，占到了56%。如上所述，由于这些数字包含了中国的非沿海区域和北美的非太平洋区域，所以被夸大了。即便如此，2008年的数字正确地说明了太平洋在规模和增速上都在世界经济中占据重要位置。尤其是，亚洲区域内的贸易成为世界贸易增长的核心。图7.2和图7.3相比彰显了中国加入区域贸易体系所带来的巨大影响。到2010年，中国、日本、新兴工业化国家和东盟，在世界出口贸易中所占份额达到了28%，其中74%为亚洲区域内贸易。[20]

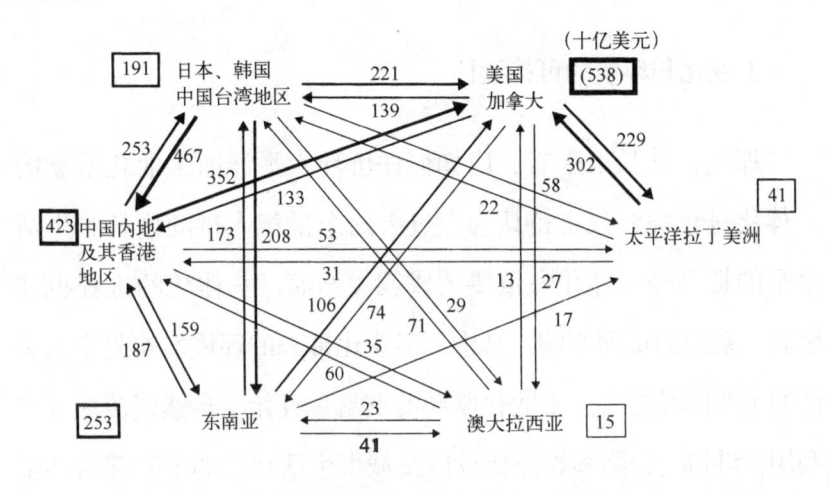

图7.3 2010年的环太平洋圈贸易（国家和地区）

来源与说明：世界货币基金组织，2011年贸易统计年鉴指南，华盛顿，2012。框中的数字参见图7.1的说明。2010年美国贸易经太平洋沿岸海关通关的量可能大于1980年。参见出口数据，科妮丽雅·斯特罗莎（Cornelia J. Strawser）等，包括美国各州和城市出口数据在内的美国贸易，拉纳姆：2001. 世界贸易总额153 190亿美元。箭头只指示大于100亿美元的贸易。

今天，随着亚洲国家经济一体化的程度在该地区不断深化，太平洋经济往往与亚太（Asia-Pacific）联系起来。当然，东亚和东南亚政治上和制度上从来都没有成功地走向一体化，亚洲内部的经济多样化依然十分突出。不同程度地与此增长核心相关的21个亚太经济合作组织成员，只是松散地监控亚洲国际秩序的稳定性。[21]东亚和东南亚为了经济的发展日益依赖从区域外进口自然资源以及从美国进口技术。但是，与30年前相比，太平洋西岸的综合实力有了显著提升。太平洋经济一体化的进程发生了转移，从以美国主导的时期转向更多的以亚洲为重心的时期，美国主导全球化，而亚洲引领经济增长。

工业化和环境的可持续性

那么，从长远来看，应如何评价环太平洋圈工业化推动的一体化进程呢？我坚持认为，过去两个世纪人口的增长和生活水平的提高是一体化最重要的成就。然而，一体化的进程也伴随着一系列的负面影响。其中，工业化带来的环境影响是令人关注的主要问题之一。工业化驱动的贸易一开始，自然资源的开发利用，港口、公路和铁路建设以及城市生活状况的下降都给环境带来了严重的影响，同时也给当地的人口带来了严重的影响。

如果我们把环境的可持续性定义为一种状态，在这种状态下，经济发展的路径必须符合自然法则，那么太平洋地区在工业化推动的贸易到来之前无疑是由岩石圈和生物圈的自然力控制的，前者指能源和物质的平稳流动与地球的循环机理相适应，而后者则指生态系统和食物链的功能作用是吸收了人的干预，而不是相反。甚至在东亚人口密集的地区，人类也要依靠土地和劳动来获得食物，依靠主要来自森林的生物量来获取热能量。人均能源消费增长缓慢，而人口的增长仍未达到土地资源耗尽的极限。

工业革命后，煤和石油等化石燃料的大规模利用，从根本上改变了岩石圈和生物圈的相对重要性。当地环境和人口的可持续性基本机理受到破坏，取而代之的是一张无形的贸易、技术和制度交换网，但是却没有普遍认可的方法，用以评估其对环境的影响。20世纪后半叶，东亚和东南亚的经济比其他任何地区发展得都快，同样伴生了突出的森林砍伐、工业污染和城市拥堵。而更值得关注的是这些问题并未很快地得到全面的重视和解决。

然而，这样的代价对于资源贫乏的地区而言，结果只能是更加有效地利用资源。东亚和东南亚地区推崇的劳动密集型发展之路历史上与资源、能源节省技术有关。从人均GDP的基本能源消耗来看，日本和最近东亚的其他国家的能源密集型发展与那些资本和资源型国家(尤其是美国)相比要低。简而言之，东亚在走向工业化期间，生物量能源主要用于家庭生活，远比西方国家要多，而且由于资源匮乏，其资源和能源节约的技术远比西方发展得更全面。最近，不断加剧的太平洋区域内的经济竞争促进了全球资源和能源节约技术的融合，资本密集型和劳动密集型双发展路径开始趋同于节能节源型发展。中国的能源密集度1980年前相当高，可是到2010年也开始显著下降。

一体化和大洋特有之路径

另一方面，经济一体化对太平洋及其岛屿的影响是以人口极为稀少和环境辽阔的大洋空间为条件的。一方面，太平洋岛屿的依附语言和文化的发展路径可以回溯数千年，而且延续至今，仍富有生命力。[22]尽管经历了外界频繁的、日益强大的冲击，太平洋岛民仍坚持延续着自己特定的传统血脉和时空意识，这与他们赖以生存的海洋息息相关，与他们创造的遥远的航程密不可分。同时，大洋关系着洋流的运动，鸟、鱼的迁徙以及诱发地震和海啸的地层能量传输，其能量之强大，是地球上其他大洋远不能及的。[23]因此，太平洋是一个环境一体化的空间。

所以，工业化驱动的贸易和初级产品出口的增长，对岛民的影响与环太平洋圈的居民相比，即便是一样深刻，但也更具差异性。他们的出口贸易相对于环太平洋国家而言要小得多(比较表7.3与表7.2)。即使如此，在1928年至2010年间，太平洋岛屿的综合出口量增长也许比世界出口的增长更迅速。需要注意的是，2010年的一些数据不包括向美国大陆的出口。以美国为主的对初级产品的需求，加上欧洲、美国和日本的统治，推动了种植园、矿业和渔业的发展，但是，第二次世界大战前及大战期间，日本的入侵和干预造成了巨大的破坏。随后是美国战后军事基地的建立以及日本、美国和其他亚洲国家旅游的不断增长。尽管表7.3的出口数据没有反映出军事基地相关

表 7.3　1928 年至 2010 年太平洋岛屿的出口

单位：百万美元

		1928 年	1980 年	2010 年
密克罗尼西亚	关岛	0*	61*	[30]
	日本太平洋岛屿	2	n.a.	n.a.
	瑙鲁	1	125	50
	基里巴斯	1**	3	3
美拉尼西亚	巴布亚新几内亚	6***	1133	9888
	所罗门群岛	1	73	439
	瓦努阿图	2****	36	230
	新喀里多尼亚	7	411	1520
	斐济	7	358	1262
波利尼西亚	图瓦卢	n.a.	1	0.0
	萨摩亚		17*****	135
	美属萨摩亚	0*	127*	[100]
	汤加	1	8	13
	库克群岛和纽埃岛	1		
	法属波利尼西亚		39	330
	总计	29	2392	414 027
	夏威夷	119*	932******	[684]*******
	世界总计（10 亿美元）	33.55	1915	15 319

来源与说明：1928 年的数据来源于同盟国，《世界贸易关系》，日内瓦，1942，附件三，除非有其他的说明。

1980 年和 2010 年的数据分别来源于世界货币基金组织，《1987 年和 2012 年贸易统计年鉴指南》，华盛顿特区，除非有其他的说明。

*摘自苏姗·卡特（Susan Carter）等，美国历史统计：自古至今，卷 5，纽约，2006，610-611 页。

**吉尔伯特群岛和埃利斯群岛。1980 年分裂并入了图瓦卢和基里巴斯。

***由巴布亚的 2 和新几内亚的 4 组成。

****指新赫布里底群岛。

*****西萨摩亚。

******摘自罗伯特·施密特，夏威夷的历史统计，火奴鲁鲁：1987，544 页。此处引用数字是 1987 年。

1950—1974 年，84%至 99%的"出口"输往了美国的其他地方，"进口"远远大于出口。

*******来自 http://www.census.gov/foreign-trade/statistics/state/data/hi.html

方括号内的数据不包括输往美国其他地方的出口量。

的交易额和旅游收入，但战后的整体外部影响一定是巨大的。这些活动如同初级产品的出口一样，都是外部驱动的，容易受到影响而发生变化。

太平洋盆地的环境动力集中于海洋，而工业技术的发展则依托西方现代基于陆地的领土主权国家和私有产权制度。由于这种制度未全面考虑大洋水和热能的循环以及植物、海洋动物种群和微生物的流动的因素，因此这种技术发展力可以渗入基于陆地的太平洋经济，但是却难以融入基于海洋的太平洋文明。

然而，就是这条长期制约跨洋贸易发展的、独特的大洋航线，在工业化的推动下，使太平洋地区最终迎来了贸易的兴起，成为新的世界经济中心。经济一体化与辽阔的海洋息息相关，广袤的太平洋所蕴含的影响力和意义，仍将是21世纪所面临的重要挑战。

第三部分

文 化

第八章
宗　教

布朗温·道格拉斯

就地域而言，本章的研究范围覆盖笔者称之为"太平洋岛屿"的广大地理区域，其范围从美国西海岸延伸至太平洋诸岛，包括菲律宾群岛、马六甲、新几内亚、澳大利亚和新西兰。[1]一般认为，太平洋岛屿的宗教信仰，不论是崇拜祖先，还是信奉伊斯兰教、基督教，其本土宗教史并非一成不变，而是动态发展的，是在历史、社会以及生态背景下由某个大型宗教模式演变而来的。根据这种超越神学的人类学解释，不管是过去还是现在，太平洋岛屿的本土宗教从未脱离世界宗教的精神范畴，与现代基督教之间更是存在密切关系。可以说，宗教是人类经验的折射，反映了人类与上帝、神灵、动植物、地域、岩石以及世间万物之间错综复杂的关系。[2]宗教信仰源远流长，同时又发展变化，为人类提供了真理（本体论）、知识（宇宙学）、阐释（原因论），也是人类颂扬、影响、掌控这个世界的方式（仪式）。进化二分法的观点认为，地球上大部分人口愚昧落后，只有西方世界笼罩在现代和理性的光环之下，显然这种认识有失公平，也毫无逻辑可言。

第八章 宗 教

　　大约六七万年前，太平洋岛屿开始出现最早的定居者，因此我们无法判断这里最早的现代人类是如何从事宗教活动的。根据建筑学家、历史语言学家和生物人类学家的预测，东南亚岛屿、澳大利亚和近大洋洲(指新几内亚、俾斯麦群岛以及所罗门群岛)早在4万年前至6万年前已经有殖民者的足迹，北美则在1.5万年至2万年前已有人类拓殖。大约9000多年前，南岛语系的航海者从中国台湾岛起航，陆续在南亚诸岛和近大洋洲沿岸定居，这些航海者于迄今4000年前至5000年前来到荒无人烟的远太平洋岛屿定居，即密克罗尼西亚(Micronesia)、南美拉尼西亚(Southern Melanesia)以及波利尼西亚(Polynesia)。[3]

　　不难想象，社会群体一旦形成，即结束了与世隔绝的原始状态，通过亲属或婚姻，交换或贸易，联盟或敌对，进贡或统治等形式与外界建立各种各样相互依赖的关系。人口、物品、思想和习俗，包括仪式，随着四通八达的海陆交通而传播扩散。[4]然而，太平洋岛屿与外部世界在时间和空间上依然存在着不同程度的阻隔。位于巴布亚新几内亚的马努斯岛的定居者长期以来以航海为主业。[5]在那里曾出土了大约2000多年前来自亚洲的青铜器。随着公元1世纪印度和东南亚国际贸易的蓬勃发展，印度教和佛教传入印度尼西亚群岛。公元400年之前印度化国家开始在群岛西部出现，不过他们的宗教生活还是保留了明显的本土特征。[6]在公元1000年前后，在太平洋东部和北部，包括位于西部边缘的马鲁古群岛和菲律宾，沿海居民也受到了印度教和中国的影响[7]。然而，大约在8000年前，澳大利

223

亚和新几内亚之间连通的陆地被海水淹没，导致澳大利亚在18世纪末以前一直孤悬海外，其间仅能经由托雷斯海峡与相邻岛屿的原住民进行贸易活动，17世纪偶有荷兰和英国航海者造访澳大利亚，17世纪中叶，澳大利亚的北部和西北海岸又频遭马卡桑海盗袭扰。[8]太平洋岛民虽然在群岛内部和邻岛之间往来频繁，但与世界其他地区仍然隔绝。后来，由于西班牙在1521年及1532年先后征服了墨西哥和秘鲁，太平洋诸岛才于1521年迎来了费迪南德·麦哲伦（Ferdinand Magellan）的第一次过境。18世纪中叶以前，可以说，太平洋的大多数岛屿和美洲西北部仍然与世隔绝。[9]1760年以后，欧洲的远洋船队成功横渡太平洋，刺激了从1790年后的捕鲸和贸易活动，1797年，基督教新教传教活动也随之在波利尼西亚展开。1784年开始，阿拉斯加南部建立了永久的俄罗斯贸易站，1794年以后，东正教传教活动在阿拉斯加正式开始[10]。1769年，西班牙传教殖民活动已经在加利福尼亚全面铺开[11]。一个世纪后，欧洲人仍对新几内亚高地一无所知，直到20世纪30年代至50年代，欧洲人才得知这些原住民的存在。

宗教信徒始终相信自己信奉的真理和仪式自古即有。自从在18世纪后期人类学问世后，所谓的"原始"宗教就常常被自称为"文明的"人类学家贴上"不合时宜"、"迷信"和"不理性"的标签。[12]社会进化论者认为，太平洋岛屿的宗教尚处于从魔法到宗教再到科学的进化发展初级阶段。功能主义者认为这些当地的宗教仪式充其量只能说是当时社会和经济制度的产物。结构主义者则探索这里的宗教与其他文化因素在稳定社会中的关系。然而，太平洋岛屿的世界既不封闭也非一成不变。通过对南岛和巴布亚语言史的比较发现，与外界的交流频率和双语程度决定了一个地域的保守和开放程度。[13]相较而言，太平洋岛屿的本土宗教可以说既古老神秘又灵活多变，它允许接纳一定程度的改革，在新形势下容易发生转变。20世纪60年代以来的历史学家以及80年代的人类学家通常采用实践导向的方法来研究太平洋宗教史，这种方法承认人类的主体性，即人在特定情境、地位、性别、年龄或能力范畴内做出的期待、选择和行动的内在动因。[14]

根据传教士和民族志学者记载的口头历史、神话和传说，我们得知了神灵或祖先如何产生，如何在当地广受祭祀，也了解到人类可以去追求、创造、借用、购买、出售、交换、强加、挪用或排斥这些仪式和宗教。三四百年前，在巴布亚新几内亚的中部高地开始种植红薯后，整个西部地区的宗教仪式开始变得错综复杂，各地宗教纷纷在原有的基础上加入新的宗教仪式来达到自己的目的。[15]在殖民时期前后的西澳大利亚的金伯利地区，宗教仪式因政治和经济目的发生过改变或交易。[16]在美拉尼西亚，人们常常借助意识变体，例如梦境、通灵和附体等现象，来接纳新知识，启动或管控变革，应对危机、自然灾害和来自现代社会的困境，如殖民主义、基督教和去殖民化。[17]最好的例证便是本地传统和基督教元素在所谓的"船货崇拜"和千年运动中的结合。[18]当欧洲人在17世纪60年代首次造访塔希提岛时，正值岛上的部落酋长之间爆发内战，内乱的起因是岛上有人开始祭祀从邻国赖阿特阿岛传入的战神"奥罗"，新神的到来迫使岛民重新制定更为复杂的酋长等级制度。[19]在整个太平洋岛屿，不管是出于统治阶层的需求，还是民众意愿或者是二者兼有，宗教仪式普遍经历过不少的改革，这些改革也为公元1200年世界性宗教抵达太平洋岛屿提供了本体论框架。

无论是属于等级部落还是平等部落，太平洋岛民认为他们与神、祖先或其他神灵的关系是平等的，甚至是互相依赖的。因此宗教是一种用来检验祭祀仪式是否奏效的世俗工具。不能满足人类愿望的神灵很可能得不到人类的供奉，可能遭到抛弃，也可能被其他神灵取代。因此，古代夏威夷人认为他们所供奉的神灵虽然强大，但也要靠人类的供奉和祈祷才能活下去，否则神也会死亡。[20]感知到神灵的力量是人类崇拜神灵的重要原因之一——这种能力通常被称为"玛纳"。这种认识在当地人改信伊斯兰教和基督教时曾起到关键作用。

13世纪初，伊斯兰教传入苏门答腊（Sumatra），100多年后已经在包括马鲁古群岛在内的印度尼西亚群岛和菲律宾南部的苏禄群岛（the Sulu Islands）广泛传播。[21]然而，关于这些宗教活动的记载少之又少，因此本章重点关注自1511年葡萄牙人到达太平洋迄今的5个世纪。在这段漫长的时期里，基督教和伊斯兰教两大宗教最终在东南亚、拉丁美洲和太平洋岛屿得到广泛传播，其中澳大利亚原住民和北美原住民则更多地信奉基督教。在此过程中，伊斯兰教和基督教均经历了不同程度的本土化。通常认为，20世纪70年代以前，原住民是迫于外界压力而改信外来宗教，有人认为是神的旨意，有人接受了传教士的劝导，也有人服从了地方首领的安排。后来的研究者开始逐渐认识到外界影响和宗教信仰本身发生的变迁的重要性。不可否认，太平洋岛屿的原住民对宗教存在精神层面上的需要，但是他们"皈依新的宗教"往往是多方面的个人或集体原因作用的结果，包括时间、地点、时代背景、地位、个性、策略、社会和生态环境、先前的宗教信仰、宗教情感和新宗教的宇宙观或仪式等因素。

本章将太平洋宗教史分为发端、皈依和本土化三大阶段，各个阶段的时间划分上会有所重叠。前两个阶段分别是1511年至1836年和1788年至1980年，当时宗教与不同形式的殖民存在千丝万缕的联系。第三个阶段指1946年至今，宗教开始与去殖民化和后殖民世界息息相关。交错重叠的日期说明，在太平洋的不同地域，宗教演变与殖民主义和去殖民化的进程不完全同步。这种划分原则在承认人类历史活动无序性的前提下，避免了孤立的阶段划分，旨在突出人类历史活动轨迹中的重叠和过渡时期。[22]笔者分别列举4个历史片段来突出每个阶段的特点。每一阶段的宗教创新都与以下因素息息相关：先前的信仰和仪式，本地和外来宗教中间人的参与；传教士与当地首领阶层的影响；新宗教的广泛接纳。第三阶段中又受政治和习俗因素的影响。

第一阶段：1511 年至 1836 年

在第一阶段，宗教传播和欧洲殖民活动仅限于太平洋西部和东部海岸。1650 年以前，在马鲁古群岛和菲律宾沿海地区，人们广泛信奉伊斯兰教和天主教。当时的葡萄牙、西班牙和荷兰称霸太平洋，太平洋原住民对外来宗教的态度有接纳，有变化，也有排斥。其间，这些海洋霸权无意控制当地宗教，而是企图通过贸易、军事优势和签署地方条约来垄断贸易。三大列强之中，只有驻菲律宾的西班牙人在 19 世纪之前就在当地积极进行传教活动。欧洲人与当地酋长阶层结成政治联盟，一些酋长想利用伊斯兰教或基督教来对抗敌人或外来入侵者，另一些酋长则借此对异教徒发动圣战。[23] 在墨西哥和秘鲁的殖民地，包括 1668 年后的关岛（Guam 或 Marianas），西班牙天主教徒在遭遇战败、流行病和死亡等天灾人祸的原住民中进行传教活动。[24] 1769 年至 1830 年，西加利福尼亚州人口锐减，西班牙传教士开始在军事庇护下进行传教活动。[25] 即使在危难的条件下，并没有人强迫当地人信奉基督教，当地人通常会根据自己的需求来接受，拒绝或改良新的宗教。1774 年至 1775 年，有来自秘鲁的方济会修士到塔希提岛传教，但并未成功。[26]

片段一：马鲁古群岛和菲律宾

16 世纪和 17 世纪，伊斯兰教和天主教改革反对派在马鲁古群岛和菲律宾进行传教活动，双方在当地既有进展，同时也遭到抵制。葡萄牙药材商托姆·皮雷斯(Tomé Pires)于1513年访问苏门答腊和爪哇后曾向当时的葡萄牙国王呈上了一份详尽的报告,记述了他在这些岛屿的所见所闻,主要来自当地的摩尔人(当地伊斯兰教徒)的口述。"摩尔人"是在16世纪欧洲词典中的一个关键词,标志着几个世纪以来伊斯兰教在伊比利亚和地中海政治、经济和宗教领域的重要地位。这个词语在皮埃尔斯和威尼斯人安东尼奥·皮卡菲塔(Venetian Antonio Pigafetta)记述麦哲伦在1519年至1522年远航的著作中出现频率相当高。[27]宗教在当代欧洲世界观中占有核心地位,这在欧洲人对马鲁古群岛和菲律宾原住民的描述中可见一斑。他们将当地人划分成摩尔人和"外邦人"(异教徒,偶像崇拜者,包括印度教徒)。葡萄牙人积极从事传教活动名义上是为了扩张葡萄牙势力,实际上是以效忠上帝和国王为名企图取代摩尔人并掠夺财富。在葡萄牙编年史中关于马鲁古著名的香料岛(Spice Islands)的记述中,很难找到任何当地传教活动或当地人皈依的记载。[28]葡萄牙船长安东尼奥·加尔沃(Antonio Galvão)在1536年至1539年间曾居留马鲁古,他自称"莫可卡斯的使徒",曾经写过一部关于在伊比利亚海外寻宝和征服当地人的英雄传奇式传记和一篇关于马鲁古的论述。然而,他的文字中却只字未提基督教传福音活动。[29]

根据皮雷斯和皮卡菲塔的记载,如果伊斯兰教没有对苏禄群岛北部发动大规模侵略,那么即使到了16世纪初期,马鲁古群岛也只是小小一个伊斯兰和非伊斯兰酋长国的联合体。两位作者都记载道:"摩尔人于50年前抵达马鲁古。"据皮雷斯的记述,尽管当时的国王是摩尔人,但国王并未过多干预"宗教事务",当时的许多百姓尽管是伊斯兰教徒,但并没有受割礼,总体而言,摩尔人口很少,异教徒占当地总人口的3/4以上。皮卡菲塔举例说明了后来在印度尼西亚的常见定居模式,即"摩尔人靠海而居,异教徒则定居内陆",并表示"对西班牙人来说,说服摩尔人改信基督教往往比说服异教徒更难"。[30]

皮雷斯通过访问当地人得知,"吕宋群岛"(Islands of the Luzons)的居民,即后来在1543年被西班牙人称为菲律宾人的居民,他们受当地的"长老群体"的统治。[31]根据皮卡菲塔的记载,麦哲伦在1521年沿印度尼西亚群岛东南部一路航行至"香料群岛",他将沿途遇到的所有原住民部落称为异教徒,并发现这些原住民部落均有自己的国王或酋长。[32]在宿务岛(the island of Cebu)逗留的三个星期内,麦哲伦组织了一次大规模基督教受洗仪式。麦哲伦一面利用征服者的强权,一面使用恐吓、哄骗和基督教的教诲,劝服当地原住民族长主动接受洗礼。族长、族长的妻子以及800多名当地原住民,包括一个外来经商的摩尔人(担任翻译),都在同一天内接受洗礼。显然,当地原住民愿意改信基督教是相信了麦哲伦的承诺,即信奉基督教可以助他们的族长击败敌人,同时麦哲伦也威胁说,不服从"已经皈依的族长"的其他部落酋长将被处死。当麦克坦岛附近的一名酋长拒绝皈依时,麦哲伦亲自带领了一队武装人马前去教训这位酋长,不料这位酋长和他的族人勇猛善战,麦哲伦

第八章 宗　教

一行损失惨重，他本人和 8 名同伴被杀，同行多人受伤。显然，这场败仗给麦哲伦口中描述的"无所不能的上帝的力量"抹了黑。几天后，宿务新继位的"基督教国王"在引诱 20 多名欧洲人上岸后，杀害了其中的大半人数。[33]这些活动一方面显示了欧洲在伊比利亚拓殖的野心和武力强权，另一方面也说明原住民部落的本土宗教具有实用性，为达到与外部世界的交流目的可以接受改变。

1512 年之后的 150 年间，马鲁古群岛的政治、经济、政权和宗教局势动荡不安，面对觊觎香料的葡萄牙、西班牙等帝国列强，各个岛屿只好不断改变策略，与这些外来者时而结盟，时而对抗。在此期间，伊斯兰教和基督教相继在当地收获了越来越多的信徒。例如，相邻的特尔纳特岛（Ternate）和蒂多雷岛（Tidore）通过结盟共同利用、控制或抵御贪婪暴力的葡萄牙人和随之而来的天主教传教团体。1512 年，特尔纳特岛苏丹请几名因船只失事流落当地的葡萄牙人协助他对抗邻国蒂多雷岛。1522 年，蒂多雷岛的苏丹与来自西班牙的麦哲伦探险队的残余队员结盟。为抵御西班牙人的进攻，葡萄牙人帮助特尔纳特建立了一个堡垒。[34] 1575 年，当地葡萄牙人因为杀死了特尔纳特苏丹而彻底激怒了苏丹的继位者，他们被彻底驱逐出特尔纳特岛。在接下来的 30 年内，特尔纳特岛积极扩张领土，信奉伊斯兰教，并始终与葡萄牙敌对。然而，蒂多雷岛苏丹并没有选择用支持伊斯兰教的方式来惩罚背信弃义的葡萄牙人，他允许葡萄牙人在他们占领的岛上建立军事堡垒，直到 1605 年，特

231

尔纳特人才与荷兰东印度公司（VOC）联手将这些葡萄牙人驱逐出境。在经济和政治利益的共同驱使下，荷兰东印度公司强烈反对天主教，但对伊斯兰教保持中立。两个世纪以来，荷兰东印度公司是在东印度群岛的主要殖民统治者。他们规定，新教传教活动只能在马鲁古群岛的非伊斯兰教徒或前天主教徒中进行。[35]很快，西班牙人取代了葡萄牙人在马鲁古的地位，17世纪60年代前，他们始终与蒂多雷岛联手对抗荷兰人支持的特尔纳特苏丹，但他们却保留了原来葡萄牙人在菲律宾的大部分传教成果。

无论是印度尼西亚民间历史还是正史都将伊斯兰教视为由专制统治者煽动的自上而下的宗教，当地统治阶级中如有人信奉基督教，要么是凤毛麟角，要么是传教士在王公贵族中大力传教的结果。这方面的记载较少，也与当时伊斯兰教大行其道有关。[36]葡萄牙人的贪婪和残暴使得他们带来的基督教在特尔纳特和蒂多雷的统治阶层中不受欢迎。[37]然而，从15世纪20年代起，在马鲁古群岛以外的其他地区，特别是在安汶（Ambon），大批的原住居民宣称信奉基督教。布雷特·贝克（Brett Baker）在最近发表的博士论文提供了确凿的证据。他认为，当地原住居民自发参与传教活动，愿意改信基督教是出于不同习俗和个人原因，有时也为了对抗统治者。包括弗朗西斯·泽维尔（Francis Xavier）在内的一些耶稣会传教士来此传教并不是协助当地上层社会政变，他们对于当地基督教化进程而言也只能说起到"推波助澜"的作用。[38]继葡萄牙在1605年战败后，耶稣会

第八章　宗　教

传教士被驱逐出伊斯兰教徒或荷兰人控制的领土。马鲁古的天主教团体或被解散，或被摧毁，或改信新教，最终这些信徒忘记了他们的祖先曾经是天主教信徒。

自从1565年第一批西班牙殖民者到达菲律宾后的一个世纪里，除苏禄（Sulu）和棉兰老岛（Mindanao）以外的几乎所有菲律宾低地地区经历了天主教化历程，这种转变与拉丁美洲或马鲁古的宗教模式截然不同。尽管基督教对南方的伊斯兰教徒的影响不大，但在吕宋岛（Luzon）和米沙鄢群岛（Visayas）的影响力却超越了伊斯兰教。西班牙因暴力征服美洲新大陆而受到广泛谴责，为了避免重蹈覆辙，他们在菲律宾殖民过程中用传教士的教诲来代替征服者的铁腕。他们在流动人口中传教，长期与外界接触，因此对一些美洲本地常见疾病具有一定的免疫力。当地人从麦哲伦的大量宗教宣扬中得知，有一种新宗教比自己原来信奉的宗教仪式更有用，上帝远比自己原来信奉的喜怒无常的祖先和神灵更强大。[39]菲律宾的天主教史学以1770年为界划分了两个时代。它首先歌颂了1770年前200年基督教的蓬勃发展阶段，并认为这是一段真正传扬天主教的黄金时期。[40]1770年后基督教的良好发展势头则迅速衰落，最后本地宗教变成"多教共存"的局面。由于长期缺少神职人员，无人引领新教徒入教，使得天主教传统混杂了一些前西班牙习俗。[41]一些反对欧洲中心论的研究者试图弥合这两个时代之间的断层。他们认为，宗教皈依是基于以下前提，即这种新宗教及其仪式能够满足当下人们的物质和精神需要，同时也能融合与当地人

233

的信仰和习俗。[42]

第二阶段：1788 年至 1980 年

这里所说的第二阶段跨越了 18 世纪和 20 世纪的前 3/4，此时帝国在太平洋的争霸竞赛已进入白热化阶段，太平洋周边的殖民扩张日渐加强，太平洋中部和南部沿海已经与世界性宗教和地缘政治产生了密切的关系。[43]1788 年至 1836 年间，澳大利亚原住民定居的东部、南部和西南部已经沦为殖民地，余下的偏远地区也在接下来的一个世纪里完成拓殖。基督教传教初期进展缓慢，此后发展不均衡，基本靠高压政策强迫原住民接受。有人认为，基督教和原住民宗教如隔鸿沟，让原住民改信基督教无异于"天方夜谭"，除非"彻底摧毁这些原住民的伦理观或信仰"。[44]然而，最新研究显示，原住民也会主动接触传教士。尽管彼此之间存在着诸多误解和敌视，但许多澳大利亚原住民主动选择成为基督徒。

在绝大部分太平洋岛屿，新西兰和新几内亚的一些沿海地区，新教徒或天主教传教士均在拓殖前进行过传教活动，但是对于坚定独立的当地人效果甚微。为避免恶意竞争，各个新教派别达成互让协议，即由原住民自主选择是改信某一个派别的新教还是改信天主教。很快，大多数岛民选择改信基督教，理由是他们的族长已经改信基督，或者认为基督教的神和祷告比自己原来信奉的祖先或其他神灵更灵验。19 世纪四五十年代，新西兰、东波利尼西亚和新喀里多尼亚先后沦为欧洲殖民地，

第八章 宗教

1874年斐济也沦为殖民地。1884年至1906年间,新几内亚和大多数独立的岛屿相继遭到欧洲列强的瓜分。在新几内亚的大部分地区,欧洲人先对其实行安抚,随之而来的则是传教活动,之后正式开启殖民统治。整个殖民过程在几十年内迅速完成,而教派之间从一开始就分歧不断。新的福音派、五旬节组织与主流派别之间勾心斗角,乱象丛生。

当地传教士对殖民当局的权威不置可否,但是他们通常会选择维护本国殖民者的统治。一方面,他们试图保护自己的会众不受其他非传教士或官员的迫害;另一方面,他们习惯在思想上同化他人,有时候他们会惩罚和剥削当地人。出于传教和消除异教的宗教目标,他们总是贬低"异教徒"。然而,交流和翻译《圣经》的需要又迫使这些传教士和原住民合作,共同编写词典、语法和翻译等书籍。许多传教士对人类学做出过重要贡献,他们关注研究当地的民族宗教学,以求把基督教的理念作为一种容易接受的信仰和仪式传播给当地人。

细读当时传教士留下的文本,我们发现,有证据显示原住民曾主动参与基督教活动,尽管这些证据尚不确凿。根据有些说法,原住民具有种族主义倾向,例如,1815年在塔希提岛,波利尼西亚上层社会强制当地人大规模皈依基督教。美拉尼西亚的原始部落不愿接受,甚至采用武力抵制。最具代表性的事件是1839年伦敦传教会(LMS)的传教士约翰·威廉姆斯(John Williams)在瓦努阿图南部遭当地人杀害[45]。人们经常会把19世纪的欧洲传教士想象成一个勤恳而古板的欧洲男子。然而,事实并非如此。男性传教士这个职业本身跨越了广泛的社会学和神学背景，每个传教士的性格、态度和方法不尽相同。可以说，他们在太平洋岛屿的宗教活动带来的成果是双重的，甚至超越了宗教意义。这些岛上的传道员、牧师和神父在自己的教区或别处传教的同时，也将本国的文化知识借由《圣经》的翻译传播给岛民。尽管生活在男权阴影之下，当时的女性也做出了重要贡献。这些女性包括传教士的妻子或姐妹以及岛民和女性会众，她们最早说服了当地人改信基督教，协助建立教堂，在太平洋和新几内亚组织当地人受洗。

片段二：塔希提岛

这段历史属于19世纪基督教各个派别开始抢占未被拓殖的太平洋岛屿的两次高潮之一。这次高潮始于1797年，当时来自伦敦传教会的福音派传教士首先抵达塔希提，结束于1821年当时岛上第一个信奉基督教的族长离世。[46] 15年来，这些"虔诚的神职人员"在教化当地人方面效果甚微，只能依靠昙花一现的波马雷王朝才得以生存，岛上动荡不安的政治局势也曾经迫使他们放弃过神职。17世纪70年代以来，塔希提统治者阿里·杜（ariʻi Tu），即后来的波马雷一世以及他的儿子波马雷二世，为争夺塔希提岛和附近的莫雷阿（Moʻorea）而常年征战。他们建立的新式军火库传统和现代元素兼备，他们巧妙利用血统和联姻获取利益，不时发动残酷的战争，并极力拉拢来访的欧洲人，利用他们的坚船利炮来助自己一臂之力。到1804年，

第八章 宗 教

波马雷二世已经掌握了塔希提真正统治权。此时，强大的塔希提统治者需要有力的精神支撑。传教士约翰·戴维斯（John Davies）感叹道："当时的国家宗教，民众的生计，统治者的权威，已经息息相关，人人都认为这三者不可分割。"大约 1810 年以前，波马雷二世一直祭祀战神奥罗，他相信祭祀越虔诚，战神越能护佑他至高无上的权威。1808 年，有国王的反对者揭竿而起，反对国王的专制、贪婪和残忍的活人祭祀。冲突中，波马雷的亲信和奥罗神的先知纷纷倒戈，这大大鼓舞了反对派，而波马雷的支持者大受打击，双方都认为这样的局面是"天意而非人为"。到 1809 年，眼看起义者即将大功告成，传教士们纷纷逃到莫雷阿岛，并且准备完全放弃塔希提。他们写信警告波马雷说，"塔希提遭受的叛乱、死亡、战争和破坏，证明了'上帝的不满和愤怒'"。这个声明无疑与信奉福音派的塔希提人不谋而合。放在几年前，这份声明可能会招来对基督教宣传者的武力报复，而现在却加深了当地人对奥罗神的怀疑。[47]

戴维斯记载了接下来塔希提传教的辉煌成果。到 1811 年年底，尽管波马雷和他的主要盟军不停地祷告和祭祀奥罗神，在平叛中他们依然节节败退，老王后的孩子也不幸夭折，波马雷一方也开始对奥罗神深感"失望和怨恨"。1812 年 7 月，波马雷公开宣布他已放弃信奉虚假而愚蠢的神灵，他将奉"耶和华"为真神。1815 年 11 月，改信基督教的波马雷和他的盟友在与信奉奥罗神的敌军交锋中大获全胜，毫无疑问，这次大捷证明了耶和华的万能。波马雷二世对他的俘虏，包括那些曾许诺过让他攻无不克的奥罗先知们都表现出前所未有的"宽宏大量",这更让新入教的基督徒相信,他们信奉的新宗教是"温和、善良和宽容"的。但是这位国王对过去自己信奉的宗教可没那么宽容,他下令捣毁奥罗神庙、祭坛、仪式用具以及包括奥罗在内的所有神像。他把王宫里供奉过的奥罗神像交给传教士,让他们作为战利品带回伦敦。几个星期内,基督教俨然已成了塔希提的"国教"。[48]

可是没多久,传教士不安地发现,新宗教已经成了波马雷二世收买人心的新伎俩。作为公理会信徒者,他们憎恶国王的专制,这个国王虽然暴政有所收敛,但是贪婪程度与过去信奉奥罗神时相比简直是有过之而无不及。[49]多年以后,一位言辞犀利的老传教士说,波马雷信奉上帝不过是为了巩固他的统治,这位传教士还详细列举了这个国王人尽皆知的丑行:酗酒、同性恋和暴政。[50]传教士们皆称他唯信仰论者,这种人相信只要专心信奉耶稣基督,就可以得到上帝的救赎,而国王自己经常表示他深受唯信仰论的影响。[51]在波马雷看来,宗教与政府的联合是他的专利。1819年5月,他在受洗后立即公开颁布了第一套《塔希提法典》。这部法典打着"为基督教国家谋福祉"的旗号,并由传教士和国王共同商议制定,然而,波马雷后来完全无视这一初衷,唯法律为自己所用。[52]

根据戴维斯对塔希提基督教进程的记载,波利尼西亚人服从族长号令大规模皈依基督教的说法是属实的,可以说这时原住民皈依基督教是一种常见途径。而戴维斯对1812年至1815

年这段关键时期的记述提供了更多细节。据他描述，早在1807年，数百名塔希提年轻人已经开始学习由传教士编写的教义问答书籍（书中未说明由何人执教），有些人开始学习拼写、阅读和用母语写作。波马雷二世通晓塔希提文字，但对宗教书籍却敬而远之。[53]到了1812年，戴维斯在莫雷阿岛创办了学校，教授他的仆人"在沙地上写字"。几个月后，他观察到，这些人不那么迷信原来崇拜的神灵了，并对供奉祭祀这些神灵是否灵验产生怀疑。1813年6月，一群当地人第一次自发进行主日礼拜，同时，从塔希提岛传来消息，尽管那里没有传教士，一群年轻人决定废除他们原来信奉的神灵和仪式，开始守安息日，信奉耶和华，但是他们的行为遭到"鄙视和惩罚"。同年7月，传教士记载了莫雷阿岛的31个"公开信奉耶和华者"的姓名，他们的学校很快向所有愿意放弃崇拜过去神灵的人敞开大门。谨慎起见（一些评论家认为这是出于畏惧），他们决定在国王还未受洗前不给任何人施洗。到1814年4月，有80多名当地人就读教会学校，其中大多数是成年人，后来有50多人成为现在所说的"祷告派"。祷告派的人数在塔希提岛迅速增加。同年10月，塔希提举行了第一个基督教婚礼，波马雷在1815年1月也加入祷告派行列中。据当时的传教士预计，当时整个塔希提已经有500至600人放弃了原来的偶像崇拜，其中包括大多数部落酋长。某个地方的祭司甚至宣布他决定放弃旧宗教改信新宗教。他甚至焚毁了他以前信奉的"神像"。当时岛上疾病和死亡横行，加深了当地人对"地狱之火"的恐惧，这也成了他们加入祷告派的最主要原因。[54]

其实早在波马雷大胜敌军和后来的大规模皈依基督教前，民众就对基督教产生了与日俱增的、由衷的热情。这也侧面说明这样的皈依是有本体论基础的，同时说明波利尼西亚人改信基督教并非只是为了对付统治者的暴政。由此可见，塔希提岛至今依然有众多虔诚的基督徒，这与基督教在塔希提的悠久历史是密不可分的。

片段三：美拉尼西亚岛

这段插曲是笔者对基督教在"西波利尼西亚"（美拉尼西亚）传播历史的研究概述。[55]笔者的研究对美拉尼西亚群岛不欢迎外来传教士及其宗教的这一普遍认识提出了疑问，并试图证明了整个太平洋地区的宗教本体论并不排斥接触其他外来宗教。现代基督教传入美拉尼西亚群岛相对较晚。1839年，伦敦传教会的殉道者威廉姆斯来到这里，之后，在几个包括坦纳岛和瓦努阿图南部的阿内蒂乌姆（Aneityum）的几个岛屿上都留下了数名波利尼西亚的传道士和继任者的足迹。这些岛屿原住民对基督教的反应大相径庭。笔者认为，这些岛民对宗教仪式与神明的关系抱有与外界不同的想法，这也部分造成了他们在面对新宗教及其传播者时截然不同的态度和行为。另外，新疾病的蔓延和传教方式的不同扩大了这种差异。1848年，长老会的传教士定居阿内蒂乌姆岛，到19世纪50年代中期，可以说大部分本地人口已经皈依基督

第八章 宗 教

教。[56]相比之下，1840年至1865年，多次有欧洲或岛内传教士前往坦纳岛传教，均以失败告终。他们遭到武力反对，岛民表示他们将坚持用"自己的方式"信奉神灵。[57]在坦纳岛的宇宙观里，神明不会监督人的道德行为，只有人类通过祭祀请出神明的时候，这些神明才会干预人间纠纷。因此，坦纳岛民认为只有通灵者或巫师施展巫术才能让人生病，一旦巫术停止，病也自然会痊愈。岛上一旦有人生病或死亡，岛民会认为是某个巫师作祟并对其暴力相向。[58]在阿内蒂乌姆岛，人们认为神明会监督人类道德行为并随时干预人类世界。尽管阿内蒂乌姆岛也有巫术，但是岛民不像坦纳岛人那样用巫术来迫使神明显灵，他们用祈祷、献祭和交易的方式来与神明交流。阿内蒂乌姆岛人认为，患病原因是被"自私和邪恶"的神明附体，可能因为病人触犯了这些神明，也可能因为巫师施展巫术使这些神灵在病者身上附体。[59]

在坦纳岛，人们相信某些巫师可以与他们用巫术召唤的神灵一样平起平坐，同时他们把传教士当成巫师的敌人。因为大多数福音派基督徒认为，人之所以遭受病痛之苦皆是天意。当岛上传染病肆虐时，传教士们反复强调这是上帝在惩罚他们犯下的罪孽。他们认为"传教士和传道者用法术招来疾病这种说法纯属迷信"，是无稽之谈。[60]然而，在坦纳岛人看来，人们生病是因为基督徒的"神"授意传教士报复当地人。相比之下，在阿内蒂乌姆岛，人们相信"通灵者"只是神明的仆人[61]，人间的疾苦是在神明之间的竞争造成的。在阿

241

内蒂乌姆岛，传教士没有用下地狱来威胁当地人，而是不断强调基督教能给人带来救赎，这在当时并不多见。传教士们觉得毫不留情地攻击岛民的"偶像崇拜和巫术"可能不是明智之举。[62] 最开始，阿内蒂乌姆岛岛民也相信是基督教的上帝带来了"暴病和死亡"。1851年，当地发生流感，大批反对基督教的岛民因病死亡，但是大多数基督徒却平安无事。虽然很多岛民和传教士都认为这是他们服药的缘故，但是此事却减少了很多反对基督教的声音。[63] 这一事件提高了上帝和传教士在阿内蒂乌姆岛岛民中的声望，但依然未能转变坦纳岛人对于疾病原因的看法。

1860年至1861年，麻疹和痢疾在坦纳岛与阿内蒂乌姆岛肆虐，两岛岛民对疾病的不同认识和对传教的不同看法可见一斑。阿内蒂乌姆岛岛民将这一灾难看成"罪恶的后果，上帝对岛民的判决"，因为最近一名当地人纵火烧毁了当地教堂，对此他们表现出悔过和"对上帝加倍的虔诚"。岛民的态度可见他们接受过基督教教义的讲解，因为这里的传教士将他们的痛苦解读为"审判而不是惩罚"。[64] 坦纳岛岛民则不这么想，他们坚信不是耶和华带来了灾难，就是当地的巫师们为御敌而焦虑分心所致。有些岛民对传教士避之不及；有些岛民故意干扰基督徒的弥撒以防止他们与耶和华交流；有些岛民则干脆武力相逼。1862年初，愈演愈烈的紧张局面迫使欧洲传教士再次放弃坦纳岛的阵地。[65]

上述事例说明，原住民的宗教观基于对神明介入人间事

第八章 宗　教

物的不同理解之上。基督教认为，上帝是无所不能的，超越人的理解能力的，只有正确的祷告仪式才能平息上帝的怒火。这与阿内蒂乌姆岛岛民对神的理解不谋而合，却与坦纳岛岛民的理解相去甚远，这就使基督教的思想和仪式在阿内蒂乌姆岛岛民中更容易被接纳吸收。[66]岛民看来，他们原来崇拜的神明喜怒无常，动辄降灾报复，而一个"无所不能"和"善良"的神对他们充满了吸引力，因为这样的神对人的所作所为的回应似乎更容易预料，也更加可靠。[67]他们相信人的行为上帝可知，但是只有有罪的行为会受到上帝的惩罚。20多年来，坦纳岛则表现出一个明显的趋势，岛民在平安无事的时候也会需要教师或传教士，而一旦发生疾病或自然灾害时，他们会指责是这些传教士的巫术作祟。坦纳岛岛民认为，神明在人间的通灵者威力很大，只要他掌握一定的祭祀方法，就可以召唤神明来帮助某个岛民或全岛人，甚至可以帮助他们击退敌人。他们相信在与基督教和现代文明交锋中，神明让他们占了上风，因此不论是外来的传教士也好，殖民国家还是邻国也好，他们一律采取对抗的态度。[68]

不同背景下，太平洋岛民对外来传教士的言行的态度千差万别，这些变化过程引发了诸多解释，有人轻易给这些地区贴上了种族主义的标签，除了"传教成功"或者"波利尼西亚人集体皈依"，就是"传教失败""美拉尼西亚野蛮未开化"。这种二分法显然过于肤浅，有失公允。在太平洋各岛上，原住民的核心宗教思想和仪式决定了他们对外国宗教的接纳程度。新的宗教观念和做法，如同其他新生事物一样，得到的接纳是不均衡的，这不仅体现在"皈依"上，而且体现在与外国宗教及其传播者的接触中。然而，在整个太平洋地区，既有祖先崇拜和本土宗教信徒，也有虔诚的伊斯兰教徒和基督徒，这种现象相当广泛，这也说明了太平洋岛屿上的"皈依"具有本土化特点，伊斯兰教或基督教在这里有作为本土宗教信奉的历史。

第三阶段：1946年至今

这是笔者划分的最后一个阶段。其间，菲律宾（1946年），印度尼西亚（1949年）以及大多数太平洋岛屿国家（1962年至1980年）和东帝汶（1999年至2002年）纷纷独立。这时的大多数新教徒传教组织已经成为当地的教会。然而，殖民主义并没有完全结束。在以基督教为主的巴布亚岛上，还存在一个以伊斯兰教为主的国家——印度尼西亚。法国仍然不肯放弃在波利尼西亚和新喀里多尼亚的殖民地，只是给予他们一定的自治权。1959年，白人为主的夏威夷正式成为美国的一个州，美国同时在美属萨摩亚和大部分密克罗尼西亚群岛拥有自治领土。此外，虽然美国（1776年）和秘鲁（1821年）宣布独立，加拿大联邦（1867年）、澳大利亚联邦（1901年）宣布成立，新西兰（1907年）成为自治领，对于被主流社会包围的当地原住民人口来说，真正的独立自主还未实现，他们仍然是弱势群体，仍然被视为生活在多元民族国

第八章　宗　教

家的信奉基督教的少数民族。

不管在认识论层面还是社会角度和政治层面，宗教对于整个太平洋岛屿的原住民都是至关重要的。[69]而在非原住民社会，特别是在澳大利亚、新西兰、加拿大和美国的主流社会，宗教信仰相当庞杂。斐济人口多为印度人，他们是外来契约劳工的后裔。这个从前的被殖民国家现在某种程度上已经摆脱殖民统治。国内的印度教信徒、伊斯兰教信徒和无神论者人数分布得相当不均。整个太平洋岛屿的宗教以基督徒和伊斯兰教徒居多，愈演愈烈的原教旨主义加剧了原本严重的宗教和政治紧张局势。虽然主流教派信奉普世教会主义，并对原住民习俗相对宽容，但日渐增多的福音派和五旬节派排他性很强，坚决反对地方习俗，而且具有政治化倾向。[70]在印度尼西亚，拥护多元伊斯兰教的传统主义者和主张摒弃当地习俗以净化宗教的伊斯兰教改革派之间存在尖锐的分歧。在马鲁古群岛，伊斯兰教和新教派宗派主义者卷入了当地的政治斗争，帮派战争和精英对抗，最终导致了1999年至2004年的流血冲突。[71]

在后殖民时代的太平洋岛屿，伊斯兰教和基督教既不是外来宗教，也不是被强加的信仰，更不是孤立存在的领域，而是一种本土化的日常精神生活，是一种带有明显地方特色的重要仪式。大多数人相信祷告有用，他们经常会为了个人的愿望、集体的目的，甚至国家的利益去祷告。这些心愿包括缅怀先人，驱除巫魅，治疗本土或外来的疾病，终止本土

245

暴力纠纷，结束长期的殖民者暴行，获得救赎、保护、友谊、财富，步入现代社会和全球化，重建原住民的身份意识，惩罚恶人等。这些祷告信徒不举行公开集会，不参与当地议会或者本地集会，显得非常低调，但他们发挥的作用并不亚于那些与上帝每时每刻频繁交流的信徒。下面事例说明了在太平洋岛屿公众可以利用基督教达到惩罚的目的，就是典型例证。许多巴布亚新几内亚人认为1997年巴布亚新几内亚大选事件便是基督徒祷告派运动的结果，他们为"忏悔和选出敬畏上帝的政府"发起全国性的祷告运动，被称为"屈膝祷告运动"(Brukim Skru)。[72]

片段四：太平洋的基督教

基督教对于太平洋岛国的独立历程具有重大的思想和现实意义。由于殖民政权留下了很多教会学校，20世纪50年代以来，大部分新独立国家的领导人都是基督徒，有的是牧师或神父。基督教与本地习俗通常同时载入国家宪法。萨摩亚的宪法就是"基督教教理与萨摩亚习俗和传统"结合的结果。巴布亚新几内亚宪法则声称以"我们的崇高传统和属于我们的基督教原则"为准。所罗门群岛的宪法在"上帝的指引下"载入了"祖先的智慧和珍贵的传统"。瓦努阿图要求奉行"传统的美拉尼西亚价值观，对上帝的信仰和基督教理念"。在这些国家的宪法中，"传统"和"习俗"本身已经反映了基督徒的价值观，因为这些本地传统风俗早被主流基督教接纳。

然而，习俗和基督教同时成为立国之本的概念是相对模糊的。这些习俗是经过抽象和净化处理的，经过各种各样的地方性法规修正，基督教教士和教会以最大的包容性对某些习俗进行了改良，有些习俗干脆被摒弃。基督教本身强烈排斥民族信仰，它强调宗教生活只限于团体和信徒内。另一方面，它又超越殖民地国家和民族疆界，将岛民纳入一个跨越国界的宗教集体中。

一些研究巴布亚新几内亚的基督教神学人种学的学者强调了基督教在巴布亚新几内亚产生了的全球和地方的双重影响。巴布亚新几内亚尚未摆脱殖民主义的残余影响和现代社会的种种矛盾，人民面对政府的腐败无能以及新千年带来的威胁和希望，显得彷徨无助。这时，居住在偏远地区的一支巴新高地部族——乌拉普米安人，开始信奉一种基本已被本土化的灵恩派基督教，但是他们属于新世纪的全球的基督教范畴。人类学家乔尔·罗宾斯（Joel Robbins）认为，他们作为巴布亚新几内亚的公民，身上兼具"强烈"的民族认同感和自我意识，他们对"黑暗"的祖国满怀失望，但是坚信他们的基督徒身份必定使他们与"一个比国家更强大的白人跨国社群联系起来"。[73]

除了意识形态上的影响，基督教对于太平洋岛屿还有另外一层重要意义，即教会长期以来在教育、卫生和慈善方面做出了巨大贡献。此外，教会在布干维尔岛（Bougainville）（1988年至1997年）和所罗门群岛（1998年至2003年）爆发内乱时担任了一支化解和调停冲突的主要力量。在布干维尔岛，基督教妇女组织深入丛林，寻找失散的布干维尔革命军儿童队员。在所罗门群岛，基督教协会为维和作出不懈努力。美拉尼西亚兄弟会的成员，即英国圣公会的年轻男福音派信徒，在交战双方之间进行调停工作，援助战争受害者，强烈呼吁和平。其间有7人遭叛军头目绑架杀害。所罗门群岛的基督教妇女同心协力减轻冲突造成的大规模伤亡，呼吁和平。冲突双方均有妇女挺身而出，她们冒着批评，甚至武装分子的恐吓或暴力，跨越种族、宗教、年龄、阶级和政治分歧自愿加入基督教的和平妇女组织，为争取和平携手工作。

很难解释为何教会总能率先起到发挥化解冲突的作用，但是，据一些巴新高地的当地人士所说，教会和信徒能提出有效的策略制止即将发生的地方冲突。当地自发的千年三位一体（Holy Trinity）运动调动了独立的民间天主教力量来阻止所有部落混战，最终保持了稳定，迎来了和平。[74]基督复临安息日会教会近年发展迅速，原因是很多酗酒者发现皈依该教派"使他们能勇敢面对来自其他酗酒者的压力"。复临教会禁止信徒饮酒，因为酗酒不仅加重了个人和家庭的经济负担，也造成了严重的社会问题，包括性侵、家庭暴力、犯罪活动和部落冲突。[75]戒酒将大大造福于社会，家庭和个人。

第八章 宗 教

结论

本章以原住民宗教传播和宗教本土化为线索，探讨了太平洋岛屿面对外来宗教采取的不同立场和态度，包括大多数人口皈依基督教或伊斯兰教的历程以及世界宗教本土化的过程。宗教代理和本土化的思想削弱了欧洲人和其他外来者的影响，也打破了宗教皈依是外界无情强加给单纯无助的原住民这一偏见。这种视角也具有普遍的道德和理论意义。本章反驳了一种常见的假设，即"地方的必然被全球的吞并或掌控"，同时对将基督教作为评价其他人类精神生活方式的客观依据的说法提出疑问。通过探索世俗宗教经验中神圣和世俗的关系，本章认为现代意识形态将"宗教"与"社会""政治"和"经济"作为并列的独立领域有失妥当。

第九章
法　律

莉萨·福特

　　太平洋沿岸分布着多个民族，人口众多，它们各自形成了自己的法律条文。北美原住民、太平洋岛民和印度尼西亚群岛的岛民均有复杂的法治制度，用于管理居民，限制近海资源的使用。然而，人们很难想象会有横跨大洋的法律制度存在。以海洋为生的波利尼西亚人熟悉茫茫大海中的贸易路线和规则，他们依靠的是大海中无形的标记，邻近岛屿的方位，甚至是遥远的大陆边缘。[1]古代中国的朝贡国众多，远至包括海洋在内的世界各地，但是中国对太平洋的管辖仅限于日本以西的广阔海域。[2]对于印度洋沿岸的国家来说，海洋是他们联结贸易港口的"纽带"或自由空间，而对于大多数太平洋人民来说，海洋有边界可言，整个大洋内部被划分成交错重叠的小水域或渔场。[3]因此，大陆海岸线和群岛的地理方位，沿海居民产生的大量政治、文化和物质产物不同程度地决定了太平洋法律史的错综复杂。[4]

　　为了保证整个太平洋地区的法律史的连贯性，本章避开了这些丰富的区域法律史。本章重点关注自《萨拉戈萨条约》

第九章 法律

(Treaty of Saragossa)(1529年)签署到现代国际法确立之间太平洋经历的跨海洋法律制度,并回顾欧洲在探索太平洋过程中如何形成了争夺和管控海外领土与海洋的不同理念。如本书作者之一戴曼·萨勒丝所说,这种视角可能有抬高西方法律地位之嫌。但是,这种视角也坦然承认,在某种程度上,正是横渡太平洋的第一批航海者带来的帝国法律将太平洋地区结成一个实体。[5]然而,帝国并不是跨太平洋法律的唯一缔造者。本章末尾将特别强调两个互相矛盾的法律诉求:第一,新太平洋国家一致发出领土主权的诉求;第二,这些国家呼吁通过国际立法来保护地球上这片最大的海洋,即使上涨的海面正在侵蚀它们的领土。

太平洋的早期占领

1513年,太平洋上出现了看来也许颇为滑稽的一幕,西班牙航海者瓦斯科·努涅斯·德·巴尔沃亚从加勒比海横渡巴拿马地峡后,他将一面西班牙国旗插入波涛汹涌的太平洋海水中,并宣布"这里的海洋、陆地、海岸和岛屿,及其周边的一切属于卡斯提尔和阿拉贡国王"。[6]几年后,费迪南德·麦哲伦经由印度洋横渡太平洋,他煞有介事地宣布这群岛屿为西班牙王室所有,为此他的大部分的水手还搭上了性命。[7]此后,又过了几十年有统辖整个太平洋的帝国法令形成。毕竟,16世纪对太平洋归属权的法律争夺实则是一场野心勃勃的商业竞争。

1513年,西班牙声明占有太平洋意义重大,因为当时的欧

251

洲海外探险协议只涉及大西洋。1493年，罗马教皇受到好高骛远的罗马皇帝和所谓的"教皇无谬误"的思想驱使，授权西班牙去探索和占领大西洋一条假想的边界线以西的"岛屿和陆地"。[8]虽然当时的许多天主教贵族和律师认为教皇谕旨十分荒谬[9]，但它却制定了西班牙、葡萄牙和其他一些欧洲国家之间的双边条约，最著名的是《托德西利亚斯条约》(1494年)。[10]巴尔沃亚宣布占领太平洋的目的是界定一条分割线，帮助西班牙领土向西延伸到当时全球制造业和商业的中心——亚洲。最终，这条分界线起到的唯一作用是1529年的《萨拉戈萨条约》的签署。该条约标志着西班牙和葡萄牙对全球的瓜分。根据该条约，以摩鹿加群岛(马鲁古群岛)以东17°为分割线，葡萄牙牢牢掌管着与中国的贸易和香料群岛(马鲁古群岛)。[11]当然，这是欧洲国家间的协议，与欧洲各国和太平洋地区的人民的接触并无直接关系。

西班牙不愿意坐看富饶的太平洋东部落在别国手中，于是在1571年夺得了理论上本属于葡萄牙的菲律宾群岛的控制权。[12]之后，就欧洲人而言，大部分太平洋已成为"西班牙的一个湖"，事实上，西班牙法学家制定了第一个自称具有跨太平洋范围的法律制度——《西印度群岛法律》(1573年)以及后来的《西印度王国法律汇编》(1680年)。后者试图通过分段立法来制定一套跨太平洋法规，借此治理从新墨西哥到菲律宾的西属殖民地。前者则建立了一个泛欧洲方案，以巩固对新领土的"所有权"(一个来自罗马法律的术语)。[13]根据该法律，西班牙

第九章 法　律

殖民者须严加管理重要的沿海港口，永久定居战略重镇，最重要的是，要"平定"太平洋沿岸的原住居民。[14]

这两套法典均承认西班牙作为一个早期欧洲现代国家没有统一的法律，连西班牙"治安最好的"殖民地中都没有一部统一的法律。在已经臣服的墨西哥，特拉斯卡兰人与科尔特斯联手讨价还价，要求免除赐封制度（该制度下受封者有一定权利向当地人征收赋税），还要求一定的政治自治权，并要求获得一些臣服者的特权。[15]而且，几个世纪以来，西班牙对智利和菲律宾的控制形同虚设。它既没派人前去治理，也未将大部分岛屿划归西班牙在太平洋的"领地"。[16]

如果说西班牙的跨太平洋法律雄心勃勃，那么葡萄牙在西太平洋地区领地的法律可以说是蜻蜓点水。葡萄牙在印度洋的法律制定和兵力部署主要是为了垄断海路，而不是扩张领土，但是，葡萄牙还是在1511年出于以上目的占领了马六甲海峡。[17]而在太平洋，葡萄牙仅从当时统治太平洋岛屿的中国手里分得一杯羹。从1557年开始，葡萄牙每年向中国进贡以换取进驻澳门的权利。在那里，中国人负责管辖贸易，处理中国人内部和中葡纠纷。于是，当时的法律相对混乱。到18世纪，中国管理人员成立联合法庭处理纠纷，或者干脆责令葡萄牙官员自行惩治违法乱纪的葡萄牙人。于是，葡萄牙居民故意曲解中国法令或贿赂地方官员来逃避清政府的追究。这种法制十分模糊，以至于葡萄牙干脆提出，他们既然已经租借了澳门领土，自然也拥有澳门的管理权。[18]1571年，葡萄牙故伎重施，敲开了日本的大门。1640年，葡萄牙耶稣会士的传教活动最终导致驻日本的葡萄牙人遭到驱逐。[19]

欧洲国家中，荷兰率先挑战西班牙和葡萄牙在太平洋的霸主地位，在对抗西班牙和葡萄牙的过程中，荷兰完善了在太平洋历史上发挥关键作用的法律技术和依据。他们最重要的法律技术是殖民地公司：欧洲弱势国家，包括荷兰、英国以及后来的俄罗斯和德国，将海外主权委托给特许殖民公司，后者代替它们行使太平洋地区的贸易、管理和占领权。荷兰东印度公司（VOC）利用强权与槟城和香料群岛（马鲁古群岛）的当地统治阶层者签署了一系列不平等条约，迫使他们承诺只与该公司进行贸易，并与它们结成反葡萄牙人的联盟。按照西班牙关于非基督教原住民主权问题的解释，荷兰东印度公司法律代表胡戈·格劳秀斯（Hugo Grotius）宣称，亚洲政体可以签署并有义务兑现与基督教国家之间的正式约定。[20]此后，公司以对方违约为借口强占巴达维亚和安波那，在班达群岛屠杀成千上万当地人口，最终控制了岛屿上的重要贸易枢纽，从而真正控制了通往香料岛的水路。虽然罗马法律赋予征服者主权和统治权，但利欲熏心的荷兰东印度公司既没兴趣也没本事去依法治理这个多种语言、政治分裂的群岛。因此，它只是"直接管辖"重要港口和聚居地（如巴达维亚），派兵巡逻战略沿海水域，而大多数岛屿都在其"间接管辖"下进行自治，但是，这种"间接管辖"可以随时转化为地方法规。直到19世纪，英国和法国在东南亚殖民地仍然效仿这种殖民统治模式。[21]

第九章 法 津

为了维护荷兰东印度公司的利益，格劳秀斯撰文开创了海洋自由思想。在《海洋自由论》(1609年)一书中，他提出，鉴于葡萄牙非法垄断海洋，荷兰在马六甲海峡扣押一艘葡萄牙船的行为只是一种合法的战争行为。格劳秀斯认为，自然法则规定海洋可以自由航行，因为海洋自由方能促进各国之间的友好贸易，而海洋之广阔变幻使其无法通过占领而被拥有。当时格劳秀斯关于公海的概念与现在相比要严格得多。在《海洋自由论》中，格劳秀斯承认各国有权在自己的船只上行使主权，以保护国民或惩罚船上犯罪。在另一部著作《捕获法论》中，格劳秀斯认为近海海洋权也许是有效控制海岸线的自然产物。[22]这一点格劳秀斯与他的反对派葡萄牙的塞拉菲姆·德弗雷塔斯(Serafim De Freitas)和英国的约翰·塞尔登(John Selden)并无太大分歧，他们认为条约和习惯法可以终止自由航行和海洋资源开发，这种思想仍然长期渗透在现代国际法当中。[23]

格劳秀斯的海洋自由论很晚才传到太平洋。西班牙对麦哲伦海峡的封锁意味着大多数欧洲人必须得到西班牙的首肯才能经由大西洋来到太平洋。[24]到了18世纪，太平洋上的航海活动缓慢增加。来自西太平洋的荷兰人发现了新几内亚、"新荷兰"(澳大利亚)、塔斯马尼亚和新西兰。为它们匆匆命名之后，荷兰人就宣称已经占领这些地方。[25] 1710年前后，英国南海公司从英国东印度公司手里得到了短暂的南太平洋地区的贸易"垄断权"。此外，1713年至1760年间，俄罗斯贸易公司默默发现了到堪察加的海上航线，并开始与阿拉斯加的因纽特人进行皮草交易。[26]然而，这些欲与太平洋的霸主西班牙一争高下的外来者还是来迟了一步。18世纪80年代，西班牙开始发现自己在太平洋的霸主地位确实像本杰明·基恩（18世纪40年代出使西班牙的英国特使）说的那样有些"异想天开"。[27]1789年，西班牙在努特卡海峡截获了一艘打着巡逻和教皇捐赠旗号与印度人交易的私人英国船只，英国迫使当时已经开始衰落的西班牙签署了1790年的首次努特卡协议。该协议奠定了19世纪的太平洋法律现状，即没有实际占领某一太平洋海域的国家不得声明占有该海域，须尊重其他国家在此的自由航海权。[28]

和平时期的法律与太平洋

主权条约、自由海洋和新兴的自由贸易浪潮在19世纪的大部分时间里成为太平洋强有力的法律技术，同时，欧洲大力维护1815年拿破仑战争后的和平局势。现代之初，大西洋面临着无休止的欧洲国家之间的战争，但是在严密的法律制约下，19世纪欧洲列强在争夺太平洋领地时却不那么嚣张。[29]同时，美国独立战争，拿破仑战争以及整个西班牙所属美洲独立战争产生了国家主权的新主张，削弱了习惯法的解释，强化了法律效力，并且逐步将领土主权与领土管辖权的行使联系起来。[30]埃默·瓦特尔的简明法律手册《万国公法》（1758年）体现了这一转变。瓦特尔的著作不仅主张国际公法应当承认国家的主权，还普及了洛克的理论，即主权和私有财产的确立对农耕民族有利无害。[31]最终，两大紧密联系的思潮即人类发展阶段论和达尔文学说激起了太平洋法律体系的巨变。根据两大学说，亚洲人、太平洋岛民和世界其他地方的以狩猎为主的民族尚处于比欧洲人低级的人类发展阶段，于是福音派人道主义者主张要保护和改造这些少数民族，这种保护的结果往往是利用欧洲法律横加干涉。[32]

  这些法律干预在太平洋西南和东北部的新欧洲殖民社会被进一步放大。1788年，英国向新南威尔士州东海岸派出了数千名罪犯和海军，目的是在此建立前哨和罪犯流放地。[33]从一开始，这种占领在法律上就不合逻辑，与英国19世纪在北美洲的做法大相径庭的是，英国殖民官员并没有打算征服澳大利亚原住居民或强占其土地。[34]斯图亚特·班纳认为，英国人在澳大利亚实行的是一套后瓦特尔殖民政策，其前提是当地原住民既没有主权，也没有土地权和法律。无论1788年英国来到澳大利亚时是否具有这个非常现代的法律观，19世纪二三十年代，英国人在审理当地原住民的土地纷争、税收甚至刑事纠纷时，的确遵循了瓦特尔的原则。[35]另外，英国和澳大利亚的一些自称博爱主义者的律师认为，摒弃原住民法律是出于对原住民文明的保护。事实上，这种无视原住民法律和财产所有权的做法使他们在1930年之前占领了这个大陆几乎所有的可耕地和牧场。此外，尽管在20世纪某些偏远地区和原住民聚居地仍然沿用原住民的法律，主流阶层仍然以保护为名无视这些法律。[36]从19世纪60年代到20世纪70年代，国家法律制度始终控制着原住民的搬迁、交流和抚养子女的权利，目的不外乎将他们排除在殖民者社会之外，抑或使他们融入殖民者社会。[37]

这种极权法律制度的泛滥也决定了1840年以后北美西北部原住民的命运。美墨战争后，美国夺取了加利福尼亚州，当时美方代表与当地原住民签署了条约，但是这些条约并未真正生效，据美方称部分是由于"美洲原住民和新南威尔士州的黑人野蛮而不可理喻"。[38]同样，美国在1867年从俄罗斯手中收购阿拉斯加时也没有与因纽特人签署条约，1854年他们也放弃了在不列颠哥伦比亚省的签约。从1859年起，美国政府以保护美洲原住民的名义划分出美洲原住民居留地。[39]19世纪后期，美国西北部的美洲原住民居留地的生活犹如坐牢，原住民在监视下生活，忍饥挨饿，他们的后代被强制同化。[40]

同时，英国、法国和美国的商人和捕鲸者在其他地方也有非常不同的法律需求，19世纪一系列不同的法律技术应运而生。起初，这些国家虽然致力于加强保护其商业利益的"法治手段"，但是也尊重提倡海洋自由和自由贸易的"自然法"。1839年，中国清政府行使主权来控制鸦片在广东销售和使用，英国开始以清政府扣押英国鸦片和驱逐外国领事为借口发动战争。英国的理由是，虽然中国有权管辖其境内的贸易，但在行使管辖权时有失公正。英国宣称发动战争是为了捍卫所谓的国际公正原则。英国军舰封锁了长江，清政府被迫与欧洲各国以及美国和日本签署了数十个不平等条约，宣布取消贸易限制，放弃对中国境内外国商人的刑事和民事司法管辖。[41]1870年之后，日本和朝鲜也同样得逞，享有不平等条约所强加的同样待遇。

第九章 法 律

1850年以前，治外法权是中国和欧洲的贸易政策的一部分，但是19世纪中叶，太平洋地缘政治改变了其性质和功能。鸦片战争后(1839年至1842年；1856年至1860年)签署的一系列条约使清朝领土上出现了前所未有的大量外国法庭，这大大削弱了清朝的主权(按条约数量计算)，也使投机钻营的欧洲居留者有机可乘，尽管他们有时也会为中国百姓主持公道。这种影响是多方面的。新的治外法权建立在阶段发展论的逻辑上，即东亚的法律制度被认为是不完善的，不适用于欧洲人。日本在1868年至1882年通过了以西方法律制度为模式的新宪法和刑法之后，才最终结束西方对其条约港口的域外管辖。[42]

在太平洋岛屿和东南亚的贸易国家[43]，越来越强的主权意识和法律保护意识引发了截然不同但又紧密相连的法律变革。太平洋岛屿存在大量法律制度，许多美拉尼西亚社群接受部族制定的制度，而部落族长执法并不严格，相比之下，波利尼西亚人的统治制度更加复杂，与夏威夷人一样，某些地方的统治权由某一个酋长掌握。尽管谋生行当不同，但岛民中有人耕地，有人捕鱼，有人狩猎，有园丁，有渔民，也有猎人，他们对陆地和海洋有明确的需求。尽管这些需求与欧洲人的占有土地的动机截然不同，但也不容忽视。同样的主权和法律意识促使欧洲人如同掠夺北美和澳大利亚原住民一样，对太平洋岛民实施主权占领。这种做法也说明，英国、法国和美国并不想将太平洋岛屿据为己有。因为此举代价巨大，对于美国人来说，道德上也难以服人。(当然也有一个典型的例外，美国根据1853年通过的《鸟粪岛法》迫不及待地将无人居住的无争议岛屿纳入版图——这是一个颇为奇怪的法案，后来美国根据此项立法在无宪法权的波多黎各、关岛和菲律宾行使国会仲裁权。[44]相反，这些野心勃勃的列强国家的主要法律目的是保护和控制岛上被征服的岛民和财产。这一举措相当艰难，特别是一些到处搜集海参、檀木和珍珠的欧洲捕鲸者和商人利欲熏心，惹是生非。[45]

大多数欧洲国家通过部署海军管辖权、域外领事和军队来监管海外贸易。例如，英国将其管辖权从对其公海旗帜下犯罪行为扩大到在太平洋岛屿臣民的犯罪（乔治三世第46年议会制定法律第54条）。海军军舰负责缉拿英国歹徒，武装袭击破坏英国财产和屠杀英国船员的岛民，以示惩罚。然而，这个看似简单的方案使局面更加混乱：只有少数军舰在该地区巡逻，距离最近的海军司法法院设在锡兰（斯里兰卡），而且这一法案无法有效地制止不同国家居留者之间的纠纷。后来，英国与法国和美国共同签署协议，在多个岛屿（例如塔希提、萨摩亚和斐济）设立领事馆来负责域外管辖。但是，这一方案仍然以失败告终。无奈之下，驻塔希提岛的英国领事试图操纵原住民法庭管辖当地人与贸易商之间的交易，此举不仅使他丢了官职，还让法国借机吞并了塔希提。[46]

到19世纪中叶，领事域外治理已经开始演变成割让土地条约，岛上的统治者根据条约将岛屿的主权和管辖权交与欧洲国家。这些条约开始变得次要，欧洲列强更关心谁可以掌握岛

第九章 法律

上的资源以及他们对太平洋岛民是否有道义责任。在《怀唐伊条约》(1840年)中，毛利族部落向英国出让在新西兰部分主权，而在1842年，法国与波马雷皇后签约允许法国在塔希提岛建立保护国。11年后，法国在新喀里多尼亚的美拉尼西亚岛与当地努美阿酋长们签署了一项模棱两可的领土和主权条约(1853年)，之后宣布对该地区享有主权。[47]同样，当美国甘蔗种植园园主在夏威夷发动阴谋政变后，美国顺势在1897年立法吞并了夏威夷，尽管这一法案是以一个有争议的条约为基础的。到了1884年柏林会议开始瓜分非洲时，与所谓"落后的民族"缔结条约已经只是一种形式。[48]欧洲列强打着"一切为了非洲人和太平洋岛民利益"的旗号，对非洲和太平洋岛屿从间接统治发展到直接吞并。

这种法律保护实际是为了掠夺财富，用来掩盖极其残酷的劳工压迫制度。大批土地所有权转移并不总是帝国犬儒主义的产物。夏威夷原住民希望改革土地使用权，这无疑为美国转移夏威夷土地提供了便利。[49]由于西方法律无法处理太平洋地区复杂的土地所有权，因而造成了很多不公现象。在新西兰，设有专门的土地法庭试图找到真正的土地所有人，然后向其购买土地，尽量避免有人冒认土地牟利。然而，法庭又不能(或者不想)介入毛利人复杂的土地所有权制度，所以该法庭形同虚设。像许多太平洋岛民社群一样，毛利人实行多层土地使用权。与洛克提出的土地所有权模式相反，毛利农民很少独享某块地的所有权。一块地的耕种、狩猎、聚集、钓鱼和访问权可能由多个人共有。先前的使用者也可能会提出索回土地，酋长很少拥有转让土地的权力。土地法庭的失败及其造成的一系列战争导致毛利人到1911年仅占有700万英亩（2.83万平方千米）土地，致使《怀唐伊条约》直至20世纪70年代才生效。[50]

这些以"保护者"自居的欧洲人在美拉尼西亚群岛和巴布亚新几内亚实施了高压管控和劳工制度，他们鼓吹人类发展阶段论和达尔文学说，以此压迫原住民。1887年，当地原住民多次起义，法国人只好通过《土著人地位法》来镇压新喀里多尼亚人，施行宵禁和劳工管理制度。在19世纪90年代中期，法国实行了"人头税"，迫使新喀里多尼亚人签署更多的契约。[51]这种做法并非法国人的发明。在新几内亚，德国同样采用罚款和体罚等高压政策压榨来自当地民族的劳工，他们声称，由于"美拉尼西亚人、马来人和中国人的文化发展水平低，他们从小起就习惯了体罚和其他严厉的处罚措施"，因此法律对他们要严惩。[52]在澳大利亚，殖民者纵容对澳大利亚原住民的剥削压榨。从1850年以后，北方甘蔗种植者甚至绑架岛民，强迫岛民签署劳动契约。从1900年起，澳大利亚当局对其在新几内亚保护国和民众施行了非常苛刻的专政。

在法国和英国共治的新赫布里底群岛（瓦努阿图），这种所谓"法律保护"的联合治理更是荒唐可笑。在这里，法国和英国高级专员都对这些岛屿拥有广泛的管辖权，两国都有自己的警察，对他们的同胞有专属的司法管辖权，而本地的其他国籍人士可自主选择接受英国或者法国的司法管辖。在不"危害治安和他人权利"的情况下，允许使用原住民习惯法。[53]该制度口头上承认原住民习惯法，实际上不承认原住民享有英国或法国公民的权益，也取消了原住民在当地行政机构的代表权。英国和法国的专员有权通过对部落具有约束力的法案，一旦涉及原住民的土地所有权，或原住民与非原住民之间发生民事和刑事纠纷，则由一个欧洲联合法院来裁定。这样的联合治理使新赫布里底群岛的岛民成为无国籍的弱势群体，荒唐的是，当法院无法裁定土地纠纷时，居然随意将土地判给可以证明独占该地三年以上的一方。[54]

同时，太平洋殖民法律体系内在的混乱在第一次世界大战后进一步加剧。当时，太平洋岛屿原属于德国的殖民地被划归英国、日本和刚刚独立的扩张主义国家——澳大利亚和新西兰。根据国际联盟的裁定，鉴于其原住居民的"落后程度"，太平洋岛屿被纳入第三等托管地。托管国在托管领土上享有"全面管辖和立法权力"，只要这种权利能够"最大限度促进了该地区居民的物质、精神和社会进步"。他们须废除当地奴隶买卖，禁止贩卖武器，并严禁向当地人出售酒类。只有在维护公共秩序和公民道德水平的情况下托管国方才能干涉当地的宗教信仰。[55]以上制度制定于1884年至1885年召开的柏林会议，该会议也部署了太平洋沿岸拓殖具体方案。加拿大、澳大利亚，特别是在20世纪30年代后期的美国（提出"国际托管制"的主要国家），也采用此类制度法来管辖原住民。

虽然国际联盟没有执行机构，托管国仍需每年向国际联盟提交书面报告汇报其托管进度，并最终达到岛屿自治。最重要的是，年度国联会议成为太平洋岛民和外界人士投诉滥用职权的托管国的契机，这种做法在1945年以后由联合国人权委员会继续执行，尽管该机构并无多大实权。因此，当澳大利亚继续执行德国在新几内亚的惩罚性劳工法时，时任澳大利亚总督的赫伯特·穆雷爵士坚决向国际联盟的委员会提起投诉。他的投诉迫使澳大利亚政府将委任治理权授予他。[56]然而当地原住民若要上诉，则没那么幸运：萨摩亚曾经呼吁独立，导致国联委员会支持新西兰的大屠杀并将持异议者驱逐出境。[57]国际托管制度可以说基本上形同虚设，但是其保护太平洋的说辞，加上声称要实现太平洋岛屿最终主权独立的口号，加速了欧洲，特别是日本在太平洋的殖民统治的瓦解，为第二次世界大战后太平洋岛屿的独立潮奠定了基础。[58]

国际法和主权岛屿国家的兴起

第二次世界大战以来，太平洋地区已成为联合国检验从1945年实行的国际法制度的重要场所。这种制度拒绝霸权，专门管理奉行瓦特尔的领土主权制度的现代国家。事实上，太平洋地区见证了20世纪后期的"殖民地独立高潮"。[59]中国摆脱了不平等条约的束缚。第二次世界大战后的"殖民地独立高潮"很快席卷东南亚，在1945年至1960年间，印度尼西亚、菲律宾、马来西亚、新加坡以及中南半岛国家等相继宣布独立。无论这些东南亚国家选择的是民主还是专制，大多数都将行使欧洲中心主权写入宪法中。事实上，许多东亚和东南亚国家现在正面临新殖民主义的法律诉求，他们正在通过新殖民地法律途径来获得国家不肯给予他们的主权、自治、管辖权或土地权。[60]

太平洋岛国宣告独立相对较晚。萨摩亚、瑙鲁、汤加、斐济、巴布亚新几内亚、所罗门群岛、图瓦卢、基里巴斯、瓦努阿图、马绍尔群岛、密克罗尼西亚和帕劳在1962年至1986年期间相继脱离殖民统治，其中许多国家并没有经历独立运动。[61]尽管太平洋国家政体各不相同，有君主制，也有寡头政治，大多数国家都通过了相当民主的威斯敏斯特式宪法，只有斐济例外，1970年以后的斐济始终限制印度裔人口参政。[62]然而，经历几十年殖民统治，加之最近太平洋岛民大量向外移民，这些国家的采矿业和种植业仍然高度依赖外国，因此仍然无法摆脱前殖民势力的政治和法律干预。[63]同时，太平洋一些地区还没有脱离殖民统治。法国仍然控制着塔希提岛和新喀里多尼亚，并将其用作军事及战略据点，太平洋成为欧洲殖民主义的最后堡垒之一。[64]

在北美、新西兰和澳大利亚，原住民为争取个人和政治集体的权利进行了长期斗争，但成效甚微。联合国1945年通过的《人权宣言》并不是这些斗争的结果。[65]澳大利亚、加拿大、新西兰和美国一致认为，原住民人权只能依照本国和当地的民主程序裁定，而不是通过国际法。[66]在新西兰，毛利人举行抗议运动要求政府遵守《怀唐伊条约》，虽然并未赢得共享主权，但是抗议运动使新西兰国家和政府最终接纳双元文化，取得这样的成果在于毛利人口相对较多，否则很难达成。[67]自20世纪70年代以来，美国的登记在册部落在其"保留地"就拥有一定的自治权，不过这种"属地内主权"一直受到国家立法和美国最高法院的横加干涉。[68]澳大利亚法院和立法机关则坚决拒绝向原住民主权和自治权作出让步，不仅如此，最近的联邦立法规定偏远原住民不得饮酒，控制他们的福利开支，并对他们施行准军事管理。[69]相对而言，民主国家更愿意履行土地和水路使用权。根据《怀唐伊条约》，毛利人民已经划分到了价值数千亿美元的岛屿和海床。[70]尽管澳大利亚没有与原住民签署土地条约，但是1992年的马勃判决之后，国家立法机构将近1/3的土地使用权划归原住民。[71]

然而，太平洋战后国际法中最有趣的产物是脱离殖民统治的太平洋国家行使领土主权的语言，来争取从古至今一直都属于他们的海洋空间。在20世纪下半叶，海军技术的进步使得各国将领海从过去的3海里（早期现代标准）延伸到现在的12海里之多，这已被列入1982年《联合国海洋法公约》。这些规则在太平洋地区引起了广泛争议，因为该公约将重要海峡和通道均纳入各国领海。《联合国海洋法公约》规定了领海内海峡和领海的过境通道，但是这一规则是否适用军用飞机和海军舰艇，在东南亚地区引起了巨大争议。这些争议与该地区过去的野蛮殖民统治不无关联。《联合国海洋法公约》的一些签约国认为，只有他们才能享有通行权。而美国作为海上强国，虽然未签约却认为使用过境通道属于国际习惯法。

第九章 法 津

包括澳大利亚、柬埔寨、韩国和越南等在内的一些太平洋国家均制定法律以便于他们沿海线的直线基线向外扩张。许多国家在水下的珊瑚礁上划定海岸线，而越南和柬埔寨在离岸海域50海里的岩礁上划定直线基准线。[72]

印度尼西亚联合其他太平洋地区的岛国率先创建了群岛国家这一法律概念。从1954年起，印度尼西亚提出最外围岛屿的最低处12英里[①]内的所有水域都属于其领土主权范围。后来，印度尼西亚顶住了荷兰和美国的压力，将这一规定写入了《联合国海洋法公约》，将太平洋的280万平方千米海域划归其管辖范围，但承诺允许他国船只在"正常作业"情况下通过该海域。[73]关于水下航行的潜艇是否属于"正常作业"，美国和太平洋的群岛国家仍然存有争议。[74]

智利和其他太平洋国家促成了海洋专属经济区制度的确立，在这一制度下，主权国家在其领土200英里[②]范围内享有使用和"管辖"保护和维护海洋资源的专有权。[75]根据《联合国海洋法公约》，几乎所有的南太平洋均属于太平洋岛国的专属经济区。事实上，出售专属经济海域内的捕鱼权和采矿权是这些偏远岛屿经济体的重要收入来源，然而他们的警力有限，加上不断进步的提取技术，这些都可能威胁到他们的食品安全。与此同时，一些岛国也为企图逃避国际海商法监管的商船大开方便之门。一些现代化的跨国航运公司将自己的船只登记在太平

---

① 《联合国海洋法公约》规定为12海里。——编者注
② 《联合国海洋法公约》规定为200海里。——编者注

267

洋沿岸国主权国家名下，这样便只需支付低廉的许可费。这些"便利"使航运公司能够大肆利用这些岛国带来的各种方便，包括宽松的安全监管，剥削性劳动合同以及混乱的管理，船东为降低费用对船只疏于管理，这也意味着海员是在太平洋岛国的一项最危险的工作之一。[76]

专属经济区这一国际法规在太平洋沿岸国家已经引起不小的争议。有些国家要求在其专属经济区内行使领土管辖权，例如中国禁止外国在距其海岸200海里内进行军事监视。然而，最严重的是，专属经济区引发的领土纠纷（甚至是面积微小，不适宜居住的岛屿）愈演愈烈，使得本不平静的南海局势日益紧张。每天都会有国家宣称"合法占有"钓鱼岛、南沙群岛和西沙群岛，目的是争夺这些海底矿床蕴含的丰富的矿物和天然气资源。中国声明，中国渔民自古即在西沙群岛作业，中国自古以来即对整个南海行使主权。1887年的中法条约和日本在1945年签署的投降条约中，也可以充分证明南海是中国领土、领海不可分割的一部分。越南、菲律宾、马来西亚也纷纷提出自己的主张。这些争议表明了新的国际公约折射出的主权思想以及现代早期领土纷争对太平洋的分割。[77]

然而，与此同时，随着洋面的上升，太平洋岛屿面临严重危机。基里巴斯和图瓦卢人民面临严重的淡水短缺、土壤侵蚀和盐渍化等危机，这将迫使他们的岛屿不再适合人居。许多太平洋岛屿文化自古以来有迁移的传统，但在21世纪的领土主权世界中，太平洋日渐上升的水域却面临着诸多特殊的问题。首先是越来越多的硬边界出现，迫使19世纪末以后跨国移居越来越难。与此同时，尽管国际社会制定了一系列保护难民（1951年）和无国籍人士（1954年和1961年）的国际公约，软边界仍然对难民迁徙有诸多限制。其次，这些逐渐被海水淹没的岛屿居民产生了一种国际法未曾覆盖的新身份：他们虽然拥有国籍但没有可居住的国土。目前尚不清楚，当这些岛屿不再适合人居后，这里的人民是否将被视为没有领土的主权国家公民。印度尼西亚已经提出要向流离失所的太平洋岛民出租岛屿，一些学者认为，他们可以用进入自己专属经济区的权利换取在某些像澳大利亚这样的联邦国家的自治权。然而，最大的可能是，当大批移民融入近东太平洋国家社会后，这些岛屿社群原有的文化和社会特点将遭受巨大损失。[78]

结语

本章从帝国统治和国际法律对太平洋的土地、人民和海洋带来的影响出发，梳理了太平洋法律史。虽然本章多处涉及太平洋海域的分散和差异，但也聚焦了各种各样的趋同特征。从19世纪开始，善于投机钻营的中世纪和早期现代社会对太平洋的领土争夺，逐渐演变成了单一的模式，对国家主权和管辖权的一致接管以及在欧洲人之间的文化优越感使他们约定以和平的手段争夺该区域的财富。20世纪帝国法律体系的瓦解又促成了主权国家的全球化，使之成为一种普遍的法律制度——这一趋势相应地促进了太平洋岛屿的巨大政治和经济多样性。虽然众多学者更多地关注全球化对国家主权的侵蚀，但单一民族国家仍然主宰了太平洋的法律史。如今，太平洋国家前所未有地行使无所不在的领土主权语言，依靠法律来管理这片世界最大最深的海洋。

第十章
科　学

苏吉特·斯瓦森达拉姆

对于太平洋科学史的理解一直存在一些普遍的看法。一般认为，浩瀚的太平洋为科学探索提供了契机，从18世纪詹姆斯·库克船长的天文学探索，19世纪达尔文的物种关系研究，再到"冷战"期间核物理学的出现，人类一直在这里试验最新的科学构想。这些科学发现都深藏于这片广阔海洋中貌似与世隔绝的每一块土地上。在外来者眼中，太平洋岛屿一直是激发他们科学思想的领域，这里可能是对人类、动物、植物和地球本身进行试验的最佳场所，因为这些岛屿大小适中，而且这些科学家对帝国霸权和去殖民化等政治游戏不感兴趣。这种观点历来为数不少：太平洋是"科学的方法和思维的实验室"，是"名副其实的科学学校，也是培养欧洲人头脑的大课堂"。[1]

然而，这种"太平洋实验室"的看法并不全面。因为它把太平洋看作一个静态的，用来做科学研究，从中提取数据和标本，并检验理论的地方。照此说法，科学是一系列已经形成的知识或做法，后来被人类带到了太平洋。按照这种观点，太平洋的主要历史研究对象是欧洲人凝视下的太平洋，是欧洲技术记载的太平洋，而且这种审视随遥远的西方传统的发展而变化。将太平洋视为实验室的想法来自过去的科学技术人员，他们经常认为：太平洋就像科学工作站的试验品一样，是不变的，静态的，也是被动的。[2]而太平洋的真正意义在于它改变了科学的历程，它绝不只是欧洲航海家或欧洲文明社会眼中的征服对象。人类在太平洋中寻找问题的答案，而太平洋恰恰活跃在这些答案中。这种思想也为科学的诞生提供了一个强有力的视角：科学并不完全形成于欧洲，它是在与不同地域的不断碰撞相互影响中形成的。

太平洋始终是一个生命体，这也是本章的出发点。太平洋经历了进化、迁徙和气候的变迁。然而，对于许多外来者，或者说那些太平洋人民眼中的"岛外人"来说，这片大洋象征着死亡：世界的末日、自然的逆转和无边的荒芜。为了消除这种误解，笔者提出我们应该关注太平洋在科学理论化过程中发挥的动态作用。随着时间的流逝，随着人们移动的距离越来越远，在这片广阔海域中岛屿的分布随时间而变化，人类在这里远涉重洋，在这一巨大的空间中既相互关联又各自独立，这一切都为太平洋的科学研究提供了支撑。太平洋的变化万千从各个角度打破人们惯常的思维模式。可以说，太平洋不仅是一个单位，还是一个界限分明的有机体。我们要强调的是，太平洋在与人类旅行者和定居者的互动中呈现的是动态与鲜活。本章跟随重新审视地球科学史的新主张，强调了推动全球范围内科学进步的媒介力量。[3]需要强调的是，太平洋不仅包括海洋和陆

第十章 科　学

地，还包括生活在那里的人。

简单来说，人类向太平洋提出的一系列问题正是不同时代不同文化背景的众多哲学家和科学家们一直在苦苦思索的问题，即关于海洋和陆地的起源、关系和分布等一系列宇宙论问题。本章聚焦岛民的歌谣、达尔文的航行记录、核试验的恐惧、最新的气候预测，以此说明太平洋一直是人类关注陆地上升或下降时后果的一个关键所在。而这种关注经常会演变为一场关于人类与自然关系的宗教辩论。这种对陆地和海洋的思考也与人类迁移、种族、文化的科学记载密切相关[4]。

本章接下来概述了人类思考自然的历史片段，试图纵向审视几百年的重要事件，因此本章并不是对太平洋科学史的完整叙述。另外，本章也是笔者称之为"跨界研究"的一个尝试，即通过对比研究一些通常不属于标准科学范畴的资料来重新解读欧洲科学史的现存记载。[5]本章试图将科学的范畴延伸至文化和不同体裁的记载和思想，以期更好地了解太平洋科学史的特征，真正审视太平洋本土的科学知识。因此，本章探讨一系列在科学史学家看来不够正统的但又发人深省的科学记载，即与地球历史和地质学相关的族谱学史料，之后进一步涉及欧洲航海时期的史料。

在整个太平洋地区，岛民长期以族谱的方式记录他们的出身和血统。在这些记载中，家族的起源往往与海陆的出现有关。一个家族的先人可能横渡海洋来到某个岛屿定居或从天而降来到大地。在一些叙述中，岛屿可以消失在海里，也可以从大海中升起。这些叙述极具自然精神——人类的祖先乘坐鲸、椰子、巨型章鱼或海龟抵达岛屿。[6]玛格丽特·乔利(Margaret Jolly)曾经这样评论这些本土文字记载:"这里的土地不是死气沉沉的,而是鲜活灵动的,属于活着的或已逝的人。"在南岛语言中,"土地"一词与"胎盘"一词完全相同,"而且一个人只有在出生后将胎盘埋在故乡以示对故土的依恋"[7],这更加证实了玛格丽特的观点。这些族谱历史通常由先人遗留下来,然后以各种肢体动作和语言被世代传颂。这些历史同时也是政治故事,在某种意义上它们用于拥护某个酋长或族群,并可以用来对抗外来传教者或抒发反殖民情感。

来自夏威夷的原住民颂歌《库木里坡》,是一个生动的族谱故事。这首颂歌包含有2000多行诗,以祈祷词的形式讲述了夏威夷世袭酋长的家族故事,也是夏威夷的历史。[8]《库木里坡》的故事从混沌之初讲起,共分为讲述黑夜的七章,讲述白昼的九章。根据《库木里坡》的内容,地球的起源与他们祭祀罗诺神的玛卡希基仪式有关。颂歌一直讲述到卡拉卡瓦国王(1874年至1891年),正是在这位国王的支持下,《库木里坡》才以《献给历代酋长的祈祷词》为名于1889年出版。正如夏威夷学者利利卡尔·卡梅莱伊瓦所说:"夏威夷人的身份其实来自《库木里坡》,这是一部伟大的关于宇宙起源的记载。由此可见,大地、神灵、酋长和人民的起源交织在一起,不可分割。"[9]为了此书的出版,卡拉卡瓦国王特意成立了夏威夷酋长族谱委员会,收集族谱,并进行更正、校对和记录。国王此举一方面为了了解

第十章 科 学

自己的祖先和血统，另一方面为了对抗外国势力入侵。后来，卡拉卡瓦国王的妹妹，也是王位继承人，利丽俄卡兰妮女王将其译成英文，并于1897年在波士顿出版，当时美国已经吞并夏威夷，女王流放在此。翻译此书的目的也是凸显夏威夷悠久的文化传统。[10]

《库木里坡》的开头部分讲述了地球古老的历史，内容如下：

> 当地球变热
>
> 当天空翻转
>
> 当太阳变暗
>
> 让月亮发光
>
> 到了昴宿星升起的时候
>
> 泥土，这是地球的源头
>
> 是黑暗诞生的源头
>
> 是黑夜产生的源头
>
> 只有黑夜
>
> 黑夜又继续孕育
>
> 于是有了夜晚出生的库木里坡，第一个男人
>
> 于是有了夜晚出生的皮勒，第一个女人
>
> 于是有了珊瑚虫，又有了珊瑚
>
> 于是有了蛆虫翻动泥土，堆积泥土
>
> 于是有了蛆虫的孩子，蚯蚓
>
> 于是有了海星，和他的后代小海参……[11]

275

这首颂歌充满了再生的力量，事实上，已经有人称之为"进化史"。[12]天空与大地摩擦而产生黏土；分别代表男性力量和女性力量的库木里坡和皮勒参与了生命的创造，这些神创造了生活在海洋和陆地上的各种生物。这首歌颂生命力的颂歌发表之时，正值夏威夷面临人口减少之危。一位评论家写道："宇宙的起源就是人类的起源，而人类始于第一个人的诞生。"[13]本章后面将会提到，珊瑚虫出现并由此产生了陆地，这是一种直到20世纪仍然困扰着欧洲科学家的学说。

这首颂歌发表于19世纪末，其目的不仅仅是在西方入侵的背景下强调夏威夷的民族身份和文化遗产，同时也是与西方科学碰撞的结果。歌中记述的库木里坡的整个家族史将海洋科学的起源发现与人类家谱历史紧密联系在一起：它恰如其分地说明了传统与科学之间存在的形象生动的对应关系。在本土传统被忽视的时代里，夏威夷人参与海洋科学，希望通过新的科学发现来证实他们一直以来掌握的知识。[14]除了对家族史进行收集和分类之外，委员会还负责收集了夏威夷测量总署的科学家们绘制的一些地图和探测数据，其中包括"挑战者"号海洋科学考察船获得的探测数据，这一点本章后面还会涉及。对于太平洋过去可能存在大陆以及人类迁徙的现代学说，董事会强调说："这些证据对我们来说具有重要价值，可以帮助我们验证过去由波利尼西亚史学家提出的许多问题和理论。"他们认为，岛屿的成因只能用发生在远古时代的地球表面的诸多变化来解释。然而，他们的说法过分强调"古代传说"，他们不采信"任何其他来源的信息",目的是确保夏威夷人的起源远于任何其他史学家所提出的人类起源。[15]他们认为第一个书面证据就是《库木里坡》以及其中记载的人类出现之前的七个时期。他们由此宣称夏威夷人的出现早于塔希提人和萨摩亚人。

由于有传教士和皈依者参与颂歌的抄写,于是有人认为这代表《库木里坡》的流传经过了基督教解读。[16]事实上,夏威夷酋长族谱委员会的报告中曾讨论过颂歌中是否存在一次吞没世界的大洪水的记载。委员会也特别关注了戴维·马洛(1793年至1853年)的著作(见图10.1),他是夏威夷国王卡米哈米哈一世在位期间最重要的族谱学家,后来改奉基督教,之后被认为是19世纪中叶夏威夷研究的权威人物。[17]在政治上,马洛既是对西方入侵的批判家,也是西方世界的传声筒。[18]可以说,他对于多种民俗和科学知识同时进行看似矛盾的研究。

他的著作《夏威夷古代史》由纳撒尼尔·艾默生(Nathaniel Emerson)译成英文。全书叙述了夏威夷传统与最新科学的碰撞。书中最能体现马洛在族谱学与地质学的矛盾观点的部分出现在第二章,以下来自19世纪的部分译文:

5. 根据Wakea族谱,是Papa生下了这些岛屿。另一种说法是这些岛屿并没有被遗忘,而是由Wakea亲手创造。

6. 现在我们发现这些说法是错误的。如果古代妇女能够生育国家的话,那么她们现在应该也可以。如

图 10.1　戴维·马洛，夏威夷群岛本土人

来源：选自查尔斯·皮克林的《种族及其地理分布》(伦敦，1849 年)一书。此图的标题为"美国探险远征"，说明此图来自由查尔斯·威尔克斯(Charles Wilkes)指挥的从 1838 年至 1839 年的远征探险，其中皮克林作为博物学家参加此次远征。此图又名"马来人肖像之三"。

果当时 Wakea 人可以徒手创造陆地的话，毫无疑问，他们现在也应该有这种能力。

9. 现在有一些学者致力于探索研究夏威夷群岛的起源，但是无人能够证明他们的观点正确与否，因为这些观点纯属臆测。

10. 这些外来的科学家提出，也许古代的夏威夷根本没有土地，只有海洋；他们认为火山喷发才导致

第十章 科　学

岛屿从海洋中升起。

11. 提出火山说的科学家的理由如下：已知某些岛屿是从海洋中升起，而且其特征与夏威夷岛屿非常相似。另外一个确凿证据是这些岛屿的土壤完全是火山灰……当然这些是他们的猜测和推理……[19]

以上摘录可以看出马洛对族谱学和地质学均有思考，但又刻意避免完全支持其中任何一种说法。像马洛这样的族谱学家还有很多，他们一直伴随着新知识、宗教和文化的浪潮来重塑他们的家族史。因此，族谱历史并不是一成不变的，也并非近期才与科学相遇并擦出火花。马洛的著作恰恰说明了宇宙学传统和太平洋人民特有的认识自然方式很早就相遇过。

通过研究夏威夷族谱来获知太平洋居民对地球漫长历史的记载可以说是欧洲大航海时代科学探索的一个参照点。因为对欧洲航海家来说，对万物起源的语言和感官的记录也是他们的传统。

一般来说，无论是在太平洋地区还是在全球范围内，帝国时代科学的发端都与库克船长三下太平洋密切相关，他的航行对金星凌日的观测和西北航道的发现具有指导意义。然而，欧洲自然知识领域内对太平洋的记载要早于库克船长的探险之旅，而这些更早的航行与上文讨论的太平洋族谱史均对陆地和海洋轮廓做过记载。

早在库克船长开启探险之旅之前，欧洲人就已经产生了南

279

半球缺少大陆的想法。[20]如果说"太平洋"这个名字确实出自费迪南德·麦哲伦之口的话，那么他在1519年至1522年间的环球航行使欧洲人更迫切寻找南部大陆的存在。[21]根据早期的一篇宇宙学文章，人们自古以来就相信南半球有大片的陆地存在，面积与北半球的陆地相当。这在毕达哥拉斯或托勒密的研究中也可见一斑。这种认识由来已久，在西方神话当中成为南部海洋的重要想象。这个想法被作为地理知识世代相传，后人又用多次航行来证实。为什么这种传统知识与夏威夷族谱有明显区别呢？事实上，这种寻找大陆的想法并没有随着库克的到来而告终，而是一直持续到19世纪。

在16世纪，葡萄牙和西班牙的探索主要集中在南部大陆浮出海面的部分，即火地岛、新赫布里底、爪哇和新几内亚。当时即使在地图上绘制太平洋，也是画成陆地而不是海洋；观察者们似乎确信他们能发现大片的陆地。这片大洋被想象成人间天堂和乌托邦：人们相信天堂在南半球。这种说法特别提到一种鸟类，即极乐鸟。1522年，"维多利亚"(Victoria)号帆船，也是麦哲伦探险船队仅有的一艘完成环球航行的帆船，返回欧洲，将5只极乐鸟带回西班牙。安吉尼亚·皮法塔(Antonia Pigafetta)撰写的麦哲伦航行的官方记录中对极乐鸟的描写很符合19世纪欧洲探索太平洋的自然历史风格：

> 此鸟体积似画眉，头小喙长。双腿长约手掌，细若水笔。翅膀部位长有多色羽毛，华丽如羽毛饰品，

第十章 科学

余下部分羽毛呈青铜色……这说明它们必来自人间天堂；因为当地人称此鸟为"bolondivita"，意为"上帝之鸟"。[22]

随后，16世纪的各种地图上开始绘有精美的彩色极乐鸟插图。在探索太平洋的过程中，欧洲人也在形成他们自己的宇宙观。如同太平洋岛民一样，他们喜欢将陆地和海洋分开看待，努力寻找到一种符合犹太教-基督教传统的人类历史。于是，关于大陆缺失的想法在这里被写入了宇宙历史。

欧洲探险家们对太平洋的关注可以说是有宇宙学意义的，因为他们希望从科学探索中寻找人类在宇宙中的位置。这些航海者们大量关注沿海地貌。在他们看来，这些陆地仿佛凭空而起，这在葡萄牙和荷兰的海上探险中均有记载。[23]例如，17世纪的荷兰航海家从巴达维亚和荷兰出发，期盼能探测到澳大利亚的海岸。其中一个例子是维克多宗（Victorszoon）（当时一位画家之子），绘制的一套精美的水彩画，这是最早描绘澳大利亚沿岸的画作之一。这套画作取材于荷兰捕鲸者威廉·佛拉明在1696年至1697年的一次航海经历。佛拉明当时出海是奉尼古拉斯·维特森，即当时的科学家，荷兰东印度公司（VOC）董事，时任阿姆斯特丹市长（1641年至1717年）之命。小维克托绘制的这套水彩画当时是作为威廉·佛拉明的航海图的补充材料，其中每幅画都被编号注明所指的地点。值得注意的是，这些水彩画中并没有海，只用蓝色、棕色或灰色来绘出海岸线，有时用曲线来表示半圆形的上升的地平线。例如，澳大利亚海

281

岸罗特内斯特岛一图附有以下说明文字：

> 位于罗特内斯特岛北部，距离海岸半英里（805米）处，10英寻（约18米）深处有沙。岛的中心位于船只方位西南以南，岛屿具体位置如图中数字 1 所示。[24]

图中展现了罗特内斯特岛周围的低洼灌木地貌（见图 10.2 和图 10.3）以及位于该岛周围的几个小岛。正如其文字描述，画家假想坐在海上的某个沙滩眺望陆地；图中完全没有展示大海和船只。画家直接呈现他看到的陆地和脚下的沙滩。

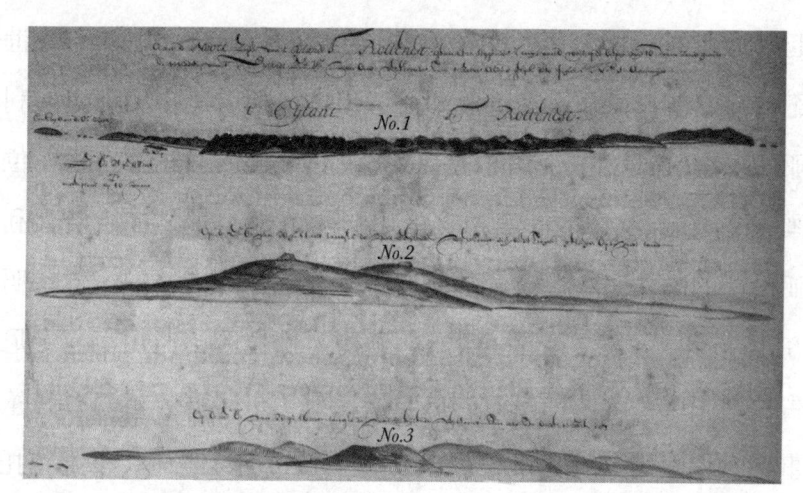

图 10.2 维克多宗于 1697 年所绘的海岸线轮廓图，分别标注 1，2 和 3，作为佛拉明航海图手稿的附录

第一个轮廓图简介如下：位于罗特内斯特岛北部，距离海岸半英里（805 米）处，10 英寻（约 18 米）深处有沙。岛的中心位于船只方位西南以南，岛屿具体位置如图中数字 1 所示。

第十章 科　学

　　这些水彩画并没有将这些岛屿描绘成人间天堂。在维克多宗配图的简洁文字中，他多次使用"荒凉"一词。关于罗特内斯特岛，一位名为沃特恩的船东写道："他们发现一群林鼠，大如猫，喉咙下方长袋，其大可探手入袋，不解上苍为何造物如此。"[25] 这些短尾矮袋鼠不久就成为研究"澳大利亚自然反演"问题的对象，一种太平洋自然史研究中一个常见概念。[26] 更重要的是，在天鹅河口附近没有发现人类，只在南陆海岸发现有人存在："我们仔细寻觅，未发现人迹。"[27] 他们发现，当地人并不欢迎这些不速之客。在多年的探索过程中，欧洲人对太平洋的宇宙观可能由人间天堂逐渐转为不毛之地，甚至蛮荒之地。在3幅用蓝色代表大海的轮廓图中，佛拉明这样描述他看到的陆地："这里的海岸陡峭如刀削，岩石粗糙，寸草不生，没有海滩海浪之类的美景入目。"[28]

　　这里需要说明这些早期航海记录对詹姆斯·库克的影响。例如，库克曾经随身携带荷兰航海家的航海记录，特别是佛拉明船长的前任阿贝尔·扬斯宗·塔斯曼船长的航海记录。据说，库克的探险之旅最终还是放弃了寻找南部大陆。但是，库克仍然对陆地的起源感到好奇，他花了大量时间来确定海陆边界，即使在海上航行，他也假设自己身处陆地。他充分利用了自己土地测量方面的经验。他的海岸测量方法是沿着海岸进行航行勘测，对船上观测到的沿海地标的位置进行了一系列测量。这实际就是根据航行轨迹估算海岸线。理查德·索伦森（Richard Sorrenson）在一篇具有影响力的文章中写道："有了这

太平洋历史：海洋、陆地与人

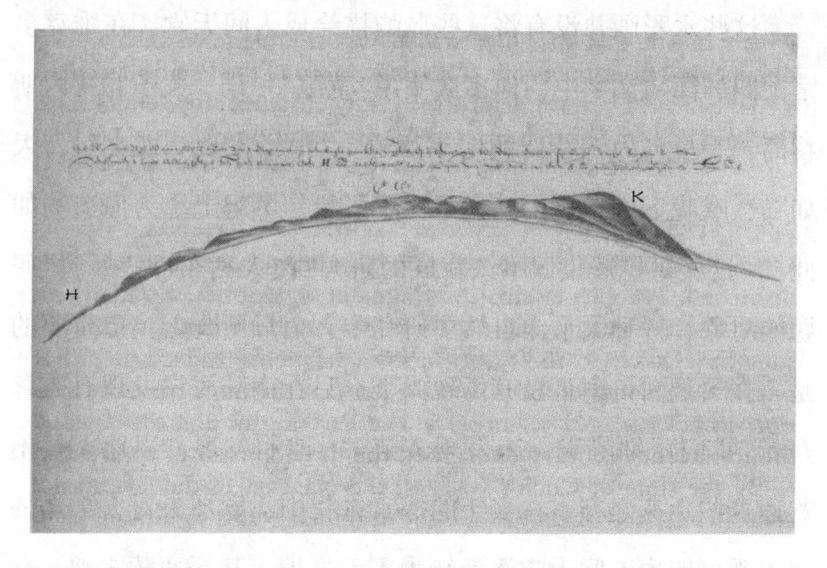

图 10.3 沿海轮廓图，编号 15，为维克多宗于 1697 年绘制的佛拉明航海图手稿
图中地平线呈弧线。配有如下文字："抛锚于南方大陆北端海湾，南纬 21°33′，深度为
10 英寻(约 18 米)，距海岸 3/4 英里(1.2 千米)。如图所示：字母 H 处为最东方的陆地，
字母 K 处为最西的陆地，地势最高。"

样的方法，他不用登陆就可以靠沿海岸航行来绘制地图。"[29] 库克尽管航海经验丰富，为了在地图上绘出海陆交界，也必须运用大量的想象推理，这也意味着虽然他以船只作为视野的平台，但在他的地图上却没有船只出现。太平洋的重要性在这里也可见一斑：陆地的地形决定了他的船只能够接近陆地的距离，从而决定了地图上的方位。

在失踪的南部大陆的一说被否定后，欧洲人寻找陆地的热潮就被转移了，他们的注意力转向分布在大洋中的天堂岛屿，有人认为这些岛屿就是消失的大陆的痕迹。事实上，也许是在 19 世纪期间科学家们对太平洋关注最多的问题就是珊瑚环礁的

第十章 科　学

形成，这也正是《库木里坡》的主题之一。

在库克航行之时，欧洲人就已经将太平洋的珊瑚岛的成因作为一个重要的哲学问题来思考。[30]德国路德教会的博物学者约翰·雷茵霍尔德·福斯特曾参与了库克船长的第二次航海，归来后著有《环游世界见闻录》(1778年)一书，其中专门有一章名为"岛屿形成论"。这一章在书中被列入"地球的变化"部分，这表明了在接下来的一个世纪中，珊瑚岛的成因一直是人类知识界关注和探索的焦点。研究小块陆地的上升和下沉成为地壳动力学的核心，并引起了灾变论与渐进论的论战。福斯特在坦纳岛观看到了火山喷发，因此用了大量篇幅来描述火山的活动，并提出火山经常靠近海边。坦纳岛火山喷发造成了"一场巨变"，"持续降落的火山灰改变了整个岛屿的土壤"。[31]福斯特也观测了海平面的变化。他将海岛分为两类：低洼岛屿和高地岛屿。他断言，"低洼岛屿"是海洋生物作用的结果，水螅类的动物逐渐形成了岩生植物。之后，贝壳、海草、沙子和珊瑚慢慢堆积，开始有鸟类栖息于此，珊瑚岛由此出现。与此同时，地震和火山形成了高地岛屿。太平洋的传说对福斯特的推断影响重大。他引用了太平洋的"神话"，证明岛民们也相信灾难对岛屿的形成至关重要："他们没有忘记他们的居住地区以前是大陆的一部分，后来被地震摧毁，他们还记载过曾有一场大洪水将他们生活的这片土地拖到大海里。"[32]

50多年后，当查尔斯·达尔文横渡太平洋时，他也沿用了这些先人提出的理论。航海的见闻和潮汐的变化万千让达尔文想到很多问题,一直联想到整个地球乃至全人类。达尔文并没有在航海中得到一个满意的科学解释,这使他继续在变化的太平洋中探索发现。与福斯特一样,目睹自然灾难对达尔文的地质猜想产生了巨大影响。达尔文观察到了智利沿岸地震。1835年1月,他目睹了奥索尔诺火山喷发,大约3个月之后,在康塞普西翁,他得知一场潮汐曾毁坏了当地大部分建筑物,"康塞普西翁的废墟真是触目惊心。"[33]在康塞普西翁,他的副队长罗伯特·菲茨罗伊(Robert FitzRoy)上尉做了一项调查来证实他以前调查的结论,即这块大陆是陆地升高形成的。这些南美的经历以及给达尔文带来的关于整个次大陆的地质结构的启示,使达尔文最终形成了太平洋岛屿成因的学说。横渡太平洋时,达尔文惊奇地发现海洋中岛屿如此之少。例如,1837年12月航行归来之后,他曾写信给地质学家查尔斯·莱尔,信中说:"人们以为太平洋中岛屿不计其数,这简直大错特错。事实是在漫长的航行中,你通常只会遇到一两个岛屿,可能接下来的几百英里航行不会见到任何一个岛屿。"[34]鉴于南美洲毗邻太平洋,达尔文产生了一个对应的结论,即如果前者的土地上升,那么后者一定会下沉。

莱尔认为,珊瑚礁形成于海水淹没的火山之上。达尔文对这个说法表示怀疑,1836年他在给他妹妹的信中提到,这是一个"荒谬的假说"。[35]为反驳莱尔的观点,达尔文提出了一个假说:珊瑚岸礁、堡礁和环礁是岛屿的进化阶段,它们的产生并非源于陆地的上升而是海床的下降(见图10.4)。[36]他后来又对

此说法进行了补充,并解释了他是如何得到这个理论的:

> 此论之前完全靠推理得出,这在本人研究生涯中前所未有,此思想产生于南美西海岸,当时本人并未见过真正的珊瑚礁。之后,我要做的只是仔细观察活体珊瑚礁以验证我的结论。[37]

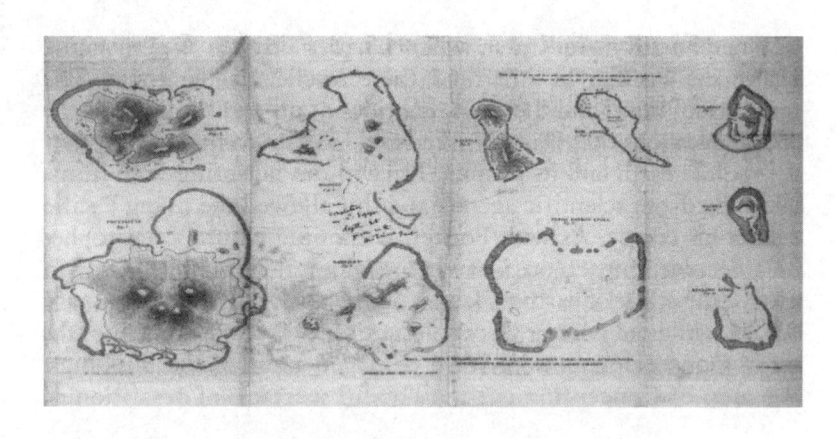

图 10.4　环多山岛屿堡礁和环礁以及潟湖群岛的相似地形

出自查尔斯·达尔文《珊瑚礁的结构和分布》(1842 年伦敦出版)一书。这张图片来自达尔文本人保存的书稿,上面有达尔文在书稿中的一条注释,内容如下:"完成于第 20 次航行后。历史深度未知。"

然而,这里达尔文并未公布他的真实观察方法,使我们不清楚他的观点是如何形成的。他的推理方法既不完全是演绎法也不是归纳法。他形成环礁说的一个重要依据是印度洋的科科斯-基灵环礁。在描述这一环礁外貌时,他提出了不同的观察方式:"这不只是肉眼上的一个奇观,更是思考过后带给我们

287

的思想上的启示。"达尔文举例说明了他的推理过程：

> 因此，我们必须把这个岛屿看作一座高山，无法确定珊瑚虫沉积深度或厚度……我们在太平洋多次见过类似的岛屿，例如塔希提岛和埃梅奥岛，周围环绕着珊瑚礁，珊瑚礁与海岸中间则是平静的海水。因此，如果我们想象有这样一个岛屿，每隔很长一个时期，下沉若干英尺，向南美洲反方向运动，而这些四周环绕的珊瑚礁则继续上升。最终，中部的陆地下沉到海平面以下直至消失，但四周的珊瑚留下来形成环状。这不正是我们看到的环礁吗？——照此看来，我们应该把环礁看成是无数微小的建筑师的杰作，这也说明从前这里有一片陆地，现在深入了海洋深处。[38]

达尔文这里至少运用了三角测量法：他在科科斯-基灵群岛，南美洲和塔希提岛之间建立了三点定位。事实上，达尔文通过发表文章试图将他的发现整合从而支撑他将"热带海洋"划分为直线和平行的区域的说法，进一步阐释他的沉降说。[39]从洋面远观岛屿今天仍然是观测的重要环节。然而，对一个岛屿的观测还要通过长期的观察来修正。可以看出，达尔文观测岛屿的方法也借鉴了在寻找南部大陆时航海家的经验。事实上，达尔文的观点一直有所争议，根据一些假说，太平洋岛屿过去共属于同一片消失的大陆，这是唯一能解释太平洋诸岛自然史如此相似的说法。然而，这种说法并没有说服达尔文，他说："照此说法，岂不是说太平洋和大西洋所有的岛屿过去都属于同一片大陆！"[40]

如果说这种说法说明了达尔文在《"比格尔"号航行日记》中提出的复杂的思想，但却无法证明这种学说具有宇宙学意义。关于珊瑚岛成因的争论由来已久，甚至引发了关于人类起源的宗教争论。达尔文提出的珊瑚礁成因学说，特别是1842年《珊瑚礁的结构和分布》一书的出版，无疑为后来的地质学研究提供了指导。可以说，这一学说的接受与当时英国对珊瑚的宗教迷恋不无关联。[41]达尔文与当地传教士的交流说明这一学说的提出与太平洋宗教存在联系。[42]值得注意的是，达尔文作为博物学家出版的第一本书是与菲茨罗伊合著的，该书为支持南太平洋传教士而著。[43]约翰·威廉姆斯1837年所写的《传教录》就是当时南太平洋传教士的重要文字记录之一，后来成为畅销书。而威廉姆斯曾经为达尔文提供过研究线索。[44]威廉姆斯的第一本书出版两年后，他在瓦努阿图的埃罗芒阿岛被杀害。在他殉难之后，他的书开始热销。在该书中，威廉姆斯将太平洋岛屿分为火山岛、水晶岛和珊瑚岛，书中也评论了地质学家威廉·巴克兰和莱尔的观点。他试图把《圣经》的思想与新兴的地质学科学相融合。他在书中提到"小珊瑚虫"，一种引起科学兴趣的生物。他说："如果我们只是单纯研究自然现象，思想上我们没有怀疑和背叛上帝，那么我们的目的是一种庄严虔诚的思考……"[45]他得出以下结论：自从《圣经》记载的洪水退尽后，这些岛屿的外貌并无改变，珊瑚是由珊瑚虫从蒸发的海水吸收石灰碳酸盐而形成。这本书的其他部分也写到了很多关于珊瑚的丰富想象，并配有图片。书中最令人难忘的段落之一是作者写到珊瑚被烧成白色的石灰后，可以用来粉刷传教士住处，因为白色恰恰象征着基督教救赎的颜色。威廉姆斯还写了当地人的反应：

> 第二天早上，他们都赶来观看这奇妙的景象。不管是酋长还是普通百姓，男女老少都赶到了现场，揭掉盖布后，他们眼前出现了一面美丽的白墙，这让他们惊叹不已。所有人都走上前来，有的闻，有些用手指刮，还有人用石头轻轻敲，然后，所有人都发出感叹，"真好！真好！"在真正敬畏上帝的人手中，大海里的顽石，海滩上的沙子也可以化腐朽为神奇。[46]

在达尔文的著作中时常流露出对宗教的热情，在太平洋和对太平洋的研究探索中，科学和宗教经常可以相辅相成，互相作用。

人类希望通过探索太平洋来认识自己，从而寻找人类在时空中的位置，直到19世纪末，不断有科学家在回应达尔文的观点，继续探索研究太平洋。继达尔文之后，第一个到来的是美国政府支持的美国太平洋探险队，由美国海军准将查尔斯·威尔克斯率领，同行的还有地质学家詹姆斯·德怀特·达纳。

此后达纳出版了《珊瑚礁与岛屿》(1853年)一书质疑达尔文的观点。该书于1872年再版。达纳基本认同达尔文的理论,但是在一些细节上持有异议。达纳坚信,过去一直下沉的珊瑚礁最近出现了上升趋势,而海水温度是珊瑚礁分布的一个决定性因素。[47]1837年,达纳在宗教上表现得更加虔诚,他试图将他的理论与《圣经》结合。他假定大陆的地质形态与海洋分布有关:"显然,海洋的出现很大程度上决定了大陆的特征;海洋与大陆相互影响制约,二者的出现经历了一段平行的历史——海洋下沉,大陆上升。"[48]他的这一理论并不符合当时的自然神学。根据自然神学,大自然是上帝的伟大作品。在达纳看来,他的理论来自"坚持不懈的力量","因果的统一"和"一个普遍的结构体系"。[49]达纳的太平洋探险之旅就此开启了人类对"地球的特征"的研究,即后来的宇宙学。到了19世纪的后25年间,人类对珊瑚礁的兴趣有增无减。海洋学家约翰·默里(John Murray)随英国"挑战者"考察队于1872年至1876年横渡太平洋之后提出新的说法,进一步扩大了关于海洋的争论。默里参考了夏威夷族谱学,并认为珊瑚礁下面必定存在着稳定的岛屿。为此,支持达尔文学说的科学家提出只有在太平洋海域钻孔,才能彻底明确珊瑚岛的成因,为此又有三支探险队先后登上富纳富特岛。珊瑚环礁得到如此多的关注,其原因在于最终的谜底能够普及达尔文学说。[50]然而,直到1952年,在美国原子能委员会准备核试验的时候,人类才在马绍尔群岛的埃内韦塔克环礁钻孔,其深度超过4000英尺(1219米),至此达尔文学说才得以证实。[51]

人们一直试图证实太平洋原本属于毗邻的大陆，由此引发了长期的关于珊瑚岛的争论。19世纪曾引起了犹太教－基督教的关注，其理论形成不仅凭借经验主义，也基于他们认识世界的方式。在这几十年的时间里，太平洋的变化和构成对于自然科学至关重要，它将众多思想家引向了意想不到的领域。

进入20世纪，太平洋不仅是发掘人类和历史的所在，更是地球争取未来发展的关键，而且在一定程度上起着决定性作用。重要的是，科学技术的进步意味着人类已经掌握了改变太平洋岛屿形态的能力。人类也越来越清楚他们对岛屿和海洋的影响以及这些影响带来的长远影响。当然，科学一直是各国人民和理论家们在太平洋地区关注的热点，这点在传教士的记载中可见一斑，而且这种关注有增无减。

1952年11月1日上午7时5分，马绍尔群岛的一个代号为"迈克"的氢弹爆炸试验成功。[52]这是世界上首例氢弹试验，也是在埃内韦塔克环礁进行的43次核试验中的第8次。正是这些核试验使这个静谧的珊瑚岛布满深坑。[53]"迈克"的威力是当年在广岛投下的原子弹威力的693倍。这次核试验疑云重重，因为爆炸3天后正是美国大选之日。

"迈克"的爆炸将伊鲁吉拉伯岛夷为平地，并在它的原来的位置上产生了一个宽6240英尺（1901米）、深164英尺（50米）的大坑。1954年3月该岛消失。当美国在马绍尔群岛的比基尼环礁进行代号为"布拉沃"最大规模的核试验后，使得更多的岛屿消失。正如一位评论家所说:"几年后,一些比基尼族长返回故乡,他们会为仅存的沙洲和大海流泪,这是'布拉沃'核试验后仅存的残骸。他们会说这个岛已经'失去了骨骼'。"[54]马绍尔人民饱受核辐射之苦,他们的健康直到今天仍然受到威胁。[55]颇具讽刺意味的是,20世纪70年代末,在清理埃内韦塔克环礁后,伊鲁吉拉伯岛的深坑被填成了一座核废物掩体。里面填满了11万立方码(8.4万立方米)的核爆炸污染物,上方用水泥封住,被称为"鲁尼特圆顶"。

美国、英国和法国等国家在太平洋上展开了一场核试验竞赛。在这些国家眼中,太平洋是与世隔绝的:这里方便测试核武器,因为这里远离世界的关注,而且不引起伤亡。然而,这种想法是大错特错的,因为太平洋核试验无疑已经改变了自然世界。这些试验已经在地球的身上留下了无法磨灭的伤疤。这种改变的影响与"冷战"时期的政治后遗症一样无法消除。在肉眼上,核爆炸改变世界的方式最常见的形象是蘑菇云。1954年4月,《时代周刊》封面刊登了一张"迈克"爆炸的黑白照片,并在内页附有彩色照片。《生命》杂志也刊登了这次核爆炸的照片。《时代周刊》记载了人们在飞机轮船上观看到"100英里(161千米)宽的花椰菜状火球"。如果说这些照片都令我们毛骨悚然的话,试想这次爆炸对目击者意味着什么。这些现场目击记载至关重要,因为有人认为发表这些照片的目的是冲淡公众对爆炸的负面看法,是为了制造一个奇观,从而掩盖造成的环境悲剧,抹杀利用太平洋进行核试验的险恶用心。[56]这里呈现的壮观景象是一种宇宙奇观：核爆炸被解读为一种再生的力量，它可以驾驭宇宙的原始能量，同时也可能毁灭整个地球。[57]太平洋岛屿再次成为决定人类命运的所在。太平洋呈现的物质特征使它成为人类的实验室，然而太平洋海岛本身的物质特征却因此而被永久改变了。

达尔文思想与20世纪末太平洋科学时代的联系也体现在人类面对一系列的环境问题的忧患意识上。达尔文和达纳曾经关注过的海平面问题仍然是关于全球变暖的科学研究中的重要部分。随着地球二氧化碳排放量的增多和气温的上升，加上愈演愈烈的捕鱼和其他人类活动，珊瑚礁和众多珊瑚岛国岌岌可危。[58]一个科学家团体最近写道："目前一个主要的问题是，环境变化的速度可能会超过珊瑚进化的速度。"[59]科学家们预测，许多海拔不到2米的低洼国家，如图瓦卢和基里巴斯，将变得不再适合人居，太平洋将会产生越来越多的气候难民。例如，2001年，位于华盛顿特区的地球政策研究所预测，图瓦卢将是"第一个因海面上升而全民迁移的国家"。[60]澳大利亚和新西兰有人提出，未来图瓦卢居民"要么沉没，要么游泳"，这类危言耸听的言论，将太平洋人民的处境描绘得凄惨无助。当然，澳大利亚和新西兰历来欢迎因祖国环境遭破坏而来的岛国移民，尽管澳大利亚直到2007年才承认《京都议定书》。面临生存困境，太平洋人民表达了对未来的看法。他们拒绝放弃家园，背井离乡。他们呼吁世界不要放弃扭转气候变化的希望，也不要无视岛屿国家的主权。图瓦卢已经对工业化污染国家和气候活

第十章 科 学

动人士的言论表示反对。用一个太平洋岛国驻联合国大使的话来说："我们不会静静地离开。"[61]

面对气候变化,太平洋已经成为关乎未来的所在,因为人类曾经从太平洋中追寻地球悠久的历史。过去,太平洋一直是发现陆海关系的地方。这种关系贯穿了本章的所有理念,意在说明太平洋本身和相关的思想的连续性。这种连续性也揭示了太平洋是一个鲜活的生命体。关于太平洋的纷争此起彼伏,围绕关于寻找失踪的大陆,或围绕原有大陆沉降还是升高问题——无论如何,这些纷争都说明了来自不同时代和文化背景的人们试图在太平洋上了解自己和人类。这里,人类的所见与所想一样的举足轻重,具有宇宙哲学意义。我们看到理论家们发现海岸后发出的深刻的主观思考。人类产生这样的思考并非因为太平洋是一张白纸,等待外界的思想来描绘。相反,太平洋通过测量方法的选择、地质学和物理学,引领思想家走向意想不到的新方向,这说明了太平洋的重要性一直在主导人类的思考。综上所述,太平洋不是一个单一的地名,而是一个涵盖了岛屿、海滩、教堂、毛利会堂、火山口和珊瑚礁的广大区域,它是自然科学诞生的重要推动力。

本章并非要对太平洋在科学史上的地位进行本质主义的论证,而是试图尊重太平洋在人类思想史上的重要地位。浩瀚大洋中岛屿的分布,悠久的族谱中关于人类和非人类生活的记录都是太平洋特殊地位的例证。本章提出太平洋不是静止不变的,而是作为人类居住的物质存在。当然,世界上的很多其他地区，如加勒比海和北极，也同样是人类追根溯源之地，而笔者这里并非刻意强调太平洋的重要，而是指出人类思考太平洋的特殊性和持续性。[62]太平洋的实体存在并不是静态的：地质，气候和进化的发展变化至关重要。与此同时，这种实体变化对人类思维中的影响随着时间的推移而不断改变。不可否认，随着时间的推移，科学技术带给太平洋越来越多的影响。核弹、渔业和工业污染开始前所未有地影响这片大洋。尽管太平洋一直经历着变化，这些改变却与以往不同。即使如此，人类仍需要思考如何面对新的挑战，不再使浩瀚的太平洋沦为试验对象和牺牲品。

第四部分

身　份

第十一章
种　族

詹姆斯·贝里奇

具有历史意义的海洋世界始终与人类息息相关，这些岛屿和海滩上均留下过人类的足迹。几千年前，波利尼西亚人的远航首次将太平洋变成这样一个地方。到了公元前1500年，波利尼西亚人的远航开始减少，但此前的高峰时期，他们的脚步曾踏遍太平洋的大部分海域，从南部的南极奥克兰群岛到北部的夏威夷。研究证实波利尼西亚人也到达过南美洲，还有研究补充说，一种近似波利尼西亚的文化到达过东非——这等于是说全球化早于新石器时代开启。[1] 16世纪后，太平洋世界开始第二次复兴，伊比利亚人在东西太平洋沿海出没。自1571年起，太平洋上开始有马尼拉大帆船每年在菲律宾到墨西哥之间穿梭。在接下来的3个世纪中，太平洋的岛屿和海滩与世界各地联系日益增多。欧洲人率先创建了这些航线，但后来的亚洲人、美洲原住民和太平洋岛民也在使用航线。那么欧洲人是不是将种族主义带入太平洋世界的始作俑者呢？他们一开始就是种族主义者，还是到达太平洋后才成为种族主义者？又或许在这里的经历使他们变成了种族主义者？太平洋和种族主义之间

第十一章 种　族

存在什么样的必然联系？

在种族主义者的假想下，文化有属性，且有优劣之分，他们认定自己民族的文化优于其他民族。一个坚定的种族主义者会认为，除了一些表面和微小的变化，这些文化的属性和优劣排名是不会改变的。而温和的种族主义者则认为，文化的性质和优劣程度可以"改善"，意味着最终所有人类可以达到同样水准。有些人认为这不能算是种族主义。但是，这种种族平等往往是梦想家们遥不可及的愿望。这种思想要求"劣等"种族赶上"优越"的种族，而最终是否赶得上完全取决于后者的裁决。

许多学者认为，17世纪以前，欧洲人使用的"种族"一词单纯代表血统或家族，而这不一定有种族主义意味。[2]此外，新的学者认为，没有种族概念也同样可以产生种族主义。在这里有必要对种族理论和种族观念作一个区分，前者属于文化思想史范畴，而后者属于社会思想史范畴。种族理论大约于1775年前后出现于欧洲学者之中，并盛行于1840年至1945年之间。这些欧洲学者产生的公众影响力日渐衰落，他们自称其理论属于科学，别说今天的我们，就连他们的同时代人对此都嗤之以鼻。但他们的确试图解释甚至预言各民族之间的关系，不过只限于纸上谈兵，他们既无法证明自己的理论也无法在言行上做到一致。而种族观念是对文化本质的具有价值取向的偏见，往往历史更久远。

它不关心科学或逻辑的一致性；它往往是为满足某个特定历史时期的需要而产生的；当时机合适，它就会与理论相结

299

合。人们一般认为观念源自理论，但历史事实证明恰恰相反。将种族理论作为精英话语研究只触及了冰山一角。

　　早在15世纪西班牙产生了"纯正血统"之说，这是种族意识的雏形。[3]在16世纪，这种毫无逻辑的种族偏见愈演愈烈，"血统不纯"思想逐渐蔓延到美洲原住民和非洲黑人身上。在美洲殖民开始的前100年中，混血儿，例如黑白混血，被认为是一种缺陷，因为这代表其祖先是犹太人。[4]这些种族偏见历来都是双重取向的，血统不纯意味着几代人都是邪恶低劣的，而纯洁的血统则代表着永久的高贵和优越，哪怕这家族只有曾祖父祖母是在欧洲出生。在这种种族偏见下，维持社会地位的方式变成坚持女性内部通婚制。这种做法却并不对男性做出限制，只有欧洲女性必须与欧洲男人婚配，目的是保证"血统的纯洁"和殖民者阶层的"欧洲性"。

　　因此，种族意识已经在1513年随着西班牙先于种族主义理论抵达太平洋沿岸。但是欧洲人是不是太平洋唯一的种族主义者呢？从19世纪起，有其他民族如日本人开始接纳利用种族意识，但是，除欧洲人之外是否还有其他的更早的种族主义者呢？我们无法得知阿兹特克人和印加人这些古代社会文明中是否存在种族主义，但是在太平洋沿岸和岛屿中似乎并无种族主义的痕迹。这些民族会歧视外来者，还有一些民族甚至接纳了某些19世纪欧洲种族主义思想，当然日本的种族意识带来了严重后果。尽管如此，他们通常乐于接纳暂时或永久定居的外来者，而且他们并不歧视这些后来者的子孙后代。

第十一章 种族

太平洋的第二世界居民以中国人为主，他们一直扮演着重要的角色，他们既是消费者也是生产者，同时也是迁徙者，在中国台湾地区和南海又是定居者。对他们的种族观念的研究发现，他们早就有种族阶层。首先是汉族或外貌像汉族的中国人，他们是中国的正统子民。第二种和第三种人则是蛮夷：前者是半开化的，外貌近似汉族的蛮夷，后者是"原始的"或未开化的蛮夷，其外貌不同于汉族。这似乎与波利尼西亚的划分方法很接近，他们将国人分成亲属、邻居和陌生人三种，这充其量只能说是温和的种族主义。[5]

中国的种族主义对于民族划分相当苛刻，几乎总是有优劣之分。然而，与诸多现代西方种族主义不同的是，这些区别并不一定基于肤色或外貌，也不用遗传基因和科学当幌子。这种种族主义观点建立在人的外在条件基础上，而非基因。[6]

然而，中国的情况显然更加复杂。最近，有学者从史料中发现中国历史中某些阶段存在过明显的种族主义，特别是针对云南边远地区的某些蛮夷。17世纪中期清朝统治中国，情况开始发生变化。某种意义上说，这些统治者过去就是所谓的蛮夷，因此对于蛮夷是无法教化的思想，他们并不接受，甚至反对，于是出现了一个有趣的反种族主义的统治者阶层。[7]

当时的中国可能没有成体系的种族理论，但是确实有强烈的种族意识。与欧洲不同的是，他们的种族主义并未产生广泛的影响。毫无疑问，当欧洲在15世纪开始向外扩张时，中国的全球航海能力已经远超欧洲。在1405年至1433年间郑和率船队七下西洋，这段曾经被忽视的远航现在已成为世界航海史上重要的一页。出于种种原因，中国人此后再未进行过远航，他们的足迹再未踏入过太平洋深处。尽管如此，中国仍然是太平洋世界的重要角色。欧洲人利用扩张来获取空间，而中国人不是为了扩张，而是喜欢异域文化的交流。直到19世纪，中国是大量贸易商品的主要生产国，特别是丝绸和瓷器。他们出口这些商品并非用来交换其他国家的物产，而是换取白银、鱼翅、海参、珍珠和皮草。中国商人曾为获取这些奢侈品远渡太平洋。自从16世纪起，中国商人带动欧洲人和他们的奴隶在全球范围内进行这些商品的交易。于是欧洲人乐此不疲地将皮草、白银和一些美洲动植物运往广东和澳门，以换回丝绸、瓷器和茶叶。[8] 早在15世纪，中国人已经引进了美国的红薯、玉米和花生以及大部分来自美洲的白银。从阿卡普尔科到墨西哥城的路线被称为"中国之路"，沿途的商人们可以用瓷器碎片作为货币流通。[9] 在18世纪90年代，不论是在北极太平洋地区猎杀海豹的俄罗斯人，还是在亚南极屠宰海豹的盎格鲁人，其目标市场只有一个——中国。他们不需要走出家门就可以参与全球贸易。

尽管古代中国人四海流动，但他们仍盼望回到故乡与祖先埋葬在一起，他们中女性移民人数相当少，总人数相对于国内固定人口更是微乎其微。在高峰时期，有3000万中国人在19世纪20年代初迁徙海外。[10] 但是，其中的2540万人移居到东北，其中有1670万人后来又返乡。[11] 早期的中国移民，例如东南亚移民，具有向外扩张的倾向。但是，他们同早期欧洲移民一样，扩张规模很小。1076年，当中国商人遭到越南当地人的袭击时，宋朝政府同意向难民提供一定的拨款，但是必须在他们回国后方可领取。[12] 17世纪，清朝出现同样状况，当时东南亚的中国商人再次受到当地人威胁。清政府决定不施以任何援助，理由是这些商人与外邦蛮夷已无二致。[13] 如果有人愚蠢到离开祖国，那完全是咎由自取，"在清朝统治者看来——那些抛弃祖先远渡海外的华人根本就不能算是中国人"。[14]

欧洲种族理论史则更加广为人知，因此笔者再次仅作简短回顾。到18世纪中叶，基督教世界观秉信人类同源论，即人类都是兄弟姐妹，他们共同的祖先是亚当和夏娃。根据《圣经》评论家的推测，人类在出现6000年后才开始出现人种差异。从20世纪中叶开始，启蒙运动的科学研究者经过多次科考探险获得了生物多样性的证据，由此推断从两个共同祖先发展到芸芸众生只用6000年时间似乎太过短暂。太平洋的这个新发现的世界就是强有力的证明。很难看出亚当的后代中如何迅速产生了阿伊努人和塔斯马尼亚人，同样难以置信的是，当年诺亚方舟上曾载有成对的大蜥蜴和鸭嘴兽。当时为保持宗教权威，人们被强行灌输了人类同源说。据此说法，人类可以在短时间内进步或退化，文明程度和肤色都可以快速形成。早在1749年，居然有人传说一名法国女子"因在街上遭到黑人强暴而肤色变黑"。[15]

与其两大强劲对手多元发生说和社会达尔文主义一样，人类同源论为扩大影响力也四处觅寻同盟。它联合了人道主义和福音主义。这些思潮尽管有时会误导公众，但是也为废除奴隶制做出过重要贡献，还有很多慈善的利他行为。在19世纪30年代高峰期，人道主义者积极劝阻英国入侵太平洋地区，但效果甚微，而且他们并不反对太平洋地区的传教活动。从19世纪开始，传教士并不急于授予当地皈依者教职，新教徒也很少将女儿嫁给当地皈依者。原因是这些部族原住民必须保持未开化状态才能迫切需要拯救，否则他们将不再需要传教士。尽管如此，人类同源论并不像多元发生说那样用心险恶，后者单纯认为不同的种族是不同的物种，其核心特征永远不会改变。这样的看法可以追溯到16世纪初的帕拉塞尔苏斯："要说那些刚发现的土人身体里流着亚当的血，简直不可思议。"[16]但是，这种说法到20世纪30年代开始出现了理论支撑，部分原因是为了反驳福音主义者的美好幻想。

纯粹的多元发生说是一个边缘的学说，即使在当时也极易遭到批判。生物杂交是否具有生育能力是当时检验物种进化的标准，结果是不同人种通婚后生育能力并未受影响。然而，许多学者低估了多元发生说的影响。尽管它提出的种族代表物种的说法被彻底否决，但是其关于种族不可改变的说法却获得了胜利。[17]这使多元发生说成为维系奴隶制的得力手段，长达一个半世纪的时间，成为批判人类同源论者的蛮夷可以教化的说法。历史学家常常提到1857年的印度叛变和1865年的牙买加叛乱，但在太平洋地区类似事件的影响力也不容忽视。19世纪

第十一章 种　族

60年代新西兰的毛利人起义，1878年新喀里多尼亚的卡纳克族叛乱以及在昆士兰州周边原住居民叛乱，导致1000多名殖民者丧生。在当时看来，这些事件正说明了蛮夷如同他们的肤色一样，不存在改良的可能。[18]

所有种族理论都为"优秀民族"和"劣等民族"分配了不同角色，有明确的"我们"和"他者"区分。多元发生说要求白种人接受命运的安排，对于盎格鲁-撒克逊人来说，这意味着至少要担任世界温带地区的统治者角色。"上帝只赋予了盎格鲁-撒克逊人这样的使命，他们要用毕生的时间在世界上最艰难的地方建立像维多利亚州、新南威尔士州、塔斯马尼亚州和新西兰这样的社区"，"我们对这种民族使命的深刻信念和热情全部来自我们的第二生命，那就是我们的民族宗教信仰"。上述两段话均出自1860年的伦敦报纸，同年在《悉尼先驱报》上转载，其中"我们"一词作为关键词。[19]

本章要谈的第三个理论是社会达尔文主义，也被称为种族达尔文主义，前者已经成为常见的名称。这种理论认为种族冲突在人类求生存过程中是不可避免的，最优秀的种族将会发展壮大，而弱小民族的命运就是被消灭或同化。社会达尔文主义是1859年查尔斯·达尔文理论与之前的名为"致命影响"理论的突变混合体。致命影响理论认为，新世界的原住居民，无论怎么努力挽救，一旦接触到欧洲人就会自然灭绝，这是大自然或神的旨意。这种论调表面上对此表示遗憾，实际上表达了欧洲人注定要统治世界的观点。当然，这种观念源自18世纪前几乎普遍存在的对流行病学和免疫学的误解。致命影响理论可以追溯到1520年前后的西班牙加勒比地区，当时天花在伊斯帕尼奥拉岛横行，而且1800年前后在太平洋地区肆虐，导致塔希提、澳大利亚和新西兰的人口减少。1805年，一个访问新西兰的欧洲上流社会人士感叹道，哪怕一个最底层的欧洲人到了这里都会视自己为上等人，在他眼中，这个平静的小岛上的原住民根本不值一提。[20] 1834年另一个来到太平洋的欧洲人这样写道：

> 在本人看来，导致印度原住民人口减少的原因在世界各地广泛存在。在新西兰、加拿大或北美如此，在非洲南部，霍屯督人的人口也在减少，可以说，南太平洋群岛也是如此。朗姆酒、毛毯、火枪、烟草和疾病一直是强有力的毁灭工具；尽管如此，我相信这一切是上帝的旨意，否则灾难不会降临，正所谓恶中有善。[21]

这种观点并非受到达尔文理论的影响，达尔文当时正乘坐"比格尔"号在太平洋航行。达尔文本人赞成这一观点，但他在1859年的《物种起源》中并未提及，而且并未纳入进化论。这种思想认为，内部竞争促成自然选择。社会达尔文主义者将它解释为群体之间的冲突。但是，不需要其他理论介入，仅是致命影响和进化论两种思想的碰撞就擦出了社会达尔文主义

第十一章 种　族

的火花。[22]在一定的意识形态背景下，例如19世纪中叶的太平洋殖民社会，社会达尔文主义呼之欲出，而在19世纪后期和20世纪早期的众多理论家只是它的背后推动者而已。因此，社会达尔文主义的产生实际上源自16世纪的"致命影响"以及对19世纪物种起源说的扭曲。

社会达尔文主义催生了雅利安主义，一种比盎格鲁-撒克逊主义影响更广泛的思想。希特勒不是仅有的一个雅利安主义者。他们相信人类历史上的一切进步都可追溯到雅利安这一优秀人种身上，他们注定在物竞天择中获胜并统治地球。19世纪后期在俄克拉何马州的殖民者信奉雅利安主义。[23]在他们看来，20世纪的两次世界大战就是一场全球生存决赛，决赛双方分别是两个最伟大的雅利安人种：盎格鲁-撒克逊人和德国人。

欧洲种族理论在太平洋地区影响巨大，特别是在1840年之后。研究种族理论必然涉及种族意识。二者相互作用，并共同作用于现实社会。他们使种族主义真正参与了太平洋历史——我们稍后会谈到这如何催生了"白人太平洋"思想。种族理论和种族意识为欧洲人制造了审视太平洋的有色眼镜。当然这些并非都是为了歧视太平洋世界。直到19世纪，欧洲学者们开始羡慕遥远的中国文明，尽管在与中国人的贸易往来中，他们往往会因中国人表现出的优越感和他们在贸易方面显露出的实际优势而感到不安。从19世纪开始，他们开始认为中华文明停止进步，而且欧洲人注定后来居上。自1850年以来，欧洲人对中国人的态度开始恶化。当时欧洲出现了一场奇怪的

307

道德恐慌，欧洲移民社会中的少数亚裔移民被视为"黄祸"的罪魁祸首。从18世纪中叶开始，欧洲人将罗马历史学家塔西丘斯提出的"高贵野蛮人"的说法用于一些太平洋岛屿的原住民，特别是塔希提人。这也反映了欧洲渴望来自外部世界的评价，像他们评价太平洋社会一样。随着1859年的社会达尔文主义的盛行，开始出现"蛮夷终将灭绝"等种族偏见。但最典型的偏见就是针对"白皮肤"和"黑皮肤"野蛮人。白皮肤者被视为更接近欧洲人，他们愿意并能够皈依基督教和现代文明。黑皮肤者则是劣等人种，对欧洲充满敌意，信仰上顽固不化。人类同源说和多元发生说均支持这些偏见，但这里再次说明了种族理论与种族意识总是相辅相成的。

从19世纪20年代起，欧洲人对有色人种进行了用心险恶的划分。澳大利亚在内的西太平洋岛屿的原住民为"偏黑色人种"，包括新西兰在内的东部太平洋原住民为"偏白色人种"。前者被称为美拉尼西亚人，希腊语中意为"黑人"，后者为波利尼西亚人，意思是"来自多个岛屿的人"。[24]这种划分随着种族理论的风行开始普遍，相应地又成为种族理论家的工具。但是，这种思想最早可以追溯到16世纪末，当时西班牙人以"新几内亚"为新大陆命名，因为他们认为这里的原住民外貌与"非洲几内亚"的黑人非常相似。[25]1595年，有西班牙人来到东太平洋的马克萨斯群岛，他们发现当地人友善温和，肤色即使不能说和白人一模一样，也与白人相近。[26]差不多两个世纪后，德国科学家约翰·雷茵霍尔德·福斯特在17世纪70年代与库克船

第十一章 种 族

长横渡太平洋时确立了美拉尼西亚人和波利尼西亚人的区别，正式将这一思想纳入种族理论。但种族意识的影响依然存在，尽管理论上无法保持一致性，依然可以顺应时代成为不同时期种族主义的工具。种族主义不同于仇外心理，后者仇视所有外来者，而种族主义认为外来者是低劣民族，需要隔离对待，或者隔离开来使其皈依。在美拉尼西亚，当欧洲人的传福音活动或殖民主义遭到反抗时，欧洲殖民者谴责这里的"黑皮肤野蛮人"，同时将目光转向"白皮肤野蛮人"，即波利尼西亚人。可是当波利尼西亚人对他们稍有不满时，立刻被变成"黑皮肤野蛮人"。这种前后矛盾性是种族意识的标志，而不属于种族理论，它甚至可以说具有一定的优点。个人可以免遭种族偏见。捕鲸者和水手在岛上可能是种族主义者，但是到了海上则不是，他们甚至尊重和服从船上的太平洋原住民水手。

种族主义有时使帝国统治者轻视非欧洲民族的能力，这相当危险，特别是在战争时期。欧洲人曾低估了美洲太平洋沿岸的特林吉特人、内兹佩尔塞人、莫多克人、雅基人和马普切人的作战能力；也低估过新西兰的毛利人、塔斯马尼亚和昆士兰的原住民以及塔希提人和萨摩亚人等，并为此付出过惨痛代价。但是，一般而言，种族主义在诸多方面，特别是战争方面，对欧洲扩张的推动大于阻力。被欧洲人灌输自己不仅在知识和技术上，而且是道德上，甚至是体能上，均属于优秀人种，这让他们在战场上意志坚定，信心百倍。结果他们的确总是所向披靡。万一他们战败，那一定不是最终结局。罗马向外

309

扩张时可能只是被顽固抵抗的民族挡在版图之外，例如智利的马普切人，他们一度征服其前两个殖民总督。相反，欧洲人300多年来一直试图征服他们，直到19世纪80年代马普切人才屈服。

这只是种族主义扩张效应的开始。欧洲殖民精英的一个核心问题是如何拉拢"贫穷白人"与他们共同对抗原住民，引进有色人种充当有偿甚至免费劳工。这个问题对于过去或者不久前有偿雇用白人劳工的地区尤为重要。17世纪的加勒比地区种植园，最初雇用白人契约劳工，19世纪的新南威尔士州的罪犯流放地和塔斯马尼亚岛也属此列。这里的白人以及有色人种一样被奴役甚至鞭挞。笃信同一宗教或属于同一国家无法起到保护作用，因为许多下层白人是爱尔兰天主教徒。17世纪的巴巴多斯精英阶层很遗憾地指出，白人只是"泛指欧洲人"。[27]这种吸纳外来民族精英的能力，特别是美国吸引优秀德国移民，也大力加强了主流社会的力量。

种族主义使殖民社会得到加强，并使殖民社会的新生力量保持"新欧洲人"特性，他们有别于当地原住民和外来有色劳工。这使他们被视为真正属于大都市。从16世纪到17世纪，一些大都市的欧洲人认为定居海外的欧洲人在退化。在16世纪晚期的利马，当地出生的西班牙耶稣会见习修士须年满20岁才能正式入会，而西班牙本地出生者年满18岁即可入会。为了获得与本土出生的西班牙人平等的社会地位，出生于美洲的西班牙人在整个殖民地时期不断努力抗争。[28]从1685年开始，

第十一章 种 族

一些法国思想家认为，生活在美洲的欧洲人会全面发生退化，包括智力，这引起了本杰明·富兰克林和托马斯·杰斐逊等人的愤然反驳。[29]也有人担忧居住在澳大利亚的欧洲人。"很显然"，到1858年，在澳大利亚的"盎格鲁-撒克逊人和凯尔特人的几代后人在智力和体力上都已经退化"。[30]对于殖民者来说，这是严重的诋毁。吸引优质的移民已是不易，退化的名声使其雪上加霜。但是，如果种族是与生俱来，而不受特定环境左右的话，那么他们可以理直气壮地宣称他们的社会地位和大都市背景丝毫没有改变。

想要建立和维持殖民社会的欧洲血统和本土性，关键在于维持女性殖民者的数量，并保证女性只能与欧洲人婚配。如果当地没有白人女性，欧洲男子就可以与当地人婚配。如果当地欧洲人极少或者只是暂居者，那么他们的后代就重新淹没在原住民人口当中。在太平洋，捕鲸者便是一例。到了19世纪太平洋已经成为捕鲸者的主要狩猎场。1846年，单是美国捕鲸船的数量就已经超过700艘。因此，阿拉斯加和新西兰的原住民的捕鱼范围只剩下楠塔基特岛一隅。

如果某个殖民地有欧洲男性长期居住，例如葡萄牙在中国的澳门，就会有混血群体出现，特别是在受到官方政策鼓励的情况下。只有男性殖民者的葡萄牙殖民地最易产生这样的团体。这并非代表这些人能够放下其他欧洲人固守的种族主义偏见，而是当地欧洲女性短缺使然。

而在巴西，由于不缺女性殖民者，葡萄牙殖民者的态度则截然不同。中国澳门的这种模式是缓慢形成的：最初在16世纪50年代定居澳门的400名葡萄牙人当时就携带着来自果阿和马六甲早期殖民地的葡萄牙混血亲属。[31]与西班牙、荷兰、英国在南太平洋的偏远殖民地一样，当时居住澳门的欧洲人特别少，于是许多有名无实的欧洲人几乎拥有与欧洲人一样的地位和权利。[32]因此，我们偶尔会发现某些黑皮肤的葡萄牙人、荷兰人或英国人以欧洲人自居。很多时候，这些混血群体进入欧洲人在上的种族等级体系时，他们的地位往往高于劳动阶层或当地人。因此，欧洲人培养了自己的合作者，而具有讽刺意味的是，只能通过灌输种族主义使他们保持忠诚。

另一种情况出现在欧洲妇女相对较多的殖民地。在这些地方，种族主义支持通过女性内婚制来保持纯正血统，而遗传事实可以选择性无视。在拉丁美洲以及在美国的一些州，一个人尽管曾祖母是黑人也依然可以算作白人，甚至可以获得官方认可。[33]但遗传事实推动了种族产生。由于欧洲人占少数人口，当地土地资源丰富，欧洲妇女通常早婚，养育的子女比其欧洲本土女性多。由于种族繁衍已经得到满足，于是剩余了大量无法娶到白人妻子的欧洲男子，这些人可以被用于从事一些高风险但获利颇丰的行当，如狩猎和战争，这也是种族主义带来的额外利益。这些男人（包括一些有妇之夫）与有色妇女婚配，产生了混血阶层。但是由于当地白人众多，相对于男性殖民者为主的殖民地，这里的混血后代地位不高，没有多少特权。

有些殖民地原住民人口稀少，加上新疾病流行，人口进一

第十一章 种 族

步减少，又缺少或没有外来奴隶，白人殖民者成为主要人口。到 1900 年，这种情况在太平洋沿岸大部分地区已经相当普遍，包括澳大利亚、新西兰、美国加利福尼亚、太平洋西北部、不列颠哥伦比亚省和西伯利亚。由于这些殖民社会以种族意识为基石，因此需要继续依靠种族意识来强化自己的身份和"欧洲血统"。不过他们承认当地的"劣等民族"正在消失，而且大部分殖民地都获得了独立，已经脱离了原殖民国家的统治。事实上，正因为失去了与欧洲的正式纽带，他们更加需要强调自己的"欧洲血统"。实际上，只有这样才有利于吸引欧洲移民和资本。俄罗斯在向太平洋扩张进程中发生的一个有趣的例子，充分说明了男性殖民者为主的殖民地和男女殖民者均衡的殖民地之间的差异。在西伯利亚，男女殖民者人数相当，因此，到了 1914 年，这里 80% 以上的人口为俄国人；混血人口处于社会底层，在史料中并无重要记载。相对而言，由于阿拉斯加只有男性殖民者，史料中留下了大量显要的"混血"或"克洛尔人"的记载。[34]

上述两极表现之间还存在不同程度的过渡型模式，拉丁美洲殖民地经历了大部分的过渡变化。最近有研究显示，拉美的种族观念错综复杂，经历了很多转变和争议，伊比利亚人关于血统的"纯洁"和"不纯"的思想转变巨大（也许谈不上快速）。[35] 当殖民者人数过少，他们需要联合当地原住民，那么原住民的地位可以马上提高，但是这种提高必须被冠以"血统纯洁"的名义。曾发生过一个让人啼笑皆非的事件。1697 年，墨西哥

313

城的一所新落成的神学院公开招收当地酋长入学，条件是"只要他们身上没有摩尔人、美洲原住民和其他异教徒的不良血统即可"。换句话说，原住民中的上等人已经不再是"不良血统的美洲原住民"，[36]这里再次印证了种族意识常常是自相矛盾的。

在纯美洲原住民和非洲人人口上升的同时，梅斯蒂索混血儿（父母一方为欧洲裔，一方为美洲原住民）和穆拉托人（父母一方为欧洲裔，一方为非洲裔）的人口也出现同步上升，但是他们的地位却大不相同。例如，非洲人本应位列社会最底层，但其中也不乏有一定社会地位的士兵、工头和熟练工人。更多的白人殖民者尽可能减少与美洲原住民或梅斯蒂索混血儿共事，从而压低他们的社会地位，而非洲人做出的社会贡献则完全被抹煞。墨西哥在1821年获得独立之前，人口中有18%是白人，22%是混血儿，60%是美洲原住民。[37]

在拉丁美洲，一个人的种族特征可能是固定的，但他的种族阶层是可以改变的。如果一个人的身世鲜为人知的话，那么他可以根据自己后天的肤色编造身世从而提升自己的社会地位。有一段时期，"胡须是伊比利亚人身份的特征"。蓄有胡须可以将一个美洲原住民变成一个梅斯蒂索混血儿，如果他的肤色很淡，甚至可以自称白人。[38]一个家族可以借此"恢复"白人血统，甚至有生之年跻身上等社会。个人可以通过婚嫁将家族血统"变白"，从而改变后人在法律上的身份地位。在日常生活中，人们可能按照社交需要在不同身份间转换。[39]

然而，这种可塑性和灵活性并未削弱种族的重要性，反而

第十一章 种族

使其加强。这种对种族划分的矛盾心理说明，种族并非无关紧要，对种族划分的灵活性和模糊性反而加重了种族身份在社会生活中的分量。[40]特定环境下的种族身份变化代表人们需要不断面对种族问题。拉丁美洲的种族划分虽然不像英美国家那样严格，但种族划分却同样重要。

在经历了殖民地独立潮之后，特别是19世纪晚期，在某些种族理论的指导下，太平洋沿岸拉美地区纷纷进行种族重构。一些智利人追溯历史时将他们的祖先由伊比利亚人改写成了西哥特人和雅利安人的后代，这种篡改完全凭猜测臆想。尼古拉斯·帕拉西奥斯在1904年写道："通过我熟悉的智利征服者的各种肖像和描述，我肯定，不到10%的人有西班牙本土种族的血统……其余人都是纯日耳曼血统……拉丁人与智利人毫无相似之处。"[41]

过去曾有种族理论家认为，印加文明起源于一个乘坐独木舟流落陆地的欧洲人。秘鲁和墨西哥的种族理论家则另辟蹊径，他们追认印加人和阿兹特克人为他们的共同祖先。[42]这种说法无疑为这些新独立的国家罩上光环。新西兰人也效仿此法，从1885年起，他们越来越坚信毛利人实际上是被晒黑的雅利安人，这说明新西兰将是一个贴切的英联邦国家。新西兰和其他地方的一些人坚信，所有的波利尼西亚人有别于美拉尼西亚人，他们其实都是雅利安人，而且波利尼西亚的知识分子有时也乐意接受这种说法。20世纪30年代，著名的毛利民族学家彼得·巴克（Peter Buck）便是一例。他在一本著作中将波利尼

315

西亚人描述为"太平洋上的维京人",他的理论甚至说服了来自美国南部的两位议员。"这么说是为了表明萨摩亚人是具有高加索人血统的波利尼西亚人,并非黑色人种。而这两位民主党议员对此表示欣然同意。"[43]

最后,本章对殖民种族主义或种族殖民主义的讨论将集中于 19 世纪在欧洲传教士到来前就已经在几个较大的太平洋岛屿上发迹的小型种植者或农场主精英。这些人包括在夏威夷的美国人、斐济的英国人和在新喀里多尼亚的法国人。这些精英们有条件娶到白人女子以保持纯正血统,但却无法强迫或说服当地原住居民充当他们的劳工。他们认为,这完全是因为当地人生性好吃懒做,无奈他们只好从外地引进了他们觉得更勤劳更顺从的劳动力。这可能是法国在 1864 年至 1897 年间向新喀里多尼亚输送约 2 万名白人罪犯的动机之一。[44]但大多数外来工仍然是有色人种。从 19 世纪 60 年代中期到 1914 年,英国、法国和秘鲁的船只开始掠夺太平洋诸岛的劳工,这种做法被称为"黑奴绑架贩卖活动"。尽管当时禁止贩奴法令越来越严格,通过欺骗,利诱,甚至武力来获得"新劳力"仍然是奴隶贸易的主要途径,对于当时欧洲大种植园来说,例如北昆士兰州的种植园,新喀里多尼亚和斐济是他们获取黑奴的两大主要市场。19 世纪 60 年代,在加利福尼亚,贩卖美洲原住民的贸易也相当活跃[45],这种半奴隶制存在了相当一段时间后,美国和拉丁美洲才分别在 1865 年和 19 世纪 80 年代正式废除了奴隶制。

仅靠掠夺日益减少的岛上人口依然难以满足需要,于是在

19世纪后期，太平洋殖民种植园开始引进亚洲劳工。亚洲人开始缓慢进入太平洋劳动力大军中。早在16世纪70年代，中国人和菲律宾人就曾乘坐马尼拉大帆船横渡太平洋，与此同时，欧洲船只上也有印度和东南亚船员。直到19世纪中叶，太平洋沿岸爆发第三次淘金热时，开始出现以恐华思想为主的反亚洲情绪。1849年至1861年间，成千上万的人涌向在加利福尼亚、维多利亚州、新西兰和新南威尔士州新发现的金矿。大多数人是欧洲人，中间也有少数具有冒险精神的中国人。尽管华人比重不大，但金矿所在地仍然出现了恐华情绪，原因之一可能是因为欧洲人本身背景复杂，而共同反对某一群体可以增强凝聚力。

淘金热过后的十多年间，劳动力短缺有时使西方世界乐于接纳华人移民。1861年至1871年间，新西兰、澳大利亚和美国曾公开表示对华人移民的欢迎。[46]但是从那以后，恐华情绪开始滋生。19世纪90年代恐华思想从太平洋地区的英语国家开始蔓延到日本，到了20世纪，甚至蔓延到拉丁美洲和西伯利亚。[47]现在来看，其原因相当奇特。当时亚洲移民数量并不大，针对亚洲的敌对情绪也时多时少，这种波动与移民数量关联很小，即使亚洲入侵的可能性几乎为零的时候，这种思想也存在。和淘金者一样，"白人太平洋世界"担心"白人身份"受到威胁，需要共同敌对外来者以加强新欧洲人联盟。如果华人没有出现，太平洋的殖民者也会去制造一种恐慌，事实上他们也的确是这样做的。

也许在北海道的阿伊努人看来，日本人当时的遭遇是他们应得的下场。笔者认为，19世纪中叶之前，种族主义在日本并不明显，可以说，当时的日本人排斥所有的外来者。从19世纪70年代开始扩张后，日本的排外主义开始与欧洲种族理论结合。具有讽刺意味的是，日本人在种族优越性上竟然得到了欧洲的认可。日本在实现工业化和军事化后，分别在1894年至1895年和1904年至1905年战胜清朝和俄罗斯，并吞并了朝鲜。这一切让欧洲人侧目，这本是只有欧洲人才能完成的壮举。对于一些欧洲思想家来说，唯一的解释是要为日本人找到一个欧洲的根源。1907年，有人宣布，"最早的日本人是白人，属于伟大的雅利安民族"。[48]让人啼笑皆非的是，如果非要给日本人找到欧洲祖先的话，那在日本惨遭压迫的阿伊努族与白人倒是有几分相像，据说他们有某些印欧血统。

对于日本人有白人血统的说法，日本人会做何感想不得而知，但他们在某种程度上确实与社会达尔文主义不谋而合，他们自我定义为神的选民或优等人种，优于其他亚洲人种。[49]这些被占领地的日本人口在1945年达到150万人之多。[50]同时，声称与中国和其他东亚人拥有种族亲属关系以及建议建立"大东亚共荣圈"，对日本似乎也是不错的选择。然而，日本的种族主义和扩张并行并非巧合。除了武力征服的军事手段，日本人也借鉴经过欧洲人验证的思想武器——种族。

学界普遍认为，种族主义是关于自我和他者关系的集体意识，而关于"自我"的研究较少。19世纪之前，"种族"一词并无种族主义内涵。它用于指代具有相同血统的人群,并且经常作为国家的同义词。然而,在 19 世纪中叶,种族理论的大规模出现之前,"种族"和"民族"的意义已经发生分歧。[51]盎格鲁-撒克逊种族一词比"英格兰民族"更通用。这反映了种族主义的核心功能是通过繁殖本族后代实现扩张,从而创建殖民社会。后代繁衍只能通过欧洲女性内婚制来保证。种族主义使殖民者能够在后代身上保存欧洲血统,并由此宣称他们与欧洲本土同胞并无二致。随着太平洋地区许多原住民的附属地位的合法化以及其他少数民族的加入,种族主义已经成为在太平洋殖民的主要历史遗产。在 19 世纪末到 20 世纪初,当殖民者感到他们的"白人血统"就要受到威胁时,他们马上利用移民限制来筑起壁垒加以保护。[52]有人认为,这些移民限制并非出于种族主义考虑而是为了避免亚洲文化泛滥,保持本土文化传承。[53]然而事实并非如此。当时并不存在真正意义上的文化泛滥。当时,一个大字不识满口方言的苏格兰渔民都比一个美洲原住民的律师更受人尊敬,尽管前者并未对文化传承做出过任何贡献。澳大利亚和新西兰一直到 20 世纪 70 年代还存在"白人堡垒"的思想,其影响力在后殖民时代的太平洋也将长期存在。

第十二章
社会性别

帕特丽西亚·奥布莱恩

社会性别是指通过文化建构的男女不同的身份、角色和性征，它对于了解千姿百态的太平洋文化至关重要。社会性别能使人更好地了解16世纪以来太平洋人民如何在一系列历史浪潮和事件推动下融入全球文化共同体和经济贸易圈。太平洋最初与东亚和东南亚保持着贸易文化往来，麦哲伦成功横渡太平洋后，太平洋与美洲的文化贸易往来开始增多，太平洋开启了"欧洲时代"。欧洲在太平洋的影响持续扩大，20世纪30年代，澳大利亚淘金者的到来使高地新几内亚成为最后进入欧洲时代的太平洋地区。数百年来的探险和商贸活动、资源开发和采矿、种植园和牧区经济、殖民地统治以及战争和迁徙，形成了社会性别，后者又最终书写了太平洋历史。

社会性别在太平洋历史中产生了深远的影响，而这些影响可以通过不同的研究方法来分析揭示。本章对太平洋社会性别的研究基于权力框架以及互有重叠的种族意识形态和对性征与人体的认识的角度。虽然欧洲殖民主义是全球性的现象，但它与太平洋及其周边的原生和现存的文化的融合形成了新的社

第十二章 社会性别

会，或通过改变某一地区原有的性别观念使现存的文化发生新的阶层划分。社会性别不仅是指男女两性的互补关系，也涵盖了由性取向决定的诸多选择，其表现形式众多。虽然本章重点关注女性和女性化的建构，但是这一主题必然离不开关于男性和男性化的讨论。性别产生的历史影响触及方方面面，而本章将集中探讨中国、日本、大洋洲、太平洋沿岸和澳大利亚的案例。

1976年，人们将一位女子的骨灰撒入塔斯马尼亚海岸附近的恩特卡斯特克斯海峡（the D'Entrecasteaux Channel）的海水中。她的葬礼与她生前的故事一样让人唏嘘。这名女子死于100年前，生前恰逢英国霸权向太平洋扩张的时代。她的名字叫特鲁格南娜（Trugernanna）（见图12.1），1812年前后出生在塔斯马尼亚东南沿海的布鲁尼岛（Bruny Island），当时英国已经占领杰克逊港（现在的悉尼）近25年。为了弥补失去美洲殖民地带来的损失，英国在当时被称作"新荷兰"的澳大利亚建立定居点，一则为加强与中国和其他亚洲港口的海事和商贸往来，二则为抢占据点以便英国称霸澳大利亚。虽然荷兰和法国的探险家早已将特鲁格南娜的故乡标记在了欧洲地图上，但是，真正给特鲁格南娜的生活带来巨大变化的是在这片土地落入英帝国范围之后。

在她出生前几十年，就有英国和法国探险家描绘过她的家乡和族人。第二波外来者是前来塔斯马尼亚沿岸猎杀海豹的捕猎者。海豹捕猎者沿着杰克逊港向南航行，一路建立了很多定

图 12.1 特鲁格南娜（绘于 1866 年）

居点，在那里他们可以加工澳大利亚的首个出口产品——海豹皮。这些商品以巨大的贸易逆差出口到中国。这些捕猎者不仅猎杀海豹，还绑架沿岸和塔斯马尼亚岛上的妇女和女童。这些妇女被送到巴斯海峡偏僻的岛屿上去捕猎海豹和短尾鹱，她们负责加工海豹皮和鸟的羽毛，做家务，她们也是塔斯马尼亚现存的原住民——帕拉瓦人的祖先。从 1803 年起，塔斯马尼亚成为英国在南太平洋扩张的第二个据点。像杰克逊港一样，这里作为英国的罪犯流放地成为英国的永久殖民地。帕拉瓦的土地变成了牧场，土地和资源的争夺很快就升级为暴力冲突。特

第十二章 社会性别

鲁格南娜便出生于这个时代。她生平第一次见到的白人是海豹捕猎者、捕鲸者和护林人,这些人杀害、绑架、强奸当地妇女。为了在这个艰难的世界中生存下来,特鲁格南娜可能在海豹捕猎者营地出卖过肉体。她和其他原住民妇女一样,可能遭遇了很多不幸,她可能生育过子女,也可能染上过性病。后来,她遇到了一位传教士。这位传教士告诉特鲁格南娜,她的使命就是平息19世纪20年代由于土地纠纷引发的日渐升级的冲突,于是特鲁格南娜同意担任基督教会的使者,协助教会劝说当地被包围的原住民部落放弃抵抗并同意搬迁到位于巴斯海峡的一个偏远岛屿的"安全"居住点。

她在教会和原住民之间的使者身份使她成为历史名人,她的画像也成了塔斯马尼亚岛历史的象征,随着技术的发展这些画像后来才被转成照片。1834年,特鲁格南娜与她的族人一起搬迁到弗林德斯岛(Flinders Island),在这里他们虽然远离殖民者的暴力,但却无法摆脱疾病的横行,外加基督教传教士的压力,最终彻底改变了她的民族传统文化,这些原住民被迫接受新的社会性别体系。当查尔斯·达尔文1836年来到塔斯马尼亚时,不禁感叹,30年内岛上所有的原住民都迁至巴斯海峡的一个岛屿,原住民人口为零简直是塔斯马尼亚的一大优势。[1]

当塔斯马尼亚的欧洲殖民地扩张到巴斯海峡时,特鲁格南娜也来到了这里,她还被送上了法庭,罪名是与两名原住民男性和两名原住民妇女一起谋杀了一名白人捕鲸者。这两名男性最后被处以绞刑，这是现代墨尔本的第一次公开处决罪犯，而特鲁格南娜和另外两名妇女在1842年被释放并返回弗林德斯岛。[2] 1847年，特鲁格南娜和其他在疾病中幸存下来的族人返回塔斯马尼亚岛。但是，塔斯马尼亚原住民人口以惊人的速度减少，特鲁格南娜作为一个濒危人种的幸存者而闻名于世，人们认为她是最后一个纯种的塔斯马尼亚人。[3]

当她在1876年去世时，她的遗愿是不要解剖她的遗体，也不要把她的遗体当作标本售卖。然而，她担心的一切还是变成了现实。在1904年至1947年间，她的骨骼被当作白人世界征服一个无法在现代社会生存的原住民族的战利品，一直在塔斯马尼亚博物馆展出。直到100年后，英国才同意归还她的遗体并火化，她的骨灰才由帕拉瓦人——即塔斯马尼亚原住民妇女和海豹捕猎者的后人——撒向大海。

特鲁格南娜的骨灰回归大海使她踏上了一段新的历程。这是一个重新找回属于女性和太平洋原住民历史的一场运动，这场运动始于19世纪70年代，影响漫长而深远。因此，在特鲁格南娜的骨灰撒入太平洋的海水后，她的命运与其他太平洋地区的妇女息息相关，研究这些女性历史将帮助我们揭开欧洲人来到太平洋后社会性别对她们的生活和整个太平洋历史带来的影响。有人说特鲁格南娜就像澳大利亚白人历史中一个驱之不散的"幽灵"，诉说着白人与原住民的种族关系。[4]对于性别史学家，她的故事接触到了性别史的核心，即直接或间接质疑女性无法主宰历史，只能是男性霸权下的牺牲者的结论。这种结论很大程度上被用在欧洲精英阶层以外的女性身上。性别历史学家面临的挑战是如何将女性还原为一个具有个人意志的独立的历史参与者,同时考虑到殖民主义对非欧洲社会的大量负面影响。有人把特鲁格南娜描述成一个出卖肉体、背叛民族的女人[5];也有人认为应该在残酷的殖民侵略的背景下看待她的故事,认为她只能靠识时务而生存。她一边坚持民族传统,一边向入侵的殖民者妥协。[6]特鲁格南娜的故事也在美洲和澳大利亚南部大陆重演,殖民主义来势汹汹,军事实力和人口规模的悬殊,加上疾病和以男性为主的殖民者人口,给殖民地原住民生活带来了巨大的变化。在太平洋其他地区,包括大洋洲、东南亚和亚洲大陆的沿海地区,殖民历程以不同形式上演着,许多地区面临着外来殖民者的入侵。

在有殖民史前,在每个原住民社会中,性别都不同程度地决定着社会分工。虽然多数原住民社会以异性恋为主,但某些波利尼西亚文化会赋予两性之外的性别文化空间,例如在萨摩亚,有的男人身穿女性服装,其生活方式与女性相同,他们的生活方式在当地社会看来被广泛接受,属于正常行为。殖民者的到来给这些原有的社会性别制度带来了不同程度的地域和时间上的干预和影响,有些影响的结果是不可预测的。在古代中国,社会性别取决于儒家思想——基于性别和年龄而形成的社会阶层。[7]这些古代社会利用"道德伦理和故事"来定义女性的行为操守,女性要"谦卑,贞洁,勤劳,服从父母、丈夫和长辈"。[8]直到19世纪中叶,殖民主义才对亚洲东北部产生影响。

1842年的鸦片战争迫使中英签署不平等条约。1854年美国的"黑船事件"威逼日本向西方各国打开国门。在此之前，欧洲人只能"经过"中国和日本领土，但要遵守"最严格的限制"。封建时期的中国要求来华的外国人穿中国礼服，出入均受到限制。他们"不允许回国"。例如，16世纪后期，耶稣会士祭司（在发下守贞禁欲的誓言后）方被允许进入皇宫，但是他们要严格遵守当时的政治、种族和性别制度。这与澳门（16世纪50年代中国被迫向葡萄牙租让的领土）大相径庭。在澳门，外国人不受约束，与当地中国人共同生活。[9]由于与当地女性接触较少，即使接触也是在监视之下，这使外界对中国女性形象产生了大量具有殖民主义色彩的联想和猜测。例如，女性裹脚就是殖民主义在东方主义立场上对华人女性的凝视。20世纪40年代，帝国列强的这种东方主义凝视持续加深，他们以女性地位为由将中国描绘成愚昧落后的社会。但是，中国的女性真的都是饱受压迫，没有经济能力的附属品吗？社会性别学者一直在试图证明这种认为所有中国妇女都处于被动地位的说法是不准确的，这种理解忽视了妇女在家庭中的女性角色，在1949年以前各阶层的女性也对家庭经济做出了贡献。[10] 1949年以后，中国宣布要"解放"妇女身上的封建束缚，通过消除性别差异和苛刻的社会阶层划分来重新赋予女性权利，并使她们摆脱家庭生活的束缚。界定这一目标本身就需要做大量工作。[11]

在中国的太平洋沿岸地区，社会性别基本未受到殖民主义

第十二章 社会性别

的影响，只有澳门和19世纪40年代后的香港是例外。这两地由于外国人口与本地人混居，形成了多元社会和文化。于是，在西方人看来，亚洲东北部的女性社会是对外"封闭"的，而太平洋的其他地区女性则开放得多。在波利尼西亚地区曾流传了很多关于当地女性与欧洲男子的艳遇故事。[12]从詹姆斯·库克（James Cook）前三次横渡太平洋开始（1768年至1771年，1772年至1775年，1776年至1779年），南太平洋就是这些故事的主要发生地。欧洲的"自由恋爱观"，表面上与古希腊和罗马传说的爱情观吻合，其实是错误的，它忽略了两性亲密关系带来的义务和相互扶持这一复杂特性。然而，性文化的这些不同表现和欧洲男性与当地女性的接触形成了界定南太平洋文明的依据，而这种依据对历史进程产生了重大影响。

在欧洲人对太平洋岛屿、亚太地区、美洲和澳大利亚的描述中，均涉及性别和男女的社会分工。这些广义上属于人类学范畴的记载是西方人对这些"原始"或"静态"的文化的客观描述（在他们看来如此）。当人类学在20世纪成为专业学科后，实地考察成为深入了解太平洋地区，研究和描述其文化的标准研究方法。例如，20世纪20年代的玛格丽特·米德（Margaret Mead）的著作考察了在萨摩亚、新几内亚和巴厘岛当地人的性别、青春期和性文化。她于1928年出版了标志性著作——《萨摩亚人的成年：为西方文明所作的原始人类的青年心理研究》（简称《萨摩亚人的成年》）。此书是她最广为人知的学术著作，书中她对萨摩亚以及在更广泛的地区的性别文化作出了界定。

书中记录了原住民女性在青春期期间不受约束的性自由权利，激发了20世纪60年代末期西方"性解放"运动和"性自由"思想。米德的关于萨摩亚女孩性生活的调查后来不断受到怀疑和反驳。[13]例如，布罗尼斯拉夫·马林诺夫斯基（Bronislaw Malinowski）于1929年发表著名的《野蛮人的性生活》一书，引起了国际社会对于太平洋社会的性文化的广泛关注。该书以澳大利亚殖民统治下的特罗布里恩群岛（Trobriand Islands）的实地考察为依据。[14]

这些出自欧洲人之手的记载中经常夹杂着他们对"他者世界"（the Other）的描述。在史料来源和学术研究上，人类学和历史学相互影响，因而两个学科之间的界限并不十分清晰。两个学科均认为，西方观察家客观地呈现了太平洋的社会、文化和过去，正如米德一样。自20世纪70年代以来，这种客观性遭到了后殖民主义学者的抨击，他们认为这属于自欺欺人，是另一种形式的帝国控制和霸权。20世纪90年代，一场关于库克船长夏威夷之死的激烈论战在加纳纳思·奥贝塞克利（Gananath Obeyesekere）和马歇尔·萨林斯（Marshall Sahlins）两位学者之间展开，标志着后殖民主义对于人类学和历史学学科的殖民凝视的反击，引起了全球范围的反响。[15]在后殖民和女性主义学者推动下，这大力冲击了对太平洋历史的研究，形成了太平洋性别史这一专门学科。

太平洋历史文献中凸显的社会性别记载掀起了学术研究的热潮。除文本阅读外，基于视觉表征的调查意义重大。这在南太平洋的研究,即太平洋岛屿和澳大利亚的研究中尤为明显。其中,人类学、历史、文本和视觉表征均是社会性别研究的重要维度。[16]后殖民学者在国际上不断涌现,他们反对以殖民等级划分和殖民理论为本的学术研究,而太平洋本土的声音也对太平洋历史上的性别研究产生了不小的影响。来自不同领域的学者,包括艺术史,科学史,人类学,电影研究,后殖民主义和女权主义研究以及历史,对种族主义的女性和男性表征分别进行了研究,证明了区域特征,例如波利尼西亚人与美拉尼西亚人,具有相当重要的文化和历史意义。[17]

太平洋女性的真实生活与殖民者带有偏见的描述存在偏差,而研究这种偏差带来的历史影响为历史研究提供了丰富的源泉。将代表性研究与历史人物的真实生活对照可以揭示女性如何对抗强加给她们的偏见。在太平洋很多地区,例如波利尼西亚,妇女历来拥有不小的政治权利。夏威夷国王卡美哈美哈的宠妃卡阿呼玛努(Ka'ahumanu)就是美国在夏威夷开展传教活动时扮演的重要角色。1820年前后,一群美国人随着捕鲸船来到夏威夷各个港口,当时有人传说当地女子愿意向这些外来水手出卖肉体,让这些水手充满期待。美国传教士们曾千方百计试图阻止当地的女子与外来者的性交易,然而真正杜绝这些交易的是卡阿呼玛努。她向当地年轻女子下达了"卡普"制度,禁止她们与捕鲸船员接触。这一举措不仅显示了卡阿呼玛努的权威,也保护了当地妇女,免遭美国船员的剥削。一些船员认为这侵犯了他们性交易的权利,甚至愤然使用武力。[18]卡阿呼玛努也大大促进了基督教传入夏威夷的进程，而基督教的传入在夏威夷历史上是多方面的转折点，不仅对夏威夷自古以来男女地位划分带来了冲击，而且带来了新的男女的社会价值和社会分工观念。

19世纪40年代，帝国强权，加上帝国主义的男性霸权思想，太平洋的女性文化和基督教的性别观念等各种思想的博弈，给塔希提岛带来了巨大的影响。为扩大法国对塔希提岛的控制，法国海军上将迪珀·蒂图瓦尔（Abel Aubert Dupetit Thouars）推行炮舰外交，当时在位的塔希提女王波马雷四世在英国教会的支持下向法国宣战，女王也因此被贴上了各种性别和种族标签。法国消息人士谴责波马雷女王酗酒、淫荡、邋遢，而英国人则强调她作为女性遭受的磨难和美德，将她描绘成太平洋的"维多利亚女王"（见图12.2）。迪珀·蒂图瓦尔为首的一行法国人则被称为塔希提岛的野蛮入侵者。19世纪90年代，当美国种植园主逼迫夏威夷女王利丽俄卡兰妮（Lilioukalani）退位后，也有人将她比作维多利亚女王。[19]她身上的美德代表了她的族人的价值和为了保护族人的合法权利进行的正义斗争。美国显然为了经济和战略利益无视这些斗争，夏威夷也最终在1898年被美国吞并。

与历史上其他位高权重的女性一样，这些女性的权利是靠家族世袭而获得的。20世纪初期，当帝国势力延伸到太平洋后，女性开始有组织地以自己的方式抗议殖民主义。

玛格丽特·米德的经典著作《萨摩亚人的成年》探讨了萨摩

图 12.2　乔治·巴克斯特画作，塔希提的波马雷女王，受苦受难的
基督徒，身边环绕着家人，正值 1845 年法国军队登陆夏威夷

亚少女的性习俗和政治制度。该书出版两年之内，西萨摩亚的新西兰托管地的女性自发成立了组织，发起反对新西兰统治的民族主义运动。1929 年 12 月 28 日，反对殖民统治的"马乌"（MAU）运动起义者在首都阿皮亚开展了非暴力游行示威活动，活动的领袖被新西兰军队枪杀。之后，新西兰军队为了搜捕其他逃往密林和山谷的"马乌"起义者袭击了居民住宅。新西兰"因向妇女和儿童开战"而受到谴责。此后，4 名"马乌"领导

人的妻子，分别为塔姆塞夫人（Ala Tamasese）、尼尔森夫人（Rosabel Nelson）、马列托亚夫人（Faamusami Malietoa）和图伊马莱阿利伊法诺夫人（Paisami Tuimalealiifano），联合其他暴力事件受害女性共同成立了女子"马乌"组织（见图12.3）。新西兰当局在向国际联盟报告这一事件时，使用"放荡"等字眼描绘这些女性，试图将妇女的参政抹黑成"不检点"或"妓女行径"。这种对于女性参政行为的指责在历史上屡见不鲜，但是对"马乌"运动的指责带有明显的种族倾向，激起了萨摩亚妇女的愤慨。女子"马乌"组织领袖要求当局公开道歉，但是新西兰当局对她们的抗议不予理会。[20]

图12.3 女子"马乌"组织领袖，1930年

就在萨摩亚妇女参与抗议新西兰政府运动40年后，库珀夫人（Whina Cooper），一名80岁的毛利妇女，成为新西兰毛利

民权运动的领袖。1975年,为了帮助毛利族人夺回被侵占的土地,库珀夫人发起了长达30天的大规模抗议活动。她率领游行者从新西兰最北端的故乡步行700英里(1126千米)来到首都惠灵顿(见图12.4)。这次长途游行吸引了数千人加入,并唤起了国际社会的关注。新西兰在1840年违反《怀唐伊条约》使毛利人遭受了不平等和不公正待遇。可以说,头戴围巾的库

图12.4 库珀夫人在游行于新西兰哈密尔顿市(Hamilton)时发表演讲

珀夫人已经成为新西兰历史上的一位标志性人物，她的地位可以与20世纪60年代美国公民运动的伟大女活动家罗莎·帕克斯(Rosa Parks)相媲美。有人认为，库珀夫人身上既有与生俱来的领袖风范，又带着独特力量。她是首任毛利妇女联合会主席，代表毛利人致力于保护族人权益。库珀夫人的工作并不是为了替毛利妇女向毛利男人声讨应得的权利，而是跨越种族向欧洲社会争取毛利人的合理权益：这也是太平洋众多反殖民女性活动家的共同理想，她们认为社会不公的主要原因不是男权社会对女性的压迫(西方女性主义者同样持此见)，而是主流社会对少数族裔的压迫，而女性也身在其中。[21]

当太平洋地区开始出现当地妇女和外来男性组建的混血社群后，性别与权力的历史作用开始集中发挥。对混血社群的历史调查显示，当时的太平洋妇女曾积极反抗殖民者对女性所持的偏见。从皮特凯恩岛(Pitcairn Island)到密克罗尼西亚的恩加蒂克岛(Ngatik Island, Micronesia)，从新西兰的巴斯海峡(Bass Strait)到鄂霍次克海的博宁群岛(the Bonin Islands)(小笠原诸岛)，包括巴达维亚、中国的澳门和法属印度支那地区的欧亚各地的捕鲸和海豹捕猎社群，并没有重大历史事件发生，最丰富的历史遗产反而来自平常的历史记载。外来殖民者(男性为主)和当地原住民(妇女为主)的结合产生了该地区的混血社群。然而，传统的历史记载充斥的都是白人男性的事迹，关于殖民历史中混血人群的记载少之又少。[22]

混血人群在太平洋地区为数众多，他们经常成为外界关注的焦点，时而被外界看作"退化"的人种，时而又被看成人种进步的代表。[23] 18世纪晚期，在新西兰最北方，白人男性捕鲸者和商人与毛利人部落女性开始通婚。之后，随着海豹捕猎、伐木以及其他萃取工业的发展，白人与毛利人通婚的趋势逐渐遍及全国。欧洲男性得知，娶出身高贵的毛利女性为妻可以为他们带来种种好处，包括社会声望和土地占有权，可以说，这种婚姻的双方都有利可图。与澳大利亚塔斯曼海（Tasman Sea）和其他女性不受族人保护的部落不同，通过与毛利女子成婚进入毛利社群的欧洲男人被称为"外来毛利人"，他们可以获得不同的权利。在新西兰，白人观察家经常因毛利妇女在部落中享有的威望之大而感到震惊。[24] 事实的确如此：毛利妇女身上带有的"力量"比太平洋其他殖民地的女性要大得多。在新西兰白人男性进入毛利人社群后，要服从毛利部落保护妇女社会地位的性别制度，男性的权利则相应受到制约。

在整个太平洋地区，种族优劣之分的观念对两性亲密关系的形成，一直起到关键作用。19世纪，在一些海滨拾荒者社群中，白人拾荒者怀着功利目的进入当地部落。他们娶原住民女子为妻，从而获得上岛的权利，然后为原住民和欧洲商人充当贸易商和中介。有些原住民女子与这些白人游民感情深厚，以夫妇相待。然而，种族观念的介入使19世纪婚姻中本来存在的男女不平等现象更加严重，许多白人将这种婚姻视为主仆关系。[25]

20世纪，澳大利亚所属的巴布亚殖民地（Papua）曾一度有白人担忧当地越来越多的白人女性会遭到原住民男性的性侵。为此，殖民地政府特意在1926年通过了《白人妇女保护条例》。但是忽略了发生的另一类性侵：白人男子对当地妇女的性剥削。在巴布亚，大量混血人口的出现（殖民当局承认属实）说明了白人男子对巴布亚妇女进行的跨种族性剥削是一种普遍现象，尽管这些关系在很大程度上既不公开也不合法。[26] 一些历史学家的研究表明，巴布亚原住民女性面对白人男性并没有决定权，一位澳大利亚的新几内亚殖民地行政官几年前承认，在这里，除了传教士，几乎个个白人男子都有"伴侣"（指某个原住民女人），而女方愿不愿意并不重要。[27]

在澳大利亚北部，这种跨种族的两性关系导致了颇为滑稽的局面。20世纪，澳大利亚北部以牧区经济为主，这就需要善于骑马的原住民女性作为主要劳动力，于是很多在此工作的白人男子与这些女性交往。因此产生了大量混血社群，政府当局为此深感不安，于是在1911年立法宣称在其北部白人与原住民通婚为非法行为。为了逃避法律追究，许多原住民妇女只好女扮男装。与巴布亚的情况一样，暴力和武力是白人男子接近原住民女性的重要手段，但即使在这些情况下，原住民女性也有一定自主权。[28]

太平洋历史上的两性亲密关系也涉及家务劳动。家务劳动反映了整个地区的男女殖民者与当地原住民之间，特别是当地女性之间的关系。家务劳动包括烧饭、打扫房间和育儿，也包括性关系。家务劳动通常反映了随殖民制度政策波动变化的两性权利关系。[29]种族制度的实施独特而残酷。在20世纪的澳大利亚，政府将原住民儿童，特别是女孩，与母亲拆散，强迫他们到中产阶级和白人家庭充当做家务的仆人（原住民男孩也被迫离家充当雇农）。政府美其名曰这一政策将使原住民女孩见识到优越富足的白人阶层，从而不再愿意与原住民男性恋爱，而喜欢与白人婚配，本着优生原则，这可以改善或根除原住民的"不良血统"。一些原住民作家曾在文学作品中描述过这些经历，例如玛格丽特·塔克斯（Margaret Tuckers）的《如果人们在意》（1977年）、格莱尼·沃德（Glenyse Ward）的《乌托马·尤拉斯》（1991年）。多丽丝·皮尔金顿（Doris Pilkington）根据自己母亲和姨妈的经历写成的小说《防兔篱笆》（1996年），讲述了以保护种族和性别秩序为名的政策下一个年轻的女孩的经历。[30]这些故事并没有歌颂这一制度的好处，而是揭露了这些女孩在机构和白人家庭中的悲惨经历。在雇主家里，她们受到女主人的虐待凌辱，经常遭受男主人的性侵。大量的充当女佣的原住民女孩离开雇主家时都怀有身孕。[31]

20世纪，在澳大利亚城郊地区生活过一些白人妇女，说明欧洲女性在太平洋的漫长历史中留下过足迹。无论到哪里，白人妇女的出现都会为性别史增添一层复杂性。第一批写入太平洋历史的欧洲妇女出现在中国的澳门，接下来是1565年来到菲律宾的白人女性。[32]当时欧洲女性人数相当少。例如，唐娜·雅莎尔·巴雷托（Donna Ysabel Barretos）是当时一位西班牙船长唐·阿尔瓦罗·德·门多达（Don Alvaro de Mendaña）的妻子。

1595年,他们试图在传说中的圣地所罗门群岛建立西班牙殖民地。[33]然而由于当地人的袭击和热带病的横行,这一计划惨遭失败,大约3/4的殖民者死亡。在唐·阿尔瓦罗去世后,唐娜·雅莎尔·巴雷托接任殖民地总督,但是她很快放弃了所罗门殖民地,带领剩余的欧洲人迁往马尼拉。3个月后,她在马尼拉嫁给了总督的表弟。[34]然而,类似事件少之又少,因为太平洋伊比利亚殖民地中的欧洲的男性比例远超女性,因而产生了大量的混血人口。

关于太平洋地区白人女性的角色有一些有趣的说法。许多男性中心的帝国研究者认为,太平洋殖民后期白人妇女的到来加剧了帝国殖民统治者和被殖民者之间的距离感和紧张关系。因为白人妇女妨碍了欧洲白人男子与原住民女子及其部落建立的密切关系。这种言论称"有闲阶级的白人女性苛刻,善于说教,充满种族偏见,她们的到来破坏了殖民地的和谐关系"。[35]有学者专门做了调查以驳斥这种观点。他们以殖民社会时期的斐济为例。斐济是典型的种植园经济,少量白人控制着斐济原住民和从英属印度输入的劳工。19世纪后期,这里的白人妇女人数有所增加,但是这些学者否认白人女性的存在破坏了白人男性与印度人和斐济人之间的良好关系。相反,她们的到来呈现了一幕幕种族和谐的感人画面,特别是白人妇女与斐济仆人亲如家人。据说这种跨越种族和国界的友情来自女性共同的婚姻、生育和育儿经历,这种共识在殖民时期似乎并没有维持很久。有人批评这种说法完全是一厢情愿,并未考虑到斐济或印度仆人的感受，显然他们不觉得与白人女主人有深厚感情。[36]

与温带地区的殖民地相比，白人妇女在斐济这样的热带殖民地上的历史意义截然不同。例如，作为殖民大国的英国想要维系在澳大利亚、新西兰、加拿大和美国的殖民地，关键要保证殖民者阶层有大量的欧洲女性。他们不仅负责生育欧洲人的后代，而且起到了保持英国文化和身份的作用。[37]一些关于澳大利亚女性历史的研究认为，当年发配到澳大利亚的女罪犯就是澳大利亚女性创始人。这些史料以不同形式描述了这些在英帝国对外扩张的远大计划下被流放的女性罪犯的生活。他们强调，在1788年至1840年之间，成千上万的妇女被遣送到澳大利亚，目的是充当劳动力、性工具和生育工具，这些女性人数大约占流放人口的1/16。还有一些历史学家特别指出，有些女罪犯拒绝被当作生育工具，而宁愿选择发展同性恋关系。[38]

19世纪中期，加利福尼亚和澳大利亚东南部的淘金热导致了太平洋殖民地人口的性别严重失衡。女性的缺少使当局对完全由男性主宰的海外殖民地表示头疼。当时男同性恋现象很普遍，成了主要社会问题。19世纪60年代前后，《择地法案》（澳大利亚）和《宅地法案》（美国）的推行鼓励将大块的土地分解成更小的家庭经营的农场。为配合这一政策的实施，澳大利亚还推行了女性移民计划。殖民当局希望将殖民地转化为以家庭为单位的社会，利用女性带来的基督徒美德和生儿育女的价值观来教化这些殖民地的"野蛮男性"。这种政策的后果是催生了新西兰和澳大利亚的女性选举权运动。驯化白人工人阶层的大男子主义者，制止他们在家中的酗酒和家暴行为，成了当时中产阶级白人妇女的政治使命。[39]

18世纪末期，当英国在澳大利亚杰克逊港筹建殖民区时，英国官员最初的想法是吸引中国和太平洋岛屿的妇女来此地为澳大利亚劳工生儿育女。这一计划后来搁浅，导致澳大利亚殖民社会在种族发展上逐渐成为一个以白人为主的社会。后来，大量中国男性矿工的涌入，才改变了美国和澳大利亚"纯白人国家"的状态。1860年前后，第一次淘金热的到来使新西兰也面临相同局面[40]。当时的中国清政府昏庸无能，签署的大量不平等条约恶化了国内的经济形势，许多中国男子背井离乡到艰苦的异地他乡谋生存。后来爆发的太平天国运动（1851年至1864年）使国内形势进一步恶化，这次起义的目的是推翻统治阶级和传统文化，特别是儒家的性别观。起义者宣称男女平等，"太平军"中不乏女性起义者。尽管起义呼吁男女平等，这似乎是对传统的性别结构的彻底颠覆，但最终"太平天国运动并未打破男尊女卑的封建思想"。[41]

国内的动荡局势迫使大量的中国男性涌入矿业蓬勃发展的白人殖民国家，这些国家实施移民限制政策，制定种族制度严格控制外来移民进入白人国家，但是很多中国人和一些其他国家的移民，总能想方设法逃过这些移民限制。[42]殖民地种植园经济逐渐兴起，19世纪下半叶，矿业开发扩大到了西太平洋岛屿，包括法国占领的新喀里多尼亚。到了19世纪80年代发展到了由荷兰、英国、澳大利亚和德国共属的新几内亚。男性为主的契约劳工主要来自亚洲,特别是法属印度支那殖民地以及太平洋岛屿。这些以男性为主的非欧洲移民人口(斐济甘蔗种植园的印度男女劳工除外),不仅进一步加剧了种族的限制性移民政策,还带来了一种怪异的文化迁移。

亚洲男性的到来增加了白人女性将遭到原住民男性性侵的担忧(大部分为白人的臆想)。亚洲男性被描绘成贩卖鸦片的好色之徒,随时准备勾引脆弱单纯的白人女子,其后果是白人的纯正血统被玷污。这种性别和种族观念在当时的文艺界也很常见。一些画家常常别有用心地创作一些卡通作品来表达这种文化恐慌。

在悉尼,一位美国出生的名为利文斯顿·霍普金斯(Livingston Hopkins)的漫画家在一本种族主义杂志上发表了漫画,丑化放大跨种族婚姻的后果,其中之一是一部发表于1902年的漫画作品,名为《花斑马的可能性——未来的一个澳大利亚圣诞家庭聚会》。[43]另一位作家罗伯特·弗莱彻(Robert Fletcher)写了《他的土著之妻》(1924年)一书,宣扬跨种族婚姻将会削弱白人男性的气质甚至导致种族灭亡。这本小说是根据作者在新赫布里底担任种植园监工的经历虚构而成的,小说里的男主人公在不得已的情况下与当地原住民女子奥内拉·科赫内发生恋情。为了抵御这种关系对白人身份和自尊的玷污,他最终选择牺牲自己,投海自尽。他的死亡预示着跨越种族关系将造成白人灭绝的可怕后果。[44]

19世纪下半叶,太平洋地区的殖民活动增多,随之而来对非欧洲人的蔑视和诋毁遭到了很多质疑。在日本，这些质疑的声音产生了深远的影响，这种影响在第二次世界大战以后达到高潮。1853年，美国强行打开日本的国门，从此改写了日本历史。明治维新后，日本踏上了政治体制西方化、经济工业化等的一系列政治改革之路。在迈进西方化和现代化的进程中，女性的地位和作用也被提上了日程。当时著名的教育家和社会评论家福泽谕吉(Fukuzawa Yukichi)被誉为提出女性问题的第一人。他不仅提出了性别问题，还提出关于女性的传统有些应该保留，有些应该摒弃。福泽谕吉还提出了促进日本实现社会现代化的性别制度改革思想，他反对一夫多妻制，倡导女子无论出身何种阶级或家庭(明治维新前，只有贵族女子有权接受教育)，均应接受教育，主张男女平等，必须提高女性的社会地位，更多关爱女性的健康。福泽谕吉的有些提议很快得到采纳，有些则需要更长时间来打破根深蒂固的对女性的偏见及男尊女卑的思想。[45]直到1947年，日本在第二次世界大战后的"盟军占领"期间，男女平等才正式写入日本宪法。

　　日本的现代化带来了军事上的扩张。为了对抗欧洲霸权，日本政府效仿欧洲提升国家实力的战略，尤其是帝国扩张的手段。在朝鲜半岛(于1910年被日本强占)，日本推行了一整套殖民政策，大量日本人移居朝鲜半岛，同时实施了一系列同化政策，目的是使日本殖民者打入朝鲜半岛，其中之一是提倡日朝通婚。尽管当局鼓励日朝通婚，由于两个民族之间互存鄙视和敌意[46]，这种婚姻比例依然不高。1937年，日本入侵中国时，对种族和性别的扭曲诽谤已经达到令人发指的程度，日军在南京大肆奸淫妇女，制造了"南京大屠杀惨案"。惨案之后，日本编造的借口居然是日本士兵的生理需要没有得到满足，因此公然在势力范围内推行"慰安妇"制度。这一性奴制度的受害者不仅是韩国(朝鲜)妇女，而且包括日本殖民地的其他女性。虽然这种随军性奴的制度并非日本首创(英法也曾在帝国时期推行过类似制度)，但是这几乎是第二次世界大战最耸人听闻的产物，是殖民统治下性别歧视的最严重的表现。[47]

战争从方方面面带给太平洋不可估量的影响。[48]战争改变了关于女性特质和男性特质的性别观念，打破了殖民秩序，也在社会分工、性关系和政治追求上改变了原有的性别观念。盟军士兵娶亚洲女性为妻是对僵化的限制性移民法律的第一重冲击。第二次世界大战结束之后，朝鲜战争和越南战争分别在本土或者边陲打响，进一步打破了移民壁垒，亚洲人开始进入白人殖民者社会，加深了对跨种族婚姻的社会偏见。20世纪60年代和70年代迎来了许多场"革命"，包括新独立国家的去殖民化和主权斗争，争取种族平等的民族权利运动，由男女不平等、性革命、全球化、教育、经济和技术发展催生的女权主义运动等。

所有这些巨大的变化对太平洋地区人民产生了深远的影响。很多变化带来了积极的进步，缩小了太平洋地区男性和女性在机会和生活水平上的差距。但是，这些巨大的变化并不均衡，许多太平洋地区人民仍然生活在贫穷之中，特别是生活在冲突地区的绝大多数女性，她们的健康、教育、就业机会和人身安全得不到保证。[49]

虽然太平洋地区的性别等级已经发生了改变，但这种等级仍然存在。近年来，从菲律宾、印度尼西亚、韩国，到新西兰和澳大利亚，均有女性担任领导人，但是政治和经济等重要领域仍然主要由男性主宰。随着太平洋地区的重心从西方向中国的转移，也许太平洋地区面临的最重要的挑战之一将是中国如何应对明显的性别失衡形势。夏威夷人有一句谚语："过去就摆在我们眼前。"面对历史在太平洋地区的传承和改变，研究者们将不断面对新的课题，继续衡量判断社会性别如何形成和影响这里的历史。

第十三章
政 治

罗伯特·阿尔德里奇

太平洋国家，无论是岛屿还是环太平洋国家，在政治制度和观念上都存在很大的差异。在太平洋的不同国家中，日本有天皇，泰国和柬埔寨有地位神圣的国王，马来西亚则有各州世袭苏丹轮值的君王；在汤加，也有君主立宪制。新加坡、澳大利亚、新西兰、加拿大以及其他一些岛国，都继承了英国殖民的传统，实行威斯敏斯特的议会制（Westminster system）。中国、朝鲜、越南与老挝四国在历史进程中均确立了马克思主义的主导意识形态地位。美国形成联邦共和国，而中美和拉美的大部分国家则实行了单一的总统共和国制。法国、美国、新西兰和澳大利亚在大洋洲都有自己的离岸领土。这种政治和观念的多样化经历了数世纪的变迁与发展，从原住民政治形式开始，受到殖民主义的挑战和影响，最后与外来的观念和制度相互融合，呈现出今天多样化的国家政治体制和理念。

1983年，巴黎的太平洋研究院预判太平洋将成为"新的世界中心"。[1]尽管这并不表明由海洋和陆地组成的太平洋形成了法国史学家费尔南·布罗代尔（Fernand Braudel）史学的统一体，但是却指出了陆地和海洋的关联性，证明了与地缘政治现实相吻合的区域史学分析法的合理性。可是，其有关关联密度和太平洋的边界定义的观点颇受非议，史学评论家认为，一个世纪前，地缘政治理论学家和殖民说客就已经预见了太平洋作为世界新秩序的政治和商业中心时代的到来，同样受到了广泛批评。[2]史学评论家已不断地表示对太平洋"将成为另一个地中海"的观点不能苟同。[3]然而，也有观点赞同太平洋区域内日益重要的地区集合，即"亚太地区"作为最重要的区域之一。[4]

在战略和军事政治方面，太平洋的确可以划出一定的界限：过去与现在。16世纪西班牙在墨西哥和菲律宾的殖民到美国的扩张与后来的军事霸权，呈现出一个清晰的由阿拉斯加、夏威夷、萨摩亚和密克罗尼西亚形成的三角形区域，近代又以军事防御同盟的形式延伸至与日本、澳大利亚和新西兰等。从政治制度和观念的意义上看，统一政体的特征表明很难辨别，而在今天的太平洋世界，的确存在显著的共性，如普遍存在的宪法、议会制度以及所谓"威斯特伐利亚"体系框架内构建的国与国之间的关系和区域与国际组织越发密切的合作等。

在探讨一个分隔的、的确分散的太平洋的政治体制和理念的过程中，本章虽然指出一些政治体制，如中国及其纳贡国，都存在向心同质的节点，但首先在于重点阐述前殖民政治体系中显而易见却又十分重要的差异。其次，本章认为，殖民主义，无论是为了掠取领土还是施加新的统治形式，都在太平洋的政治演变过程中发挥了重要作用，尽管情况不同，结果各异，其中主要的差异在于一方面是东太平洋和澳大拉西亚的定居者社会，另一方面却是太平洋亚洲的主权国家。再次，本章坚持认为，在民族主义和反对殖民主义运动中，后殖民独立国家发生了新、旧政治观念的杂合。帝国主义列强废除了前殖民政治体系，但并不彻底。去殖民化后多年的政治尝试、政权更替和动荡充分证明了政治理念和体制糅合的困境。毫无疑问，世界上没有任何其他地区像太平洋西部那样，对政治糅合的愤怒和骚动是如此剧烈。当代普遍熟知的司法、立法机构和联合执政体制，虽然各有鲜明的个性特征，但在太平洋区域却只能视为政治同质同构的现象，而不是把"太平洋世界"联系起来的政治认同。形式上相似，但交织着潜在的形成政治生活的文化差异。假如太平洋存在这样的分隔，那么区域分析法就适用于对这些现象的研究，由于李萨·福特探讨了国际法和政治的问题，尤其是有关殖民归属的问题，因此这里的重点将着眼于政体内部的制度和观念研究。[5]

东部太平洋的殖民主义和去殖民化

在东南亚和大洋洲最后的殖民瓜分结束之前的 18 世纪末期是一个较好的切入点，大清帝国的崩溃和日本的转型实质上改变了亚洲的政治地图。到 18 世纪 80 年代，这样的变化已经开始，荷兰成为印度东部有名的殖民势力，西班牙在菲律宾，英国在澳大利亚各建立了第一个定居的殖民地，俄国人穿越白令海峡，勘探了亚洲和美洲大陆之间的岛屿，独立后的美国开始了在北美大陆的扩张。在整个南、北美洲，反殖民主义者把启蒙运动和法国大革命的立宪、议会制及共和制的理念写进了独立宣言。

中美洲和南美洲的沿海地区于16世纪就已经归属西班牙人统治，而且还包括太平洋东北部的一部分。作为深受天主教影响的君主制国家，西班牙通过总督来管辖其殖民基地，可是统治者和由西班牙人与美洲原住民的混血及土生白人形成的殖民阶层之间的摩擦日益加剧。西班牙人很大程度上已经废除了原住民阿兹特克人、印加人和其他政体的制度、王朝和政治观念，使"纯血统"的本地人口完全被边缘化了。虽然前殖民的文化价值仍十分抵触，但传教士已经使大多数美洲原住民信仰天主教。西班牙的衰落，殖民阶层力量的增强和自治理念的传播推动了解放运动。19世纪的早期和中期，太平洋沿岸诞生了10个新兴国家，即墨西哥、危地马拉、萨尔瓦多、洪都拉斯、尼加拉瓜、哥斯达黎加、哥伦比亚、厄瓜多尔、秘鲁和智利以及后来独立的巴拿马。

在漫长的19世纪，除了寻求主权之外，在这些国家还有其他几个问题主导着它们的政治。其中之一是由领土争端引发的冲突，例如，秘鲁和智利的领土扩张野心，最终导致了1879年至1883年的太平洋战争。智利获得了战争的胜利，而秘鲁和玻利维亚战败，不得不割让领土，失去了太平洋沿岸的领土，智利由此一直扩张到麦哲伦海峡，成为南美西部的主导势力。不同政治体制的尝试，政权更替中的暴力成为西班牙语国家的标志。在墨西哥，19世纪20年代，一个皇帝轻而易举地就位了，而接下来却是独裁统治，然后就引发了50年代的自由暴动，继而是内战和欧洲的干预，结果于1864年成立了法国支持的奥地利大公帝国。后来被推翻之后，另一个独裁者波费里奥·迪亚斯（Porfirio Díaz）自1876年革命后掌权，一直到1910年。同时，政体的分裂和融合成为中美洲政治的主导。保守派和自由派的争斗不时地酿成内战，成为南美几个国家政治的突出现象。

美国采用国家与各州分权的体制，成功建立了自己更加巩固的国家政权，可是，也有冲突，最终导致了19世纪60年代内战的爆发。此前的40年，美国开始履行自己赋予的"天谕使命"，从大西洋向西扩张至太平洋，也许更远。这意味着征服加拿大以南、墨西哥以北的整个北美大陆，武装控制美洲原住民人口，采用殖民统治，把"印第安人"限制在保护区内。如同早期西班牙人在南美洲所做的那样，北美再次上演了同样的一幕，大规模地摧毁原住民部落体制。虽然美洲原住民及其文化具有一定的抗压性，但他们的政治体制作为国家政治生活的组成部分却消失了。美国定居社会和联邦政府的扩张也导致了19世纪40年代与墨西哥的战争，从而使美国走向了太平洋海岸。最初作为占领地统治的边缘领土成为国家的主权领土，这就是1850年的加利福尼亚、1859年的俄勒冈和1889年的华盛顿州。

美国成功统治了"48个州"，华盛顿政府却觊觎着更多的商业和最终的政治扩张机会，如基于旧金山（圣弗朗西斯科）等港口的太平洋航行和捕鲸船贸易，向大洋洲和亚洲开放使用权。19世纪40年代至50年代的加利福尼亚淘金热引起了人们对美洲太平洋沿岸的关注，吸引了大批人横跨太平洋淘金定居。美国的舰炮外交于50年代迫使日本开放门户；在此后的几十年里，美国人为了自己的利益极力在中国推行其"门户开放"政策。1867年，美国买下了阿拉斯加，这笔投资于1896年随着克朗代克淘金热的兴起而得以补偿。80年代，华盛顿又占有了南太平洋的东萨摩亚，使其成为自己的殖民属地。1897年，种植园主、贸易商和传教士合谋煽动暴乱使美国接管了夏威夷群岛。次年，美国发动了与西班牙的战争，获取了菲律宾群岛和关岛。在中美洲，美国于1903年并购了用于开挖巴拿马运河的土地，1914年开通了巴拿马运河。在不到半个世纪的时间里，美国已成为大陆帝国和太平洋帝国。历史上，只有西班牙和英国两个帝国曾享有这样的荣耀，横跨太平洋。但没有任何其他国家像美国这样，其主权领土遍布于整个辽阔的太平洋。

英国在加拿大西部的利益主要是依托贸易基地，这导致了19世纪初期与美国和西班牙的冲突。1858年，英国从哈得孙湾公司接管了温哥华市及其庞大的内陆领土；1869年，又收购了加拿大最大的省区西北地区（Northwest Territories）；1871年，成立新的不列颠哥伦比亚省并入了4年前已建立的加拿大自治领（Dominion of Canada）。英政府把大部分的行政和政治权都移托给了移民精英。与其他地方一样，原住民人口——后来称为原住民族或第一民族(First Nations)——没有任何政治地位。作为英女王陛下的子民，加拿大人被划入了英国的世界殖民和移民体系中。加拿大和1901年成立联邦的澳大利亚以及新西兰，就成了跨太平洋的亲属关系，随着各自日益增强的稳定政府自治，逐渐成为英帝国忠实的联邦成员。

亚洲和大洋洲殖民前的政治

自18世纪末期之后，太平洋最复杂的变化出现在亚洲。由于外部占领、政权更替、朝代争斗和边界变迁等，对亚洲殖民前政治的概述非常棘手。但是，首先是不像欧洲那样，亚洲没有独立的、主权的和名义上平等的国家体制，对诸如代议制政府、公民、公平和政教分离等启蒙意识和革命理念闻所未闻。西方对亚洲看法往往陷于原型的意识和偏见，如多彩的拉贾、苏丹和其他的君王统治者，卑躬屈膝、诡计多端的朝臣以及顺从于贵族统治的贫苦农民等，在西方人看来，这也许需要他们的干预和修正。那么，政治现实更为复杂，也是可以想象的。

尽管一些部落人口和像西伯利亚(Siberia，18世纪末期仍部分处于沙皇控制之下)之类的地区不在其中，但东亚地区仍出现了几个大的政治体系。其一源自中国，尔后发展至朝鲜半岛、日本和越南；其二是佛教政体，覆盖了现在东南亚大陆的大部分地区；其三就是包括了整个马来世界的伊斯兰苏丹国。

在清朝(1644—1911年)的中国，皇帝作为世袭的绝对君主统治国家——他充满魅力且神圣威严，却深居紫禁城鲜少露面。其中尤为重要的是各类祭祀仪典的举行，这些仪式关乎上天的庇佑。朝廷是皇帝作为"天子"行使权力的核心场所。倘若其德行有亏，未能履行维护社会稳定的首要职责，则将丧失天命。政治与儒家思想紧密交织，被朝廷用以巩固权威并赢得民心。理论上，以仁、礼、孝、忠为核心的德行能够确保社会和谐。这具体表现为臣民服从君主、妻子顺从丈夫、子女遵从父亲、晚辈尊敬长辈以及学生尊奉师长。社会秩序要求人们恪守尊卑、服从与敬奉，最终体现为对皇帝的效忠。然而，儒家士人有时也会激烈批判皇权的滥用，导致政治领导层与文化精英之间屡现紧张关系。[6]

为了统治人口众多的、庞大的中国，统治者依靠众多的官吏。这些官吏的培养和欧洲的公务员不一样，公职是对所有人开放的，原则上是"学而优则仕"。考举者经过多年的备考学习，参加基于典籍经文的地方、省和全国的科举考试。成功者赢得进举，获得官吏职位，一举成名。中央政府六部的钦差和地方长官四处巡查，依据国家需要和能力提拔和罢免官吏。当时的中国没有选举的议会或政党，民众参与的政治活动根本没有存在的可能，也就没有造反和叛乱。

虽然商人在东南亚地区开展广泛的贸易，不断地向更广的范围拓展，但是清政府认为没有广泛外交的必要，遥远的国家对于中华文明和皇帝的统治没有什么利益可言。作为自给自足

第十三章 政　治

的帝国，清朝与周边政权的关系以朝贡体系为基本框架。尽管大清帝国没有占领其他国家或武力推广自己文化的企图，但是却期望尊重他至高无上的权威，使节来纳贡就要行叩拜礼。作为回报，皇帝会以御印的形式授权各纳贡地的统治者，赋予其自治权，准许与中国贸易。这些统治者虽需奉紫禁城的天子为至尊，却由此获得清帝国册封的合法地位（imperial imprimatur）、与中原的和平往来、通商特权及华夏文明的惠泽。当时的中国与周边国家不时发生摩擦，中央政府对边疆地区的管控也往往力不从心。但即便如此，远至东南亚的马六甲等政权仍向中国皇帝称臣纳贡。[7]

与中国相邻的一些国家也采用竞争考试，以成绩任命官吏的制度，其官衙设置与中国类同。朝鲜是一个最中国化的国家，在所有纳贡国中地位最高。越南，尤其是其中北部，也相当中国化，有许多中国的官员。在顺化有一个皇家宫廷，与北京的宫廷极为相似。日本掌握了很多中国文化，但政治上联系并不多，官方作为纳贡国的时期很有限。日本地方的封建大名和各级武士家臣形成一个关系网，其社会结构与中国有着实质上的差异，在1603年至1868年间的德川幕府时代，政权集中于东京的将军手里，而京都的皇帝只是仪式上的统治者，是神圣的象征人物。

在亚洲东南部，另一个大的政治传统源自印度的婆罗门和佛教传统。密尔顿·奥斯本（Milton Osborne）把中国的政治权力勾勒为一个金字塔，顶端是皇帝，然后是京城的各部大臣和朝

353

廷官员，接下来是省级巡抚大员，辖区官员和分区官吏，最底层是基层官差。与此相比，他把佛教政体的权力表征为一系列同心圈，分别由皇宫和首府，内省和外省以及周边的边境区组成。[8] 奥斯本的概念和观点与 O. W. 沃尔特斯（O. W. Wolters）的政治权力理论有关，视其为一套"曼荼罗"。沃尔特斯认为，"王国"和"诸侯国"的概念不适合于这个地区。在东南亚的早期历史中，出现了众多的统治者，权位的继承不是直接继承，而是依据家族关系男性优先继承，不强调严格的领土界限。在印度的影响下，统治者自己也成了湿婆神的化身（Shiva），用沃尔特斯的话讲，就是"超凡的男神"行使精神和政治领导权，这种权力被合法地赋予半神的地位和控制支持者的能力。曼荼罗形成的是一个"个人忠诚的关系网，而不是一个领土国体"，既没有固定的边界，也没有形式上的官僚机构。[9] 统治者常常在弥留之际从众多儿子或兄弟们中册封自己的继承者，有抱负的统治者也可能会篡夺权力。宗教与王权关系十分密切，统治者就是行使精神和世俗权力的神王。曼荼罗统治导致边界的不确定，从而引起纷争与冲突；奴仆可以在一段时期内或同时向一个或另一个甚或几个统治者纳贡；军事占领可能中断统治；有效控制区域可能会得到扩展与收缩；统治可能会导致王朝的兴起与衰落，但却没有像西方或中国一样的国家机制，也没有民众的政治参与。

受佛教和印度教影响而形成的海上南洋（澳大拉西亚和大洋洲）和马来半岛的政治结构，从 14 世纪开始又或多或少地接受了伊斯兰法沙里亚(Shari'ah),与伊斯兰教共存。伊斯兰教的确成为政治相互分隔的马来世界的鲜明特征,其政治领域风云变幻。虽然有些像文莱苏丹那样的政局相当的稳定,但时常会有新的政体出现,新的政体合并或分裂。社会呈现严格的等级秩序,上层的苏丹或拉贾为权力的统治者,他们不太在意统辖的领土大小和财富的多少,但却可以调动普通的劳动大众。他们就是"世间的上帝之影",就是澳大利亚史学家安塞尼·米尔纳(Anthony Milner)所谓的"体制的核心",他们通过语言、服饰和华丽的宫廷而傲立于社会之上,而社会大多数的农民则是顺民,屈从于统治而成为社会下层。[10]尤其重要的是权力的仪式,美国人类学家克利福德·格尔茨(Clifford Geertz)以印度教化的巴厘岛为例称其为"舞台国政"。[11]印度东部6000个岛屿和泰国南部、菲律宾南部的伊斯兰苏丹王说明了这种统治的特殊性。

在大洋洲的岛上,几种政治体制在欧洲人到来之前就已经存在。波利尼西亚社会高度的阶层化,常分为酋长、地产主和平民三个阶层。酋长拥有的权力可以世袭,也可以通过征服或击败对手争取。有些岛有数个酋长,而在像塔希提之类的岛上,一个酋长可以掌管多个岛屿。相比而言,在西南太平洋或美拉尼西亚,社会就没有那么严格的层级化,酋长的权力通常不是世袭的,酋长或后来人类学家所称的"大人"(big man)的身份和地位是依靠自己的能力和财富获得的。实际上,决策是通过酋长和长辈之间的商讨并达成共识来实现的。[12]不只是在波利尼西亚，其他的岛屿社会也被分割为不同的相互竞争的村庄，不同的语言和文化群体以及不同的政治团体。在新几内亚，有数千种语言的人口群体，社会分隔十分严重。

太平洋殖民瓜分后的殖民政治

由于欧洲人在亚洲寻找高回报的香料贸易产品，因此由殖民主义而产生的现代政治演变进程先于亚洲开始，比大洋洲要早得多。16世纪初，先是葡萄牙人，到17世纪，很大程度上被荷兰人所取代，但二者的范围通常都仅限于自己的沿海飞地内。西班牙人从南美航行至菲律宾，并在那里立足。荷兰人和西班牙人在东南亚享有自己特有的地位，直到英国的东印度公司的到来，挑战与日俱增。英国1786年占领了槟榔屿（Penang），1819年占领了新加坡，1842年控制了马六甲海峡。到19世纪末，英国已经控制了整个马来半岛。1842年，英国强行租借中国香港，极大地促进了英国的政治和商业影响力。它们的主要对手法国直到19世纪50年代才在亚洲东部有了立足点，占领了越南南部，以此为基地，到80年代中期又占领了越南的中部和北部以及60年代占领了柬埔寨和90年代占领了老挝。日本明治维新（Meiji restoration）之后也加入了扩张竞争的行列，19世纪70年代兼并了琉球群岛（Ryukyu Islands），90年代侵占了中国的台湾地区，20世纪前10年又占领了朝鲜半岛。美国1898年控制了菲律宾。英国、法国、日本和其他列强于20世纪初在中国获得了"特许权"，即上海的国际租界和法租界，享有"合法的"不受管辖特权、贸易权和近乎殖民的统治。

到 19 世纪后期，太平洋亚洲的海域和内陆，从印度尼西亚群岛到中国的香港，都被欧洲列强所控制，不久日本向北扩张，成为占有岛屿和陆地的帝国，沿中国海岸分布着众多形式各异的租界。同时，俄国加强了其对西伯利亚的统治，于 1860 年把强占中国的海参崴改名为符拉迪沃斯托克港，沙皇的扩张主义与日本发生了冲突，导致 1904 年至 1905 年发生在中国东北的日俄战争。

即使内陆地区仍处于不太受关注的边缘化状态，殖民占领也带来了巨大的变化。[13] 殖民主义重构的政治形式可以概述为三个重要方面。

其一是新的地图绘制，殖民者在地图上划线，他们划出的不同实体最终成为当代地球表面的民族国家。殖民主义确定了以前长期模糊的、不固定的政治边界。荷兰人把数千个岛屿划为一体形成了荷属东印度群岛，而婆罗洲则由荷兰、英国和沙捞越的一位探险的"白人拉贾"分割归属。难以预测的国际冲突也导致了后来帝国地图的变化，日本、美国、新西兰和澳大利亚在第一次世界大战后瓜分了德国在太平洋岛屿的殖民地，美国在第二次世界大战后接管了日本曾占领的密克罗尼西亚群岛。如果说殖民边界大多稳定的话，那么后殖民时代分裂运动的纷争与冲突，如东印度群岛的马鲁古群岛、亚齐和西巴布亚等，则充分证明了殖民边界划分的随意性。

其二是殖民主义也产生了移民,即欧洲的殖民者及其从属人口,他们的到来打破了当地的人口生态以及政治权力平衡;正如亚当·麦克沃恩所述,移民也导致了19世纪70年代边境的封闭,美国人和澳大利亚人担心亚洲人会带来传染病。[14]在澳大利亚、新西兰、夏威夷和新喀里多尼亚,白人定居者通过掠夺原住民的土地,剥夺他们的政治权和文化同化,以牺牲原住民为代价,建立了自己永久的政权。在亚洲和大洋洲,虽然全面的殖民统治相对没那么持久,但人口的变化却是持续的。印度人成为斐济的主要人口,也成为马来国家的重要群体;中国人广泛地分散在印度尼西亚、马来西亚和菲律宾,在这些国家经商或从政,并成为新加坡的主流人口。众多的日本人定居在中国的东北,但1945年战败后大部分离开了。在夏威夷,中国人、日本人和葡萄牙人与波利尼西亚人和美国的大陆人混聚在一起。这种世界大同主义以及众多亚洲地区和太平洋群岛的前殖民种族混合,助推了政治紧张和动荡,比殖民主义更具可持续性。可是,在太平洋的亚洲区域,殖民者的离开把至高无上的政治权又还给了亚洲人,然而大都集中在占主导地位的种族群体手里,如在印度尼西亚,主要就是由爪哇族人(Javanese)主政。

其三是西方制度和观念的引入,这也许是帝国主义的主要政治遗产。在殖民化的亚洲,欧洲人不时地会废除业已存在的当地王朝,如1910年,在朝鲜半岛废除了日本的王朝统治。其他地方,至少一些政治制度仍得到了保留,如马来世界的苏

第十三章　政治

丹王国，越南的皇家王朝等，但殖民者却把其主权贬为傀儡，若有任何不从，或对他们的统治所依赖的观念和文化秩序犹豫不决，就马上罢免废除，像在越南那样，国王因此就三次被废黜。

欧洲人构筑了他们新的统治体系，通过总督和区代理人，法律规章和条例，税收和劳役，军队和警察等，行使统治权。戴着礼帽的地方总督品行各异，从残暴的种族主义暴君到乐于奉献、真正为子民谋福利的代表，什么样都有，都相信自己使命的文明与仁慈。而除了少数西化的个体被招为公务员或咨询员之外，当地的民众则觉得自己都被剥夺了政治参与权。与法国和日本殖民地更加集权的管制相比，英帝国所采用的政治体制则走逐步殖民化的权力路线，以更多授权代理的方式，间接地统治。尤其是荷兰人继续充分利用东印度群岛的苏丹，但却残酷地镇压那些反抗者，如1873年与苏门答腊岛亚齐的战争以及20世纪初在巴厘岛荷兰宗主国的扩张等。[15]殖民统治仍是任意的，经常带有实际的或可能的暴力。绥靖就意味着对抵抗运动的镇压，无论是最初入侵遇到的抵制，还是20世纪初发展起来的新民族主义运动，都同样被镇压了。在巴达维亚（Batavia，现在的雅加达）、越南河内和中国台北修建富丽堂皇的政府建筑、法院和监狱就是具体的铁证，证明殖民者永久统治的意图。

殖民统治不是牢不可破的。如前所述，英国于19世纪后期把日常政治管理权托交给了加拿大、澳大利亚和新西兰的移民精英，然而，对于大部分为非欧裔人口的殖民地则根本不愿这样做。在中国香港，它从没实施过普选权制。20世纪初，法国幼稚地幻想把黑人、棕色人和黄种人整合变成第三共和国领土上的法国人，其奉行的同化政策转向目标更加有限的"联合"。荷兰推行了一种新的"道德伦理政策"，宣称是更加人道的统治。甚至在大洋洲的被认为最落后的岛屿殖民地，到20世纪50年代至60年代，殖民者也成立了由选举的原住民代表参加的委员会。殖民统治者的变化也带来了政治的变化，在菲律宾，美国人同当年的西班牙人一样，在1898年之后是不情愿去镇压抵抗。所有统治者都带着自己的殖民政策和措施。日本1918年在密克罗尼西亚取代了德国之后，极力推行日语和日本教育，推崇皇帝和信奉神道教。政策从来都不是始终如一的，帝国也从来都不是单一整体的，日本把中国台湾地区当作殖民地来统治，却把朝鲜半岛并入日本，1932年占领中国东北，却立了清王朝最后一个皇帝做"满洲国"的傀儡。

没有被殖民的国家也引入了西方的政治制度和实践，其中最典型的案例就是1868年日本的明治维新。日本皇帝开始穿西式服装，公共建筑也开始走欧洲的架构样式；1889年，政府采用了宪法制，成立了国会；东京依照西方的模式规制了公共服务体制和军队。[16]在大清王朝，现代派改革尝试多次失败之后，1911年的辛亥革命推翻了清王朝，实施了共和国制，但是，在此后的20多年里出现了派系割据和军阀混战。在太平洋边缘，泰国于19世纪后期改革了一定的政府体制，然后，于1932年经历了戏剧性的变革,从而成为君主立宪制国家。

澳大利亚的去殖民化

毫无疑问,欧洲的政治体制在英国的移民殖民地衍生发展,其去殖民化也是一个渐进的过程。[17]尽管1931年的威斯敏斯特法案承认了英国与其领属地的平等地位,但没有一个确切的日期表明澳大利亚、新西兰和加拿大的独立。19世纪后期,澳大利亚殖民地的政治生活沿袭了威斯敏斯特的体制,并逐步推动走向联邦制。定期的选举干扰政治生活,伴随着议会两院和政治党派的激情抗辩。国会权力之外的政治也很像英国。劳动工会积极投身产业运动,在澳大利亚,劳、资争端仲裁的制度颇受欢迎,被誉为一种创新,甚至被一位法国评论家大加赞赏地标榜为"没有教条的社会主义"。[18]

虽然爱尔兰移民经常对自治法感到惋惜,也不总是赞成忠实于女王陛下,但澳大利亚人和新西兰人却对自己忠实于女王感到很自豪,仍把自己国家复制的那些国教、大学、公务组织等制度称为"故国情怀"。正如詹姆斯·布里奇指出的那样,种族是形成"本土政策"和培养新欧洲人身份感的原始基础;帕特丽西亚·奥布莱恩在其章节中进一步强调这是担心混血的警示。[19]被视为注定要灭绝的原始原住民大部分被排除在政治生活之外,从殖民统治到英联邦,再到主权国家,只有少部分部落和种族政策的对象才享有政治权。而保证澳大利亚原住民平等权的运动、修订不公正待遇法、承认当地人的土地权等,大都是20世纪晚期的现象。

新西兰推崇一种不同的政治格局。毛利人的酋长们于1840年与英国人签署了《怀唐伊条约》或《威坦哲条约》(Treaty of Waitangi)，在英国人看来，但不是对毛利人的后代而言，这个条约等于把主权出让给了英女王。英国给予毛利人在议会的席位，毛利人占新西兰总人口的比例很大，比加拿大和澳大利亚的原住民人口都多，其语言和文化更具同质性。因此，与其他统治领地的原住民人口相比，毛利人在政治生活中也获得了更重要的地位。然而，新西兰政治的其他方面仍与英国的其他移民领地相似。

亚洲和大洋洲的反殖民主义和去殖民化

尽管对欧洲干预的抵抗最初都集中于前殖民的王朝国家，但西方的宪政、议会制和民族主义思想以及马克思社会主义，都日益在太平洋的亚洲区域蔓延发展。改革和激进思想在新闻界、教育界和知识界广泛传播，于19世纪后期已经对欧洲的霸主地位产生了冲击。例如，从马德里到哈瓦那和马尼拉等，菲律宾的革命者何塞·黎刹(José Rizal)在西班牙统治即将崩溃时期领导了暴动，被处以极刑。[20]日本在1894年至1895年的甲午战争中战胜清王朝后，迟滞了外国占领，成为帝国列强，成为免受欧洲殖民影响的样板。日本自明治维新开始，宣扬"富国，强军"。随着经济的增长和国际的认同，日本成为适应与现代化的模板。日本战胜俄国预示了不可估量的重要性。正如印度作家潘卡杰·米斯拉（Pankaj Mishra）所言："当代世界首先是在1905年5月开始成型的。"[21]整个亚洲的反殖民的民族主义者称颂日本的胜利。中国、越南和印度的反殖民主义理论家和实践家汇聚东京研讨日本的成功，展望日本，期盼"亚洲人的亚洲"的复兴。用冈仓天心（Okakura Kakuzo）的经典词句来说，他们的使命就是抵制叫嚣"黄祸"的西方偏执狂，推翻"白祸"帝国主义。[22]所以，米斯拉说，"对于占世界人口大多数的亚洲而言，20世纪的重要事件就是亚洲知识界和政治界的觉醒，就是从亚洲和欧洲帝国废墟上的兴起"。本书中，入江昭强调，随着跨国的传教运动、学生运动、知识和政治运动以及艺术家和运动员等不断推动的思想、文化和生活方式的交流，"文化国际化"凸显其重要性。[23]

非传统的政治思想在博取广泛的支持。在中国，"选自儒教、佛教和西方科学与商业功利主义的新词、新概念……能够用来表达伴随快速变化的世界应运而生的新观念"。[24]1911年的辛亥革命在孙中山及其思想的引领下走在了时代的前列，国家、民族和共和国的理念多来自西方，尤其是英国的思想。在越南，20世纪初的文人潘佩珠（Phan Boi Chau）和潘珠桢（Phan Chu Trinh）接受了儒家和法国思想，提倡源自1789年法国大革命的自由、平等和友爱意识。越南最有名的革命者胡志明在波士顿、巴黎和莫斯科的经历以及他攻读的民族主义和马克思主义的著作，激发了他解放的思想。第一次世界大战后，在"威尔逊时期"思想的激励下，通过自我决心实现去殖民化的愿望最终成为泡影，而军事国家主义的思想和策略获得了支持，迅速发展壮大。[25] 1921年，中国共产党在上海成立；1927年，苏加诺在东印度群岛成立了独立党；三年后，在胡志明领导下，马克思主义小组联合成立了印度支那共产党。20世纪30年代，日本政治以不同的方式向右翼转变，走向了西方式的帝国主义、军国主义和种族主义。

随着日本占领了中国东部的大部分地区之后，在东南亚打败英国和荷兰，第二次世界大战成为亚洲政治的转折点；日本也迫使法国维希政府扶持的印度支那政府与其合作。日本对亚洲的占领和统治异常残暴，在一定程度上消除了欧洲在该地区的存在与影响，也导致了该地区的独立运动；虽然只是政治上的权宜之计，但日本推动民族主义，承认欧洲的前殖民地独立，就像战争快要结束时期的越南，却激励了要求改变的力量，直至日本战败，这种独立的浪潮也未停息过。尽管殖民主义者想尽力恢复战前的状态，可现实证明已完全不可能了。

日本战败之后的10年，几个东亚国家逐渐走向独立，1946年菲律宾独立；虽然荷兰一直到1949年才予以承认，但实际上1945年印度尼西亚就已经实现了独立。荷兰在东印度群岛与独立力量抗争，但均以失败而告终；法国在中南半岛对抗的结果也一样。1946年，巴黎承认越南以新宪法的形式成为"联合国家"，先与胡志明谈判，然后与越盟一起开始对抗胡志明领导的越南共产党的战争，直至1954年胡志明的军队在奠边府击败法国军队。《日内瓦协议》把越南分成了北部共产党和

第十三章 政治

南部西方联盟两个政府。在接下来的 20 年里，胡志明与南方政府进入对抗状态，20 世纪 60 年代，美国及其盟国参与了与越南共产党的对抗，战争一直持续到 1975 年越南实现统一。马来国家也经历了长达 10 年的"紧急状态"，英国挫败了共产党的暴动，这种状态一直持续到 1956 年马来西亚独立之后。

可是，地图仍在继续变更。新加坡 1965 年脱离了马来西亚，文莱王国直到 1984 年才脱离英国，赢得了独立。美拉尼西亚人居住的新几内亚西半部一直由荷兰统治，1969 年一次欺骗性的公投之后，割让给了印度尼西亚。1974 年，葡萄牙从亚洲最小、最早的殖民属地东帝汶撤出，印度尼西亚占领了那片领土，雅加达的暴戾殖民统治引起了持久的反抗，东帝汶最后于 2002 年获得独立。再向北，1949 年，中华人民共和国成立。中国于 1997 年和 1999 年分别对香港和澳门恢复行使主权。

20 世纪 40 年代至 70 年代，东亚与东南亚地区深陷政治动荡的旋涡，其典型特征体现为政府主导的激进社会改革。1949 年，中国共产党在毛泽东的领导下取得内战胜利，由此开启了中国现代史上的重大转型期。该时期的核心政策包括：以马克思主义理论为意识形态基础；推行生产资料公有制改革；确立中国共产党的领导地位；实施党内整风运动以及发起以工业化为主导的"大跃进"计划。20 世纪 80 年代以来，改革开放政策的实施推动了中国经济实现跨越式发展，与此同时，政治体制的适应性调整亦持续演进。

20世纪50年代初，南北朝鲜开始走向对立。朝鲜的基本国策在金氏三代领导人统治期间鲜有实质性改变。韩国虽历经数十年的威权统治，但已转型为多党民主政体——这意味着朝鲜半岛南北双方如今展现出截然不同的治理与政治模式。与此同时，越南在意识形态上长期保持正统立场，直至1986年推行革新开放政策，建立社会主义市场经济体制。在太平洋边缘地带，柬埔寨的红色高棉于1975年建立政权，其"残暴"统治最终在1979年越南入侵后终结，随后于1993年恢复君主立宪制；1975年同样见证了老挝内战马克思主义者的胜利。印度尼西亚群岛独立后，多个地区爆发叛乱活动。1965年共产主义者与反对派之间的冲突引发军事政变，军人统治持续至1998年，该国现已实现民主转型。类似地，费迪南德·马科斯于1965年至1986年间以强人姿态统治菲律宾。

太平洋的亚洲，许多国家经历了剧烈的政权更替，而日本在1947年采用了立宪制后成为少有的政权延续的范例。朝鲜战争、越-美战争，其他的武装冲突以及国内的暴力对抗，从另一方面反映了一个地区的政治史，一部思想、观念斗争的历史。"冷战"的紧张氛围消散了，取而代之的是其他的地缘政治、观念和文化上的纷争，民族争端成为后殖民国家重要的政治挑战之一。例如，不断的暴力冲突发生在菲律宾和泰国南部信仰伊斯兰教的少数民族地区。诸如伊斯兰运动这样的不同政见群体否认西化的政府规则。也有人批评这些国家，甚至是民主和议会制的国家，存在令人惋惜的对人权的限制。

第十三章 政治

在大洋洲，去殖民化进程开始得晚一些，整体上比亚洲进行得更温和一些。殖民当局认为，岛屿太小，也太穷，人口又原始，也许永远都不会要求独立。原住民对自治政府的推动程度上比亚洲要弱得多。的确，就英国、澳大利亚和新西兰的殖民地情况而言，殖民政权本身对去殖民化既有支持的，同时也有抵制的。萨摩亚于1962年率先脱离新西兰，获得独立；斐济尽管存在着原住岛民和占多数的印裔斐济人之间的种族冲突，但仍于1970年脱离英国，赢得独立。英国1978年至1979年分别从萨摩亚和基里巴斯与图瓦卢撤出，澳大利亚1975年撤出了巴布亚新几内亚。在美国管制下的密克罗尼西亚群岛到20世纪80年代制定了不同的宪法，和其他几个国家的情况一样，成为与美国联合的独立国。华盛顿因而继续拥有对美属萨摩亚和关岛的主权，并于1959年并入了第50个州——夏威夷，另一个太平洋殖民地阿拉斯加1958年在法律上成为第49个州，1959年正式加入美国。

法国抵制法属波利尼西亚、新喀里多尼亚及瓦利斯和富图纳群岛的独立，这些领土上的居民拥有法兰西共和国的全公民权。在波利尼西亚，自20世纪50年代开始，独立运动异常活跃，风起云涌，跌宕起伏。60年代中期，法国开始在这里进行核试验，从而招致大规模的区域和地方抗议。核试验直到90年代中期才终止，并确认塔希提及其外围岛屿获得法国的经济补贴，但没有解决其政治地位问题。独立运动于70年代也出现在了新喀里多尼亚的美拉尼西亚原住民人口中，在此后的10

367

年里，美拉尼西亚人与法国移民后代、法国城市移民和波利尼西亚工人组成的联合会之间的对抗日益加剧。卡纳克社会主义民族解放阵线（Kanak Socialist National Liberation Front）把源自美拉尼西亚文化的思想、法国立宪制和共产社会主义与文明抵抗和游击战相结合。最终，支持和反对对立的派别达成妥协，新喀里多尼亚仍属法国"海外的国家"，计划在未来择机实施主权公投。

太平洋岛屿没有发生太多像亚洲或19世纪拉美那样的动荡，但也难免后殖民的政治纷争。布干维尔的岛民在20多年里，发动了脱离巴布亚新几内亚中央政府的抗争，但均以失败告终。2003年，所罗门群岛的岛民之间的暴力导致了国际警察的干预。斐济自20世纪80年代开始，经历了数次暴力的种族政变和军政独裁统治。在皇家和贵族主导政治的汤加，反对派团体极力争取更大的民主化。

与澳大拉西亚和美洲不同，在东亚和大洋洲，第二次世界大战后，尤其是1945年至70年代中期，其主要政治问题是政府的形式，即殖民的还是独立的，君主制还是共和制，共产党执政还是军事主政。在各地不是每种形式都尝试，但不同时期却经历了众多的曲折，政治纷争不断，围绕主权、观念和政府体制争论不休，政治生活的争论在日常更加普遍。种族群体、精英和民众、核心的和边缘的以及衍生的众多政治分歧之间的冲突，错综复杂地和这些辩论、纷争交织在一起。

一个至关重要的核心问题是去殖民化以来，尤其是在太平

第十三章 政 治

洋亚洲地区，出现的各种各样的政治尝试，与澳大拉西亚和北美的情况形成了突出的对比，但在南美的太平洋一侧却有一些类似的情景。例如，1970年，智利的马克思主义者萨尔瓦多·阿兰德(Salvador Allende)上台，三年后被奥古斯托·皮诺切特(Augusto Pinochet)推翻并处死，尔后独裁执政，直至1990年民主制的到来。像巴拿马和尼加拉瓜这样的国家也经历了独裁统治、不同政见的政权更替与暴力以及外国的干预。

在亚洲和大洋洲国家，后殖民政治的另一个显著特征是西方政治制度和观念与本土和后殖民遗产的融合。日本对天皇的尊重把当代政治与古老的王朝融为一体，这样日本国的历史就回溯了上千年，传说到了月神时代，信奉神道教理。泰国和柬埔寨的传统君主制的延续也值得关注。在汤加，自己相当西化的国王奉行的王权理念与波利尼西亚的酋长制思想有关。孙中山的"三民主义：民族、民权和民生"隐含在中华人民共和国的政治制度里。中国在全世界建立孔子学院，以推崇孔子的思想，2008年北京奥运会开幕式颂唱着儒家的经典词句。

其他地方，也同样。政治人物把本土的与国际的、原住民的与西方的杂糅在一起。1945年，印度尼西亚的苏加诺总统颁布了建国五项原则——潘查希拉原则(pancasila)，一种集上帝、团结、民主、社会公正和文明人文于一身的政治信仰，为其国民提供了西方式的议会制政治和伦理思想。胡志明修订了民族主义的观念和马克思主义原理，应用于农村社会、游击战和反殖民斗争，越南人被唤起其早期的历史情结，唤起其爱国

369

主义精神。20世纪60年代和70年代的大洋洲，像斐济的卡米赛赛·玛拉这样的领导人提倡"太平洋式"的共识决策，与议会制民主相融合[26]，而在东南亚，像80年代新加坡的李光耀和马来西亚的马哈蒂尔·穆罕默德（Mahathir Mohamad）则崇尚"亚洲价值"。马哈蒂尔执政党的基本原则是促进原住民权利的保障。对卡纳克人、毛利人、斐济族人、夏威夷原住民和美洲的第一民族人或原住民族等权利的支持者主张其作为土地的先民享有优先权。

非西方传统也在太平洋亚洲和大洋洲普遍得以继承，与总统制，首相或总理和议会制，选举制和政党政治相互交织。佛教深深地融入了东亚和东南亚的文化和公共领域；伊斯兰教同样融入了印度尼西亚和马来西亚；天主教融入了菲律宾；基督新教融入了南太平洋。古老的圣贤先知也许随着殖民主义和后独立的转型已失去其传统的地位，可是日本的财阀王朝、世袭的马来苏丹和大洋洲传统的酋长仍未失去他们的地位和影响力。古老的制度、信仰和圣贤并未随着殖民主义和后殖民及全球化的变迁而消失，相反却以新的方式、新的形态不断地回归与再现。外国的模式不断地被本土化。例如，布朗温·道格拉斯就大洋洲人和基督教的联系概述了三个重合的时期，即接触、皈依和十分重要的本土化，在最后阶段，基督教本地化，成为岛民遗产的组成部分。[27]文化与政治，从前与之后，我们与他们，传统与现代，相互之间的界限的确是可以相互渗透、相互融合的。

第十三章 政　治

21世纪的政治

21世纪初，太平洋国家面临着几个共同的政治问题。边界纷争日益加剧，如最近的南海，中国、日本和东南亚国家都卷入其中。危险的不仅是海洋疆土和无人岛屿，还有潜在的矿产资源、地缘政治优势和民族主义自豪感。中国作为贸易、军事和政治大国的发展和愿景引起太平洋周边国家的担忧。太平洋国家，无论大小，与遥远的区域国家相比，都可以更直观地感受到中国的崛起，并做出相应的反应。同时，美国重新主张其在太平洋的角色和作用，俄罗斯同样不断地加强其对自己东部前沿地区的关注。

在国内，种族紧张点燃了东南亚和部分大洋洲的激情，澳大利亚的原住民和托雷斯海峡的岛民，新西兰的毛利人，太平洋彼岸的美洲原住民都群情激愤，抗议不断。不规范的移民已成为澳大利亚的重要政治问题，难民几乎成为各地普遍关注的焦点。分裂主义运动没有放弃创造新的民族国家的希望；伊斯兰组织宣扬与其宗教一致的法律和社会准则。太平洋也没免受恐怖主义的袭扰，例如，2002年的巴厘岛袭击。如同环境问题一样，与采矿、渔业权和经济专属区相关的资源问题同样困扰着各地的决策者，从污染和采矿影响，到气候变化和地球变暖等一系列的困惑。全球经济危机的后效应对国企和民企的关系及社会资质提出疑问，而与此相关的规定在广大的太平洋地区存在很大的差异。腐败仍然相当普遍。虽然独裁的政府日益稀少，但法制和公众自由辩论在许多国家仍没有保障，政治转型不总是能够一蹴而就的。愤青、酗酒和吸毒等问题甚至困扰着偏远的岛屿。尽管生活水平很高，加拿大、美国、澳大利亚、新西兰、日本、新加坡和韩国生活水平高居世界前列，但是仍有大量的绝对贫困人口，传染病流行，文盲教育、法律体系和文化仍严重歧视妇女和少数民族。

太平洋世界的政治研究勾勒了不同模块领域的概貌，而不是作为一个统一的整体提出了依托美国、中国或其他支点构建"世界新中心"的建议，只是对简单想法的矫正。然而，同构的发展以及过去和现在的重要事件表明，尚有类似问题需要进一步探讨。例如，英、法在南太平洋的移民社会比较，南美的太平洋战争及彼岸的中日战争和俄日战争，墨西哥和中国的革命，20世纪60年代至70年代东南亚和南美兴起的马克思主义以及太平洋两岸帝国解体后国家的形成机制等。

太平洋的政治史彰显了政治文化转型过程中殖民主义的影响，但是也强调后殖民的结果，即政权、制度和观念，颇具其自己的特点：前殖民元素的延续及其与原住民、西方开明思想和马克思主义信仰的本土化融合。尽管采用了西方式的议会制和治理话语，可是根深蒂固的文化归属和习惯并没有抛弃。国内的、偶尔国家之间的暴力证明太平洋并不总是太平。目前，太平洋地区不会有"历史的终结"，也不会有政治体制的趋同，但观念、人和行为习惯的历史融合和互动让人看到了曙光，文明的构造冲突不会动摇太平洋的未来。

后 记
太平洋的交叉洋流

马特·松田

太平洋史研究始终面临一个根本性的挑战:"太平洋"无法被简单地视为一个书写对象。相反,这片大洋本身就是一个需要被不断界定的研究对象——它的边界何在?其空间与时间的延展范围如何界定?《太平洋历史:海洋、陆地与人》这部著作,正是从多重维度回应了这些核心命题[1]。

若要为本书划定学术疆域,或许反向界定更为明晰:这既非关于民族国家的学术论文集,亦非针对特定族群的专题研究;既非建立在大洋洲岛屿研究领域的专著体系之上,也非对亚洲与美洲进行的国别或超国别审视。本书本可以遵循传统路径,由各位专家分章撰写日本、中国、夏威夷、印度尼西亚、汤加或澳大利亚的专题研究——但最终我们选择了更具张力的呈现方式。

本书对"太平洋"的构想,更接近于早期航海者与后世探险家的切身经验——它既非确定的地理区域,亦非可供简单描述的概念,而是由行动主体、航行路线与流动边界交织而成的动态场域。各章没有孤立地刻画太平洋,而是通过洋流般的主题交织，着力呈现相邻文化间的交汇、碰撞与标记过程，而非抽离具体国家、岛屿或沿岸社会进行个案研究。

全书的核心要旨在于强调联系与互动的历史维度。所有撰稿人都被要求立足具有全球意义的区域性案例，并界定太平洋研究特有的学术路径如何滋养其他史学领域与学科体系。每位学者都面临着艰巨的双重任务：既要立足自身专业领域展开论述，又要在跨越时空维度的宏大叙事中建立学术对话。

这些研究主要呈现为两种路径：一类是关注宏观问题的类型学与个案研究，另一类则是以具体案例为切入点的方法论与理论探讨。因此每章都围绕核心概念展开——无论是"宗教"、"性别"抑或"知识体系"。为夯实论述，学者们广泛征引了美拉尼西亚接触史、萧亮林的对外贸易数据、德维塔·玛拉与特鲁格南娜等历史人物、胡志明的政治实践以及从马尼拉到中国澳门再到阿卡普尔科的港口网络。

这些人物与地域本分属不同学术谱系，传统上很少被纳入同一研究框架。长期以来，"太平洋研究"作为领域的发展始终受限于学科分野：亚洲研究学者与大洋洲研究者往往视角迥异，美国问题专家又与世界体系学派的全球史学家鲜有交集。一位研究明清中国的学者，如何与中太平洋波利尼西亚-美拉尼西亚群岛的民族史学家、专攻海洋温度的科学家，或是拉美经济研究者找到学术共鸣？在历史研究领域，太平洋始终被认为缺乏诸如"新大陆发现""哥伦布大交换""大西洋革命"或三角贸易这样的统合性叙事[2]。

后　记　太平洋的交叉洋流

宏大叙事确实浮现其间：那些跨越数个世纪、串联起广州、澳门、长崎、关岛与阿卡普尔科的大帆船贸易网络的经济文化运作；从中国延伸至澳大利亚、斐济、夏威夷与加利福尼亚的亚洲及岛民迁徙浪潮。然而本书并未试图构建某种世界体系分析或包罗万象的"太平洋"解释框架，各章节反而在丰富的历史编纂学与具体实践经验之间往复穿行。正是通过这种方式，本著作得以与人类学、表演研究、政治行动主义、海洋科学及海事考古等学科展开深度对话。这些交叉学科本就处于太平洋研究的核心地带。[3]其目标在于呈现太平洋历史研究在方法论与研究对象上令人惊叹的多样性。

尽管如此，那些在上一代学者眼中或许只是平行发展、互不关联的学术探索，如今却显现出惊人的共鸣，并为太平洋研究的未来方向提供了线索。这种转变的显著标志可见于伊恩·琼斯的论述：他将太平洋解读为能量分配场域——风系、洋流与潮汐的运动轨迹以及人类为追逐鱼类与海洋哺乳动物，将海洋生物转化为脂肪、肉品、油脂与燃料，最终实现对这种能量的追踪与攫取[4]。这些概念化阐释在本书中获得了生命，使我们得以理解：所谓"太平洋"叙事，实则是想象斐济商人如何与澳大利亚代理商达成共识，在招募瓦努阿图船员的同时，凭借对风潮规律的掌握，沿着从夏威夷群岛到加拿大及厄瓜多尔海岸线的航路，共同向中日两国输送海洋物产。

各位撰稿人皆从其专业领域出发，以开阔的视野探索"冷战"政策、卡纳克村落、白银汇率或殖民保护条例等专题知识，如何塑造出这个多层次、洋流交织的"太平洋"。这些研究恰似它们所描绘的海洋。既捕捉瞬息万变的表层动态，又呈现生机勃发的中层水域，更深入被"环境""迁徙""性别""种族"或"法律"等议题切割的深海带。在此种交叉洋流的呈现中，环境论述自然融汇了科学与航海知识；宗教、种族与政治本就难分彼此；性别、法律与移民的关联如此紧密，以致强行分章论述反显造作。

然而，作为一部关于太平洋的学术文集，若想超越单纯的博学文章选集或泾渭分明的论文集形态，就必须构建起内在的体系结构。正如戴曼·萨勒丝所示，全书结构宜理解为多条谱系脉络的有机编织与相互缠结。这令人想起萨摩亚作家阿尔伯特·温特(Albert Wendt)的诗作《我们体内的逝者》。那些承载多元文明的祖先记忆，通过讲述者的家族血脉化为其血肉与历史[5]。独木舟航海者、岛民父母、欧洲商人与外来传教士的分子组合，正如同遗传学家/系谱学家的语言，让生物体历史中的特质与突变在代际间"表达"或"沉默"。

这些"表达"与"沉默"如何在本书中联结？戴曼·萨勒丝率先将论述锚定在多重原住民时间维度，这些通过系谱研究、口述传统与文字表演塑造的历史框架，最终在"故事之海"(*Vasa Loloa*)中形成地方性认同[6]。此种探索与入江昭对"冷战"地缘经济、政治与移民战略的宏大考察形成呼应。他核心观点的精妙处在于：当代太平洋最显著的特质，正是日韩中三国对文化借鉴与冲突的"共同记忆"。因此太平洋没有单一过往，只

后　记　太平洋的交叉洋流

有交织的多元历史，半是系谱，半是记忆[7]。这绝非抽象边界划定的空间，而是布满生命与故事的互联之地。

所谓"共享"，既指向共通性，也涵盖对历史认知的尖锐政治分歧。正是这种断裂又联结的缠绕历史，赋予本书生命力。乔伊斯·查普林穿梭于欧洲人"发现"太平洋的骄傲地图学叙事时，同样触及"记忆"命题。她既考察豪尔赫·德·梅内塞斯（Jorge de Menezes）与图培亚（Tupaia）等人物，更深刻地揭示了那些"未曾发生的历史"——为争取承认而抗争的原住民与非欧洲经验，成为照见帝国叙事前丰饶文明的棱镜。她对太平洋史前殖民/后殖民分期的人为性提出犀利批判：欧洲早期太平洋史绝非掌控能力的渐进史，用她的话说，不过是"近三个世纪基本被动且毫无决定性的事件"。[8]

尼克拉斯·托马斯同样逆传统史学潮流而行。其探讨帝国时代的研究虽概览英、法、荷、西班牙在大洋洲的统治，但对"帝国"的解读却超越总督与行政体系，聚焦于传教活动、文物收藏、文化交换及岛民与外来者的知识共享。檀香木与海参贸易催生的劳工迁移，欧迈（Omai）等导航者，库克船长的测绘热忱，以及岛民对铁器、织物、镜子与书籍的"反向收藏"，共同定义了一种非欧洲霸权计划以及支配不均的交换与互惠剥削的"帝国"。[9]

布朗温·道格拉斯通过阐释一张由多重相遇交织而成的网络，延续了关于挪用、反向符码与交换的学术脉络。这些互动既嵌入西方时间框架，又超脱其外。该网络将源自神灵世界、

377

动物崇拜及自然信仰的灵性传统，逐步编织进伊斯兰教、佛教乃至基督教的体系之中，尤其聚焦于坦纳岛（Tanna）本土灵性传统对这些外来信仰的地方化调适。她对能动性、本土神灵、岛民教师与融合信仰的多重质询，在相遇、改宗与归化的不同声部中展开，最终呈现这些时而紧张、时而结盟的信仰世界如何代际演化。[10]

值得注意的是，苏吉特·斯瓦森达拉姆对"科学"的解构看似独立，实则遵循相似路径。通过模糊知识体系的边界。他既不预设科学知识的构成，也不作结于此，尽管论及珊瑚礁理论、核辐射与气候变化的自然史及理化基础。但这绝非渐进式知识积累的叙事，他将海洋与岛屿视为流动领域。既非实验场也非静态"实验室"，而是整合祖先动物、宇宙观与传统故事中地理海洋知识的动态场域。达尔文与海洋科考仅是故事片段，对夏威夷圣典《库木里坡》的细读同样重要。[11]

无独有偶，罗伯特·阿尔德里奇在其包罗万象的太平洋政治与国家研究中，同样着力于呈现相互交织的历史脉络——他通过亚洲与大洋洲政治体制的次区域研究、原住民视角、殖民分析以及糅合性考察，揭示了多元政权的复杂谱系。阿尔德里奇不仅详述政权更迭，更聚焦这些政权对"习俗"（kastom）实践、文化遗产及主权斗争的诉求，由此凸显当代政治与传统之间的关联性及合法性建构。从当代政治与古老王朝体系的关联性，到新加坡新儒家资本主义者的治国理念，再到新喀里多尼亚卡纳克人及澳大利亚原住民基于习惯法的权利主张，皆在此

后 记　太平洋的交叉洋流

框架中得到诠释。[12]

不难发现,这种对历史与现实的观照,如何淋漓尽致地体现在莉萨·福特的法律研究中:从《托德西利亚斯条约》到《怀唐伊条约》的重新诠释,从西班牙属地到原住民传统海域权,再到战略矿产与渔业的专属经济区,所有权主张的演变脉络清晰可辨。她最具批判性的洞见在于:法律惯例如何既助长又限制人口流动——即"谁可去向何方"的终极之问[13]。

这一观点在亚当·麦克沃恩关于人口流动的研究中获得了充分佐证。他追溯了太平洋地区脆弱的枢纽节点。从波利尼西亚人的远古迁徙,到从菲律宾前往墨西哥的奴隶与商船船员,再到数量惊人的中国外迁移民(他们最终在东南亚、太平洋诸岛及美洲定居)。通过交叉分析人口统计数据与资本流动,该研究揭示了这些移民的生活图景:最初被数字所界定,却又被错综复杂的机遇网络所框限。其中交织着歧视、劳务契约与跨洋文化等多重因素。[14]

太平洋地区错综复杂的互联网络,在杉原熏对海洋经济的研究中被赋予了结构性诠释。当"双边"与"多边"这类近乎陈腐的术语,被用来描述"环太平洋"地区通过金银流通、茶、橡胶、鸟粪等进出口原料以及丝绸等奢侈品贸易所形成的精妙一体化网络时,它们突然焕发出新的意涵。与其他论文一致,杉原熏摒弃了以国家为单位的研究路径,转而聚焦于动态变化的依存关系:中国与日本在纺织品贸易中的互动、拉丁美洲与菲律宾通过大帆船贸易建立的联结以及20世纪末消费驱动下劳动密集型与资本密集型产业共同催生的技术文化融合新时代。这些依存关系催生了新市场，塑造了东西方交融的新审美与风格，并点燃了环太平洋地区的劳工运动浪潮。[15]

这些历史轨迹同样构成了帕特丽西亚·奥布莱恩性别史研究中的男女众生相。从身处大英帝国边疆的塔斯马尼亚女性特鲁格南娜(Trugernanna)的生命历程，到波利尼西亚、原住民与美拉尼西亚女性群体的表象与生存现实。研究将中国家庭中的仆役劳工、西班牙显贵如唐娜·雅莎尔·巴雷托等人物，以及穿梭于亚洲与大洋洲社会的移民们的私域生活与劳动经历紧密交织。叙事同样涵括战争新娘与亚洲女性主义者的双重角色，她们以抗争政治与机遇政治重塑着太平洋。通过审视通俗文学与国家政策中情感治理与行政管控的双重维度，这些故事敏锐揭示了殖民机构在人口构建中的核心作用：既通过婚姻与亲密关系的核准/禁止来调控人口，又借助移民政策的推拉机制巩固权力，最终又不得不直面来自波马雷女王(Queen Pōmare Vahine)、库珀夫人(Whina Cooper)等女性领袖与活动家代代相承的抗争。[16]

值得注意的是，这些涉及法律、司法管辖与性别的脉络，同样在詹姆斯·贝里奇的研究中得到延展。他对"种族"概念的考察，揭示了如何通过差异性与等级化的权力机制来识别和统治不同族群。其研究挑战了任何简化的定义与轻易的归因——通过辨析"种族"(race)、"种族主义"(racialism)与"种族歧视"(racism)的差异，同时审视太平洋岛民社会的偏见与调适、中国被建构的"汉族"身份，以及拉丁美洲对印第安人、梅斯蒂索人、白人与非洲人的血统区分。贝里奇的编年史横跨多种文化、肤色与信仰的族群，既展现他们的融合，也揭示1857年印度、十九世纪六七十年代的毛利人、卡纳克人与澳大利亚原住民土地上的种族冲突。这一视野与奥布莱恩、福特及阿尔德里奇在法律、性别与政治领域的论述遥相呼应。[17]

这些论文各具特色，堪称独立成章的典范之作，但每一篇又是源自无数亚洲、大洋洲与美洲经验的多重历史谱系脉络的"表达"。它们的重叠处如同家族树底部纠缠的枝丫，正是这些联结定义了本书的创新性：这绝非一部由固守专业领域的撰稿人拼凑而成的文集：麦克沃恩的移民研究以福特对法律与司法管辖的诠释为框架；查普林对不同海岸陌生人群的地志学描绘，与贝里奇对种族单源论与多源论的剖析形成互文；斯瓦森达拉姆对海平面上升与水文学的解读，在琼斯关于旋风能量与风循环的知识中航行；奥布莱恩笔下的政治女性，构成阿尔德里奇主权叙事的一部分；而所有这些研究，最终汇聚于入江昭、萨勒丝与道格拉斯对形塑过去与现在的多重时间性与记忆的阐释之中。

总体而言，本书通过跨国、全球、原住民等视角，着重探索时空维度下的互联性、离散社群与交织共生的世界图景。各章不将太平洋视为待填充的绝对空间，而是作为一种思想契机，引领我们以跨域或区域的视角，重新审视相互关联领域的历史脉络。

后续研究将沿此学术脉络继续拓展：连接亚洲与岛屿，目标不仅东西贯通，更要南北交融；纳入西伯利亚/阿拉斯加/加拿大原住民并将其与亚洲、美洲沿海文化联结；强化拉美与东南亚视角；关注伊比利亚在太平洋的活动及经亚太岛屿与中国和马来世界的商业、海盗、国家建设与跨国海事互动关系。[18]

同样方兴未艾的是或许可被精准定义为"水下历史"的研究领域，该领域通过海洋科学、鱼类学和气象学等多学科视角，探索航海活动的历史叙事。这类研究不仅关注太平洋表面的历史，更提出了"浪涛之下"的历史维度。其中部分成果突破了传统档案研究的范式，而由兼具研究者与探险家、潜水员身份的学者，通过实地水下考察所取得。这些研究正日益吸引着那些倾向于从环境和生态系统角度思考历史的读者群体。[19]太平洋历史研究的这些新维度，与环境史学的重大前沿进展深度呼应。这一交叉领域(本书所重点探讨的)正逐步发展为全球史与跨国研究方法论最具活力的学术争鸣之地。

统而观之，本书各章通过学科交叉的对话，探索了太平洋不同地域、空间与历史时期之间的过渡与边界，折射出彰显全球性的历史瞬间。太平洋这一概念所追求的，正是一个多元故事彼此交织的场域。这里既有地方性的细密叙事，也有跨越世代、始终直面惊涛的共鸣性联结。

参考文献

序 言

1. Epeli Hauʻofa, 'Our Sea of Islands' (1993), in Hauʻofa, *We are the Ocean: Selected Works* (Honolulu, 2008), pp. 27–40.
2. Donald B. Freeman, *The Pacific* (London, 2010), p. 9.
3. Freeman, *The Pacific*, pp. 8–35.
4. Ryan Tucker Jones, 'The Environment', ch. 6 in this volume, p. 121; Henry F. Diaz and Vera Markgraf, eds., *El Niño: Historical and Paleoclimatic Aspects of the Southern Oscillation* (Cambridge, 1992).
5. O. H. K. Spate, '"South Sea" to "Pacific Ocean": A Note on Nomenclature', *Journal of Pacific History* 12 (1977), 205–11.
6. Damon Salesa, 'The Pacific in Indigenous Time', ch. 2 in this volume, p. 32; 'Dumont D'Urville's Divisions of Oceania: Fundamental Precincts or Arbitrary Constructs?', Special Issue, *Journal of Pacific History* 38, 2 (September 2003), 155–268; R. C. Green, 'Near and Remote Oceania – Disestablishing Melanesia in Culture History', in Andrew Pawley, ed., *Man and a Half: Essays in Pacific Anthropology and Ethnobiology in Honour of Ralph Bulmer* (Auckland, NZ, 1991), pp. 491–502.
7. Karl Haushofer, *Geopolitik des Pazifischen Ozeans* (1924), translation quoted in Alison Bashford, 'Karl Haushofer's *Geopolitics of the Pacific Ocean*', in Kate Fullagar, ed., *The Atlantic World in the Antipodes: Effects and Transformations since the Eighteenth Century* (Newcastle upon Tyne, 2012), p. 123.
8. D. H. Lawrence to John Middleton Murry (24 September 1923), in *The Letters of D. H. Lawrence*, gen. ed. James T. Boulton, 8 vols. (Cambridge 1979–2000), IV, p. 502; R. Gerard Ward, 'Earth's Empty Quarter? The Pacific Islands in a Pacific Century', *The Geographical Journal* 155 (1989), 235–46.
9. Akira Iriye, *Global and Transnational History: The Past, Present, and Future* (Basingstoke, 2013).
10. Fernand Braudel, *La Méditerranée et le monde méditerranéen à l'époque de Philippe II*, 2nd edn, 2 vols. (Paris, 1966); Peregrine Horden and Nicholas Purcell, *The Corrupting Sea: A Study of Mediterranean History* (Oxford, 2000).
11. Sugata Bose, *A Hundred Horizons: The Indian Ocean in the Age of Global Empire* (Cambridge, MA, 2006); see also Sunil Amrith, *Crossing the Bay of Bengal: The Furies of Nature and the Fortunes of Migrants* (Cambridge, MA, 2013).
12. For recent surveys, see Jack P. Greene and Philip Morgan, eds., *Atlantic History: A Critical Appraisal* (New York, 2009); Nicholas Canny and Philip Morgan, eds., *The Oxford Handbook of the Atlantic World, 1450–1850* (Oxford, 2011); Karen Ordahl Kupperman, *The Atlantic in World History* (New York, 2012).
13. Peregrine Horden and Nicholas Purcell, 'The Mediterranean and "the New Thalassology"', *American Historical Review* 111 (2006), 722–40.
14. Rainer F. Buschmann, 'The Pacific Ocean Basin to 1850', in Jerry H. Bentley, ed., *The Oxford Handbook of World History* (Oxford, 2011), p. 564.
15. Lauren Benton, 'No Longer Odd Region Out: Repositioning Latin America in World History', *Hispanic American Historical Review* 84

(2004), 427; Maxine Berg, 'Global History: Approaches and New Directions', in Berg, ed., *Writing the History of the Global: Challenges for the 21st Century* (Oxford, 2013), p. 6.
16. Iriye, 'A Pacific Century?', ch. 5 in this volume.
17. Teresia K. Teaiwa, 'On Analogies: Rethinking the Pacific in a Global Context', *The Contemporary Pacific* 18 (2006), 73; Damon Salesa, 'The World from Oceania', in Douglas Northrop, ed., *A Companion to World History* (Chichester, 2012), p. 391.
18. Margaret Jolly, 'Imagining Oceania: Indigenous and Foreign Representations of a Sea of Islands', *The Contemporary Pacific* 19 (2007), 508–45.
19. Martin W. Lewis, 'Dividing the Ocean Sea', *Geographical Review* 89 (1999), 188–214; Paul D'Arcy, 'Sea Worlds: Pacific and South-East Asian History Centred on the Philippines', in Rila Mukherjee, ed., *Oceans Connect: Reflections on Water Worlds across Time and Space* (New Delhi, 2013), pp. 20–35.
20. Greg Dening, 'History "in" the Pacific', *The Contemporary Pacific* 1 (1989), 134.
21. Matt K. Matsuda, '*AHR Forum*: The Pacific', *American Historical Review* 111 (2006), 759.
22. Bernard Bailyn, *Atlantic History: Concept and Contours* (Cambridge, MA, 2005), pp. 57–111; compare Gary Y. Okihiro, 'Toward a Pacific Civilization', *Japanese Journal of American Studies* 18 (2007), 73–85, and the essays in Fullagar, ed., *The Atlantic World in the Antipodes*.
23. James Cook, *A Voyage to the Pacific Ocean; Undertaken by Command of His Majesty... in the Years 1776, 1777, 1778, 1779, and 1780*, 4 vols. (London, 1784), II, p. 192; Joyce E. Chaplin, 'The Pacific before Empire, *c.* 1500–1800', ch. 3 in this volume.
24. J. R. McNeill, 'Of Rats and Men: A Synoptic Environmental History of the Island Pacific', *Journal of World History* 5 (1994), 314; Alfred W. Crosby, *The Columbian Exchange: Biological and Cultural Consequences of 1492* (Westport, CT, 1972).
25. Peter Corris, *Passage, Port and Plantation: A History of Solomon Islands Labour Migration, 1870–1914* (Carlton, Vic., 1973); H. E. Maude, *Slavers in Paradise: The Peruvian Slave Trade in Polynesia, 1862–1864* (Stanford, 1981); Dorothy Shineberg, *The People Trade: Pacific Island Laborers and New Caledonia, 1865–1930* (Honolulu, 1999); Tracey Banivanua Mar, *Violence and Colonial Dialogue: The Australian–Pacific Indentured Labor Trade* (Honolulu, 2007).
26. James Belich, 'Race', ch. 12 in this volume.
27. Robert Aldrich, 'Politics', ch. 14 in this volume; Aldrich and John Connell, *The Last Colonies* (Cambridge, 1988).
28. Paul W. Mapp, 'Atlantic History from Imperial, Continental, and Pacific Perspectives', *William and Mary Quarterly* 3rd ser., 63 (2006), 718 (quoted), adding that, in the early modern period, 'it is easier to speak of histories in the Pacific than to talk about Pacific history';

compare Dennis O. Flynn and Arturo Giráldez, eds., *The Pacific World: Lands, Peoples and History of the Pacific, 1500–1900*, 17 vols. (Aldershot, 2001–9); Katrina Gulliver, 'Finding the Pacific World', *Journal of World History* 22 (2011), 83–100; Gregory T. Cushman, *Guano and the Opening of the Pacific World: A Global Ecological History* (Cambridge, 2013).

29. Damon Salesa, '"Travel Happy" Samoa: Colonialism, Samoan Migration, and a "Brown Pacific"', *New Zealand Journal of History* 37 (2003), 171–88; Gary Y. Okihiro, 'Afterword: Toward a Black Pacific', in Heike Raphael-Hernandez and Shannon Steen, eds., *AfroAsian Encounters: Culture, History, Politics* (New York, 2006), pp. 313–29; Gerald Horne, *The White Pacific: U.S. Imperialism and Black Slavery in the South Seas after the Civil War* (Honolulu, 2007); Keith Aoki, 'The Yellow Pacific: Transnational Identities, Diasporic Racialization, and Myth(s) of the "Asian Century"', *University of California, Davis, Law Review* 44 (2011), 897–953; David Armitage, 'Three Concepts of Atlantic History', in Armitage and Michael J. Braddick, eds., *The British Atlantic World, 1500–1800*, 2nd edn (Basingstoke, 2009), pp. 16–17.
30. Matt K. Matsuda, *Pacific Worlds: A History of Seas, Peoples, and Cultures* (Cambridge, 2012); David Igler, *The Great Ocean: Pacific Worlds from Captain Cook to the Gold Rush* (Oxford, 2013).
31. Hauʻofa, *We Are the Ocean*; Albert Wendt, 'Towards a New Oceania', *Mana Review: A South Pacific Journal of Language and Literature* 1 (1976), 49–60; I. Futa Helu, *Critical Essays: Cultural Perspectives from the South Seas* (Canberra, 1999).
32. Adam McKeown, 'Movement', ch. 7 in this volume, p. 143.
33. Lisa Ford, 'Law', ch. 10 in this volume, p. 216.
34. Salesa, 'The Pacific in Indigenous Time', p. 33.
35. Yoshio Masuda, *Taiheiyō: Hirakareta umi no rekishi* [*The Pacific: History of an Open Ocean*] (Tokyo, 2004); Dominique Barbe, *Histoire du Pacifique. Des origines à nos jours* (Paris, 2008); Freeman, *The Pacific*; Matsuda, *Pacific Worlds*.
36. Paul D'Arcy, *The People of the Sea: Environment, Identity and History in Oceania* (Honolulu, 2006); Walter A. McDougall, *Let the Sea Make a Noise...: A History of the North Pacific from Magellan to MacArthur* (New York, 1993); Ryan Tucker Jones, *Empire of Extinction: Russians and the Strange Beasts of the Sea in the North Pacific, 1709–1867* (Oxford, 2014); Igler, *The Great Ocean*.
37. Dan E. Clark, 'Manifest Destiny and the Pacific', *Pacific Historical Review* 1 (1932), 1.
38. Masthead, *Pacific Historical Review* 82 (2013).
39. For example, Laurie Maffly-Kipp, 'Eastward Ho! American Religion from the Perspective of the Pacific', in Thomas A. Tweed, ed., *Retelling United States Religious History* (Berkeley, 1997), pp. 121–48; Amy Kuʻuleialoha Stillman, 'Pacific-ing Asian American History',

Journal of Asian American Studies 7 (2004), 241–70; J. Kēhaulani Kauanui, 'Asian American Studies and the "Pacific Question"', in Kent A. Ono, ed., *Asian American Studies after Critical Mass* (Malden, MA, 2005), pp. 123–43; Bruce Cumings, *Dominion from Sea to Sea: Pacific Ascendancy and American Power* (New Haven, 2009); Kornel S. Chang, *Pacific Connections: The Making of the US–Canadian Borderlands* (Berkeley, 2012); Igler, *The Great Ocean*.

40. Damon Salesa, 'Afterword: Opposite Footers', in Fullagar, ed., *The Atlantic World in the Antipodes*, pp. 293–4, 299 n. 26.
41. J. W. Davidson, *The Study of Pacific History, An Inaugural Lecture Delivered at Canberra on 25 November 1954* (Canberra, 1955); Davidson, *Samoa mo Samoa: The Emergence of the Independent State of Western Samoa* (Melbourne, 1967); Doug Munro and Geoffrey Gray, '"We Haven't Abandoned the Project": The Founding of *The Journal of Pacific History*', *Journal of Pacific History* 48 (2013), 63–77.
42. Bernard Smith, *European Vision and the South Pacific, 1768–1850: A Study in the History of Art and Ideas* (Oxford, 1960); see also Smith, *Imagining the Pacific: In the Wake of the Cook Voyages* (New Haven, 1992).
43. O. H. K. Spate, *The Pacific Since Magellan*, I: *The Spanish Lake*; II: *Monopolists and Freebooters*; III: *Paradise Found and Lost* (London, 1979–88).
44. Greg Dening, *Islands and Beaches: Discourse on a Silent Land: Marquesas 1774–1880* (Carlton, Vic., 1980); compare Marshall Sahlins, *Moala: Culture and Nature on a Fijian Island* (Ann Arbor, 1962); Sahlins, *Islands of History* (Chicago, 1985).
45. http://uhpress.wordpress.com/books–in–series/pacific–islands–monograph–series/, accessed 31 January 2013.
46. Iriye, *Global and Transnational History*, p. 54.
47. For reflections on writing from different edges and centres, see Teresia K. Teaiwa, 'Lo(o)sing the Edge', *The Contemporary Pacific* 13 (2001), 343–57; Margaret Jolly, 'On the Edge? Deserts, Oceans, Islands', *The Contemporary Pacific* 13 (2001), 417–66.
48. Most recently and notably, Damon Salesa, *Racial Crossings: Race, Intermarriage, and the Victorian British Empire* (Oxford, 2011), based on an Oxford D.Phil. thesis written from British Colonial Office and Māori records.
49. James Belich, *Replenishing the Earth: The Settler Revolution and the Rise of the Anglo-World, 1783–1939* (Oxford, 2009); Tracey Banivanua Mar and Penelope Edmonds, eds., *Making Settler Colonial Space: Perspectives on Race, Place and Identity* (Basingstoke, 2010); Marilyn Lake, 'Colonial Australia and the Asia-Pacific Region', in Alison Bashford and Stuart Macintyre, eds., *The Cambridge History of Australia*, 2 vols. (Cambridge, 2013), I, pp. 535–59.
50. Alice A. Storey, et al., 'Radiocarbon and DNA Evidence for a Pre-Columbian Introduction of Polynesian Chickens to Chile', *Proceedings of the National Academy of Sciences of the United States of*

America 104, 25 (June 2007), 10335–9; Storey, et al., 'Pre-Columbian Chickens, Dates, Isotopes, and mtDNA', *Proceedings of the National Academy of Sciences of the United States of America* 105, 48 (December 2008), E99.
51. Bronwen Douglas, 'Religion', ch. 9 in this volume, p. 196.
52. Alan Frost, 'The Pacific Ocean: The Eighteenth Century's "New World"', *Studies on Voltaire and the Eighteenth Century* 152 (1976), 779–822.
53. C. A. Bayly, *The Birth of the Modern World, 1780–1914: Global Connections and Comparisons* (Oxford, 2004), pp. 100, 349–50, 437–8; Nicholas Thomas, 'The Age of Empire in the Pacific', ch. 4 in this volume.
54. John Gascoigne, *Joseph Banks and the English Enlightenment: Useful Knowledge and Polite Culture* (Cambridge, 1994); Rob Iliffe, 'Science and Voyages of Discovery', in Roy Porter, ed., *The Cambridge History of Science, IV: Eighteenth-Century Science* (Cambridge, 2003), pp. 618–45; Nicholas Thomas, *Discoveries: The Voyages of Captain Cook* (London, 2007).
55. For example, Margaret Sankey, 'Les premiers contacts: les Aborigènes de la Nouvelle–Hollande observés par les officiers et les savants de l'expédition Baudin', *Etudes sur le XVIIIe siècle* 38 (2010), 171–85; Anne Salmond, *The Trial of the Cannibal Dog: The Remarkable Story of Captain Cook's Encounters in the South Seas* (New Haven, 2003).
56. David A. Chappell, *Double Ghosts: Oceanian Voyagers on Euroamerican Ships* (Armonk, NY, 1997); David Turnbull, 'Cook and Tupaia: A Tale of Cartographic Méconnaissance?', in Margarette Lincoln, ed., *Science and Exploration in the Pacific: European Voyages to the Southern Oceans in the Eighteenth Century* (Woodbridge, 1998), pp. 117–32; Kate Fullagar, *The Savage Visit: New World People and Popular Imperial Culture in Britain, 1710–1795* (Berkeley, 2012).
57. McNeill, 'Of Rats and Men'; Jennifer Newell, *Trading Nature: Tahitians, Europeans, and Ecological Exchange* (Honolulu, 2010).
58. Patricia O'Brien, 'Gender', ch. 13 in this volume, p. 285; Margaret Jolly, 'Revisioning Gender and Sexuality on Cook's Voyages in the Pacific', in Robert Fleck and Adrienne L. Kaeppler, eds., *James Cook and the Exploration of the Pacific* (London, 2009), pp. 98–102.
59. H. E. Maude, 'Beachcombers and Castaways', *Journal of the Polynesian Society* 73 (1964), 254–93; Nicholas Thomas, *Islanders: The Pacific in the Age of Empire* (New Haven, 2010).
60. Classically in the works of Greg Dening: Dening, *Islands and Beaches*; Dening, *Beach Crossings: Voyaging across Times, Cultures and Self* (Carlton, Vic., 2004). For its extension to other spaces of encounter, see especially Chappell, *Double Ghosts*.
61. Roy MacLeod and Philip E. Rehbock, ed., *Darwin's Laboratory: Evolutionary Theory and Natural History in the Pacific* (Honolulu, 1994); Simon Schaffer, 'In Transit: European Cosmologies in the Pacific', in Fullagar, ed., *The Atlantic World in the Antipodes*, pp. 70–93; Sujit Sivasundaram, 'Science', ch. 11 in this volume.

62. For example, Ron Crocombe, *The Pacific Way: An Emerging Identity* (Suva, 1976); Stephanie Lawson, '"The Pacific Way" as Postcolonial Discourse: Towards a Reassessment', *Journal of Pacific History* 45 (2010), 297–314; Thomas Gladwin, *East Is a Big Bird: Navigation and Logic on Puluwat Atoll* (Cambridge, MA, 1970); David Turnbull, 'Pacific Navigation: An Alternative Scientific Tradition', in Turnbull, *Masons, Tricksters and Cartographers: Comparative Studies in the Sociology of Scientific and Indigenous Knowledge* (Amsterdam, 2000), pp. 131–60.
63. Dennis Flynn and Arturo Giráldez, *China and the Birth of Globalization in the 16th Century* (Farnham, 2010); Marshall Sahlins, 'Cosmologies of Capitalism: The Trans-Pacific Sector of "The World System"', *Proceedings of the British Academy* 74 (1989), 1–51.
64. C. C. Macknight, *The Voyage to Marege': Macassan Trepangers in Northern Australia* (Melbourne, 1976); Gerrit Knaap and Heather Sutherland, *Monsoon Traders: Ships, Skippers and Commodities in Eighteenth-century Makassar* (Leiden, 2004).
65. Ricardo Padrón, 'A Sea of Denial: The Early Modern Spanish Invention of the Pacific Rim', *Hispanic Review* 77 (2009), 1–27. Padrón, following the *Oxford English Dictionary*, dates the term 'Pacific rim' to 1926 (ibid., 3 n. 2), but it can be found almost thirty years earlier, for example, in William Elliot Griffis, *America in the East: A Glance at Our History, Prospects, Problems, and Duties in the Pacific Ocean* (New York, 1899), p. 205.
66. A. G. Hopkins, 'Introduction: Globalization – An Agenda for Historians', and C. A. Bayly, '"Archaic" and "Modern" Globalization in the Eurasian and African Arena, *c.* 1750–1850', in Hopkins, ed., *Globalization in World History* (London, 2002), pp. 1–10, 47–73; Charles H. Parker, *Global Interactions in the Early Modern Age, 1400–1800* (Cambridge, 2010).
67. McKeown, 'Movement', p. 150.
68. Karl Marx, *A Contribution to the Critique of Political Economy* (1859), trans. S. W. Ryazanskaya, ed. Maurice Dobb (London, 1971), pp. 22–3.
69. Mae Ngai, 'Western History and the Pacific World', *Western Historical Quarterly* 43 (2012), 282–8.
70. Thomas, 'The Pacific in the Age of Empire', p. 94.
71. For the broader economic context of these developments, see Kaoru Sugihara, 'The Economy since 1800', ch. 8 in this volume.
72. See Eric Jones, Lionel Frost and Colin White, *Coming Full Circle: An Economic History of the Pacific Rim* (Boulder, CO, 1993).
73. Bruce Cumings, 'Rimspeak; or, The Discourse of the "Pacific Rim"', in Arif Dirlik, ed., *What is in a Rim? Critical Perspectives on the Pacific Region Idea* (Lanham, MD, 1998), p. 59; Ron Crocombe, *Asia in the Pacific Islands: Replacing the West* (Suva, 2007).
74. Jean-Pierre Gomane, et al., eds., *Le Pacifique: 'nouveau centre du monde'* (Paris, 1983).
75. Margaret Jolly, 'Becoming a "New" Museum? Contesting Oceanic Visions at Musée du Quai Branly', *The Contemporary Pacific* 23 (2011), 108–39.

76. Bengt Danielsson and Marie-Thérèse Danielsson, *Poisoned Reign: French Nuclear Colonialism in the Pacific* (Ringwood, Vic., 1986).
77. Frank Zelko, 'Greenpeace and the Development of International Environmental Activism in the 1970s', in Ursula Lehmkuhl and Hermann Wellenreuther, eds., *Historians and Nature: Comparative Approaches to Environmental History* (Oxford, 2007), pp. 296–318.
78. Inagaki Manjirō, *Tōhōsaku [Eastern Policy]* (Tokyo, 1892), p. 1, quoted in Pekka Korhonen, 'The Pacific Age in World History', *Journal of World History* 7 (1996), 45.
79. E. J. Eitel, *Europe in China: The History of Hongkong from the Beginning to 1882* (London, 1895), p. iv (Eitel's emphasis).
80. Frank Fox, *Problems of the Pacific* (London, 1912), pp. 1–2, quoted in Korhonen, 'The Pacific Age in World History', 52; Tomoko Akami, *Internationalizing the Pacific: The United States, Japan and the Institute of Pacific Relations in War and Peace, 1919–45* (London, 2002).
81. Gregory Bienstock, *The Struggle for the Pacific* (London, 1937), 17.
82. Keiji Nishitani (1941), quoted in Chris Goto-Jones, 'The Kyoto School, the Cambridge School, and the History of Political Philosophy in Wartime Japan', *Positions: East Asia Cultures Critique* 17 (2009), 23.
83. Works such as William Irwin Thompson, *Pacific Shift* (San Francisco, 1985) and Frank Gibney, *Pacific Century: America and Asia in a Changing World* (New York, 1992), give a flavour of the fervour, at least in the United States.
84. Hillary Clinton, 'America's Pacific Century', *Foreign Policy* 189 (November 2011), 57; Barack Obama, 'Remarks by President Obama to the Australian Parliament' (17 November 2011): http://www.whitehouse.gov/the-press-office/2011/11/17/remarks- president-obama-australian-parliament, accessed 31 January 2013.
85. Robert Aldrich, 'Politics', p. 324.
86. Matt K. Matsuda, 'Afterword: Pacific Cross-currents', in this volume.

第一章

1. See 'Dumont D'Urville's Divisions of Oceania: Fundamental Precincts or Arbitrary Constructs?', Special Issue, *Journal of Pacific History* 38, 2 (September 2003), 155–268.
2. Damon Salesa, 'The World from Oceania', in Douglas Northrop, ed., *A Companion to World History* (Chichester, 2012), pp. 389–404.
3. Ben Finney, 'The Other One-Third of the Globe', *Journal of World History* 5 (1994), 273–97.
4. Geoffrey Irwin, *The Prehistoric Exploration and Colonisation of the Pacific* (Cambridge, 1992).
5. Patrick V. Kirch and Roger C. Green, *Hawaiki: Ancestral Polynesia: An Essay in Historical Anthropology* (Cambridge, 2001).
6. Patrick V. Kirch and Jean-Louis Rallu, eds., *The Growth and Collapse of Pacific Island Societies: Archaeological and Demographic Perspectives* (Honolulu, 2007), pp. 1–34, 203–56, 326–37.
7. R. C. Green and J. M. Davidson, *Archaeology in Western Sāmoa* (Auckland, 1974), pp. 281–2.
8. D. E. Stannard, *Before the Horror: The Population of Hawai'i on the Eve of Western Contact* (Honolulu, 1989).
9. Marshall Sahlins, *Islands of History* (Chicago, 1987), p. 34.
10. Tuiatua Tupua Tamasese Tupuola Efi, 'The Riddle in Samoan History', *Journal of Pacific History* 29 (1994), 66–79.
11. On the controversy see the chapters by Asofou So'o and Damon Salesa in Tamasa'ilau Suaalii-Sauni, I'uogafa Tuagalu, Tofilau Nina Kirifi-Alai and Naomi Fuamatu, eds., *Su'esu'e Manogi – In Search of Fragrance: Tui Atua Tupua Tamasese Ta'isi and the Samoan Indigenous Reference* (Apia, 2008).
12. Albert Wendt, 'Novelists and Historians and the Art of Remembering', in Antony Hooper, et al., eds., *Class and Culture in the South Pacific* (Suva, 1987), pp. 78–92; Damon Salesa, 'Cowboys in the House of Polynesia', *The Contemporary Pacific* 22 (2010), 330–48.
13. 'Ōkusitino Māhina, 'The Poetics of Tongan Traditional History, Tala-ē-fonua: An Ecology-Centred Concept of Culture and History', *Journal of Pacific History* 28 (1993), 109–21.
14. A short list would include with Albert Wendt, Epeli Hau'ofa, Grace Molisa, Vincent Eri and Konai Helu-Thaman.
15. 'Sacred Vessels: Navigating Tradition and Identity in Micronesia', produced by Christine T. Delisle and Vicente Diaz (Hagåtña, 1997).
16. D. L. Hanlon, *Upon a Stone Altar: A History of the Island of Pohnpei to 1890* (Honolulu, 1988), pp. 13–25.

17. Niel Gunson, 'Great Families of Polynesia: Inter Island Links and Marriage Patterns', *Journal of Pacific History* 32 (1997), 140–50; E. K. McKinzie, *Hawaiian Genealogies: Extracted from Hawaiian Language Newspapers*, ed. Ishmael W. Stagner, II, 2 vols. (Honolulu, 1983), I, p. 1, quoted in ibid.
18. Elizabeth Bott with the assistance of Tavi, *Tongan Society at the Time of Captain Cook's Visits: Discussions with Her Majesty Queen Sālote Tupou* (Wellington, NZ, 1982).
19. D. R. Simmons, *The Great New Zealand Myth: A Study of the Discovery and Origin Traditions of the Maori* (Wellington, NZ, 1976).
20. Kirch and Green, *Hawaiki: Ancestral Polynesia*, p. 100.
21. O. H. K. Spate, *The Spanish Lake* (London, 1979), p. 1.
22. Doreen B. Massey, *For Space* (London, 2005), p. 131.
23. Thomas Williams, *Fiji and the Fijians* (London, 1858), p. 76.
24. Arthur Francis Grimble, *Tungaru Traditions* (Honolulu, 1989), pp. 48–51.
25. R. E. Johannes, *Words of the Lagoon: Fishing and Marine Lore in the Palau District of Micronesia* (Berkeley, 1981), p. 7.
26. P. Ottino and Y. Plessis, 'Les classifications Ouest Paumotu de quelques poissons scaridés et labridés', in J. M. C. Thomas and L. Bemot, eds., *Langues et techniques, nature et société* (Paris, 1972), pp. 361–71, and W. A. Gosline and V. E. Brock, *Handbook of Hawaiian Fishes* (Honolulu, 1960), both cited in Johannes, *Words of the Lagoon*, p. viii.
27. Williams, *Fiji and the Fijians*, p. 93.
28. M. L. Berg, 'Yapese Politics, Yapese Money and the Sawei Tribute Network Before World War I', *Journal of Pacific History* 27 (1992), 150–64.
29. Paul D'Arcy, 'Connected by the Sea: Towards a Regional History of the Western Caroline Islands', *Journal of Pacific History* 36 (2001), 163–82.
30. William H. Alkire, *Lamotrek Atoll and Inter-island Socioeconomic Ties* (Urbana, 1965), pp. 124–5.
31. Both Reo Fortune and Bronisław Malinowski did their research here.
32. Bronisław Malinowski, *The Argonauts of the Western Pacific* (London, 1922).
33. This is the subject of chapter 1 of my *Empire Trouble: Sāmoans and the Greatest Powers in the World* (Auckland, NZ, forthcoming).
34. Niel Gunson, 'The Tonga–Sāmoa Connection 1777–1845', *Journal of Pacific History* 25 (1990), 176–87; Judith Huntsman, ed., *Tonga and Sāmoa: Images of Gender and Polity* (Christchurch, NZ, 1995).
35. Ko e Tohi 'a 'Ene 'Afio ko Kuini Salote Tupou, 'Ngaahi Fetu'utakianga Kehe', p. 9: Rev. Dr. Sione Latukefu, 'Collected Tongan Papers 1884–1965', Pacific Manuscript Bureau, College of Asia and the Pacific, Australian National University, Microfilm 11.

第二章

1. Francis Bacon, *The New Atlantis* (1627), in Bacon, *The Major Works*, ed. Brian Vickers (Oxford, 2002), pp. 457–89.
2. Robert N. Proctor, 'Agnotology: A Missing Term to Describe the Cultural Production of Ignorance (and Its Study)', in Proctor and Londa Schiebinger, eds., *Agnotology: The Making and Unmaking of Ignorance* (Stanford, 2008), pp. 1–36.
3. See Damon Salesa, 'The Pacific in Indigenous Time', ch. 2 in this volume.
4. Felipe Fernández-Armesto, *Pathfinders: A Global History of Exploration* (New York, 2006), pp. 1–152.
5. Ibid., pp. 153–242; Sanjay Subrahmanyam, *The Career and Legend of Vasco da Gama* (Cambridge, 1997).
6. Martin Waldseemüller, *The Naming of America: Martin Waldseemüller's 1507 World Map and the Cosmographiae introductio*, trans. John W. Hessler (London, 2008).
7. Antonio Pigafetta, *Magellan's Voyage: A Narrative Account of the First Circumnavigation*, trans. and ed. R. A. Skelton (New York, 1969).
8. Jonathan Lamb, *Preserving the Self in the South Seas, 1680–1840* (Chicago, 2001); Joyce E. Chaplin, 'Earthsickness: Circumnavigation and the Terrestrial Human Body, 1520–1800', *Bulletin of the History of Medicine* 86 (2012). 515–42.
9. O. H. K. Spate, *The Spanish Lake* (London, 1979).
10. Stephanie Mawson, 'Disobedience and Control in the Early Modern Pacific: Labour Disputes on the Margins of the Spanish Empire', paper given at Fourth University of Sydney International History Graduate Intensive, July 2012.
11. Joyce E. Chaplin, *Round about the Earth: Circumnavigation from Magellan to Orbit* (New York, 2012), pp. 38–9, 106–7.
12. Chaplin, *Round about the Earth*, pp. 32–3, 51–2, 80, 91–2.
13. Greg Dening, *Islands and Beaches: Discourse on a Silent Land: Marquesas, 1774–1880* (Carlton, Vic., 1980); David A. Chappell, *Double Ghosts: Oceanian Voyagers on Euroamerican Ships* (Armonk, NY, 1997).
14. Chaplin, *Round about the Earth*, pp. 99, 101, 113.
15. Cf. Anne Salmond, 'Kidnapped: Tuki and Huri's Involuntary Visit to Norfolk Island in 1793', in Robin Fisher and Hugh Johnston, eds., *From Maps to Metaphors: The Pacific World of George Vancouver* (Vancouver, BC, 1993), pp. 191–226.
16. Anne Salmond, *The Trial of the Cannibal Dog: The Remarkable Story of Captain Cook's Encounters in the South Seas* (New Haven, 2003).

17. Greg Dening, *Mr. Bligh's Bad Language: Passion, Power, and Theatre on the Bounty* (Cambridge, 1992); Anne Salmond, *Bligh: William Bligh in the South Seas* (Berkeley, 2011).
18. On the 'unevenness' of colonial histories, see Nicholas Thomas, 'The Age of Empire in the Pacific', ch. 4 in this volume, p. 76.
19. Compare Sujit Sivasundaram, 'Science', ch. 11 in this volume.
20. Alfred W. Crosby, *The Columbian Exchange: Biological and Cultural Consequences of 1492* (Westport, CT, 1972); Crosby, *Ecological Imperialism: The Biological Expansion of Europe, 900–1900* (Cambridge, 1986).
21. Crosby, *The Columbian Exchange*, pp. 64–121.
22. Chaplin, *Round about the Earth*, p. 98.
23. Richard H. Grove, *Green Imperialism: Colonial Expansion, Tropical Island Edens, and the Origins of Environmentalism, 1600–1860* (Cambridge, 1995), pp. 1–308.
24. John Byron, *Byron's Journal of His Circumnavigation, 1764–1766*, ed. Robert E. Gallagher (Cambridge, 1964), pp. 60, 122.
25. Salmond, *Bligh*, pp. 145, 161; *An Account of the Voyages Undertaken by the Order of His Present Majesty for Making Discoveries in the Southern Hemisphere*, ed. John Hawkesworth, 3 vols. (London, 1773), I, pp. 469, 476, 488; Louis-Antoine de Bougainville, *A Voyage round the World*, trans. John Reinhold Forster (London, 1772), pp. 231, 244.
26. J. R. McNeill, 'Of Rats and Men: A Synoptic Environmental History of the Island Pacific', *Journal of World History* 5 (1994), 299–349; Jennifer Newell, *Trading Nature: Tahitians, Europeans, and Ecological Exchange* (Honolulu, 2010); and Ryan Tucker Jones, 'The Environment', ch. 6 in this volume.
27. Salmond, *Bligh*, p. 195; Crosby, *Ecological Imperialism*, pp. 196–216, 232–4, 309–11.
28. Harry Woolf, *The Transits of Venus: A Study of Eighteenth-Century Science* (London, 1959).
29. Glyndwr Williams, 'Tupaia: Polynesian Warrior, Navigator, High Priest—and Artist', in Felicity A. Nussbaum, ed., *The Global Eighteenth Century* (Baltimore, 2003), pp. 38–51; Chaplin, *Round about the Earth*, pp. 128–9.
30. Simon Schaffer, Lissa Roberts, Kapil Raj and James Delbourgo, eds., *The Brokered World: Go-betweens and Global Intelligence, 1770–1820* (Sagamore Beach, MA, 2009); C. P. Claret Fleurieu, *A Voyage round the World, Performed by... Étienne Marchand*, 2 vols. (London, 1801), I, pp. xcix, cxi, 155–7, 162, 171, II, p. 8.
31. Ian R. Bartky, *One Time Fits All: The Campaigns for Global Uniformity* (Stanford, 2007), pp. 1–4.
32. Bartky, *One Time Fits All*, pp. 21–120.

第三章

1. Nicholas Thomas, *Marquesan Societies: Inequality and Political Transformation in Eastern Polynesia* (Oxford, 1990); Joel Bonnemaison, *The Tree and the Canoe: History and Ethnogeography of Tanna* (Honolulu, 1994).
2. The terminology of nineteenth-century geography, for example. J. L. Domeny de Rienzi, *Océanie, ou la cinquième partie du monde*, 3 vols (Paris, 1836–7).
3. Kerry Howe, *Where the Waves Fall: A New South Seas History from the First Settlement to Colonial Rule* (Sydney, 1984).
4. Compare Joyce E. Chaplin, 'The Pacific before Empire, c.1500–1800', ch. 3 in this volume.
5. Compare Bronwen Douglas, 'Religion', ch. 9 in this volume.
6. Alan Moorehead, *The Fatal Impact: An Account of the Invasion of the South Pacific, 1767–1840* (London, 1966).
7. Tracey Banivanua-Mar, *Violence and Colonial Dialogue: The Australian-Pacific Indentured Labor Trade* (Honolulu, 2007).
8. Epeli Hau'ofa, 'Our Sea of Islands' (1993), in Hau'ofa, *We are the Ocean: Selected Works* (Honolulu, 2008), pp. 27–40.
9. Chaplin, 'The Pacific before Empire'.
10. Johann Reinhold Forster, *Observations Made During A Voyage Round the World*, ed. Nicholas Thomas, Harriet Guest and Michael Dettelbach (Honolulu, 1996).
11. Anne Salmond, *Aphrodite's Island: The European Discovery of Tahiti* (Auckland, NZ, 2009).
12. Epeli Hau'ofa, 'The Ocean in Us' (1997), in Hau'ofa, *We are the Ocean*, pp. 41–59.
13. O. H. K. Spate, *Paradise Found and Lost* (London, 1988), pp. 173–6; Patrick V. Kirch and Marshall Sahlins, *Anahulu: The Anthropology of History in the Kingdom of Hawai'i* (Chicago, 1992).
14. H. E. Maude, 'The Tahitian Pork Trade: 1800–1830', in Maude, *Of Islands and Men: Studies in Pacific History* (Melbourne, 1968), pp. 178–232.
15. Nicholas Thomas, *Islanders: The Pacific in the Age of Empire* (New Haven, 2010); Dorothy Shineberg, *They Came for Sandalwood: A Study of the Sandalwood Trade in the South-West Pacific, 1830–1865* (Melbourne, 1968).
16. R. Gerard Ward, 'The Pacific *Bêche-De-Mer* Trade with Special Reference to Fiji', in Ward, ed., *Man in the Pacific Islands* (Oxford, 1972), pp. 91–123.
17. Patrick V. Kirch and Jean-Louis Rallu, eds., *The Growth and Collapse of Pacific Islands Societies: Archaeological and Demographic Perspectives* (Honolulu, 2007).
18. Thomas, *Islanders*; Niel Gunson, *Messengers of Grace: Evangelical Missionaries in the South Seas, 1797–1860* (Melbourne, 1978).

19. George Keate, *An Account of the Pelew Islands*, ed. Karen L. Nero, Nicholas Thomas and Jennifer Newell (London, 2002); Niel Gunson, 'The Coming of Foreigners', in Noel Rutherford, ed., *Friendly Islands: A History of Tonga* (Melbourne, 1977), pp. 90–113.
20. John Davies, *The History of the Tahitian Mission, 1799–1830*, ed. C. W. Newbury (Cambridge, 1961).
21. Teuira Henry, *Ancient Tahiti* (Honolulu, 1928).
22. Thomas, *Islanders*, pp. 106–8.
23. Greg Dening, *Islands and Beaches: Discourse on a Silent Land: Marquesas, 1774–1880* (Carlton, Vic., 1980).
24. Shineberg, *They Came for Sandalwood*, pp. 134–5.
25. Peter Corris, *Passage, Port and Plantation: A History of Solomon Islands Labour Migration* (Melbourne, 1973); Roger M. Keesing, 'Plantation Networks, Plantation Culture: The Hidden Side of Colonial Melanesia', *Journal de la Société des Océanistes* 82 (1986), 163–70.
26. For example, William T. Wawn, *The South Sea Islanders and the Queensland Labour Trade* (1893), ed. Peter Corris (Canberra, 1973), p. 9.
27. Peter Brunt, Nicholas Thomas, Sean Mallon, Lissant Bolton, Deidre Brown, Damian Skinner and Susanne Küchler, *Art in Oceania: A New History* (London, 2012), p. 189.
28. Dening, *Islands and Beaches*; Thomas, *Islanders*, pp. 60–73.
29. Pökä Laenui, 'The Overthrow of the Hawaiian Monarchy', in Donald Denoon, Stewart Firth, Jocelyn Linnekin, Malama Meleisea and Karen Nero, eds., *The Cambridge History of the Pacific Islanders* (Cambridge, 1997), pp. 232–7.
30. Nicholas Thomas, Anna Cole and Bronwen Douglas, eds., *Tattoo: Bodies, Art and Exchange in the Pacific and the West* (London, 2005).

第四章

1. William Langer, *The Diplomacy of Imperialism, 1890–1902* (New York, 1935).
2. Bruce Cumings, *Dominion from Sea to Sea: Pacific Ascendancy and American Power* (New Haven, 2009); Michael H. Hunt and Steven I. Levine, *Arc of Empire: America's Wars in Asia from the Philippines to Vietnam* (Chapel Hill, 2012).
3. Tsuyoshi Hasegawa, ed., *The Cold War in Asia, 1945–1991* (Stanford, 2011).
4. Akira Iriye, *Global and Transnational History: The Past, Present and Future* (Basingstoke, 2013).
5. Roland Wenzlhuemer, *Connecting the Nineteenth-century World: The Telegraph and Globalisation* (Cambridge, 2013).
6. Kaoru Sugihara, 'The Economy since 1800', ch. 8 in this volume.
7. Adam McKeown, 'Movement', ch. 7 in this volume. On the restriction of Asian immigration into the United States, Australia and other 'white' countries, see, among other works, Akira Iriye, *Pacific Estrangement: Japanese and American Expansion, 1897–1911* (Cambridge, MA, 1972); Adam M. McKeown, *Melancholy Order: Asian Migration and the Globalization of Borders* (New York, 2008).
8. Sugihara, 'The Economy since 1800', pp. 174–8.
9. McKeown, 'Movement', p. 159; Marilyn Lake and Henry Reynolds, *Drawing the Global Colour Line: White Men's Countries and the International Challenge of Racial Equality* (Cambridge, 2008).
10. Jeffry A. Frieden, *Global Capitalism: Its Fall and Rise in the Twentieth Century* (New York, 2006), chapter 9.
11. Kokuseisha, ed., *Nihon no 100 nen* [*One Hundred Years of Japan*] (Tokyo, 1991), p. 337.
12. Haruo Iguchi, *Unfinished Business: Ayukawa Gisuke and US–Japan Relations, 1937–1953* (Cambridge, MA, 2003).
13. Miwa Munehiro, *Taiheiyō sensō to sekiyu* [*The Pacific War and Oil*] (Tokyo, 2006), p. 135.
14. Izumi Hirobe, *Japanese Pride, American Prejudice: Modifying the Exlusion Clause of the 1924 Immigration Act* (Palo Alto, 2001).
15. Dirk Hoerder, *Cultures in Contact: World Migrations in the Second Millennium* (Durham, NC, 2002), pp. 401–3.
16. Akira Iriye, Petra Goedde and William I. Hitchcock, eds., *The Human Rights Revolution: An International History* (Oxford, 2012).
17. Quoted in Hermann Joseph Hiery, *The Neglected War: The German South Pacific and the Influence of World War I* (Honolulu, 1995), p. 186.
18. Hamid Dabashi, *The World of Persian Literary Humanism* (Cambridge, MA, 2012).

19. See Akira Iriye, *Cultural Internationalism and World Order* (Baltimore, 1997).
20. Tomoko Akami, *Internationalizing the Pacific: The United States, Japan and the Institute of Pacific Relations in War and Peace, 1919–45* (London, 2002).
21. Iriye, *Cultural Internationalism and World Order*, p. 106.
22. Gotō Ken'ichi, *Kokusaishugi no keifu* [*The Development of Internationalism*] (Tokyo, 2005), pp. 131–62.
23. Barbara Keys, *Globalizing Sport: National Rivalry and International Community in the 1930s* (Cambridge, MA, 2006).
24. Sayuri Guthrie-Shimizu, *Transpacific Field of Dreams: How Baseball Linked the United States and Japan in Peace and War* (Chapel Hill, 2012).
25. Yan Ni, *Senji Nitt-Chū eiga kōshōshi* [*The Cinematic Relationship between Japan and China during the War*] (Tokyo, 2010).
26. Sugihara, 'The Economy since 1800', p. 184.
27. Sakamoto Masahiro, ed., *Zusetsu 20 seiki no sekai* [*The Twentieth-Century World in Graphs*] (Tokyo, 1992), pp. 218–19.
28. Jean Heffer, *The United States and the Pacific: History of a Frontier* (Notre Dame, 2002), pp. 352, 402.
29. Samuel Moyn, *The Last Utopia: Human Rights in History* (Cambridge, MA, 2010).
30. Jeremi Suri, *Power and Protest: Global Revolution and the Rise of Détente* (Cambridge, MA, 2003).
31. See Henry Ninomiya Akiie, *Ajia no shōgaisha to kokusai ngo* [*The Disabled in Asia and International Non-governmental Organisations*] (Tokyo, 1999).
32. Quoted in Akira Iriye, 'The Internationalization of History', *American Historical Review* 94 (1989), 6.
33. Martin Conway and Kiral Klaus Patel, eds., *Europeanization in the Twentieth Century: Historical Approaches* (London, 2010).
34. Gotō Ken'ichi, *Tōnan Ajia kara mita kingendai Nihon* [*Modern and Contemporary Japan as Seen from Southeast Asia*] (Tokyo, 2012), pp. 337ff.
35. Martin Harwit, *An Exhibit Denied: Lobbying the History of Enola Gay* (New York, 1996).
36. Dominic Sachsenmeier, *Global Perspectives on Global History: Theories and Approaches in a Connected World* (Cambridge, 2011).

第五章

1. Brian Atwater, *The Orphan Tsunami of 1700: Japanese Clues to a Parent Earthquake in North America*, http://pubs.usgs.gov/pp/pp1707/pp1707.pdf.
2. 'Tsunami Victim Remains Wash Ashore', http://www.koinlocal6.com/news/local/story/Tsunami-victim-remains-wash-ashore-near-Fort/S2ii-Y--j0WNKCAEV0tzcA.cspx.
3. Walter Dudley and Min Lee, *Tsunami!*, 2nd edn. (Honolulu, 1998), p. 165.
4. J. R. McNeill, 'The Nascent Field of Pacific Environmental History', in McNeill, ed., *Environmental History in the Pacific World* (Aldershot, 2001), p. xix.
5. McNeill, 'The Nascent Field', p. xvi.
6. P. H. Barber, 'The Challenge of Understanding the Coral Triangle Biodiversity Hotspot', *Biogeography* 36 (2009), 1845; C. R. Harrington, 'The Evolution of Arctic Marine Mammals', *Ecological Applications* 18 (2008), 23–40.
7. Moshe Rapaport, ed., *The Pacific Islands: Environment and Society* (Honolulu, 1999).
8. George L. Hunt, Jr. and Phyllis J. Stabeno, 'Oceanography and Ecology of the Aleutian Archipelago: Spatial and Temporal Variation', *Fisheries Oceanography* 14, Suppl. 1 (2005), 292–306; Alan Longhurst, *Ecological Geography of the Sea* (Burlington, MA, 2007).
9. Donald Freeman, *The Pacific* (London, 2010), ch. 1; Longhurst, *Ecological Geography of the Sea*, ch. 12.
10. Carl Safina, *The Eye of the Albatross: Visions of Hope and Survival* (New York, 2002).
11. Gregory Rosenthal, 'Life and Labor in a Seabird Colony: Hawaiian Guano Workers, 1857–70', *Environmental History* 17 (2012), 744–82.
12. Huei-Min Tsai, 'Island Biocultural Assemblages – the Case of Kinmen Island', *Geographiska Annaler: Series B, Human Geography* 85 (2003), 209–18.
13. Patrich V. Kirch, 'Hawaii as a Model System for Human Ecodynamics', *American Anthropologist* 109 (2007), 8–26.
14. D. W. Steadman, 'Extinction of Polynesian Birds: Reciprocal Impacts of Birds and People', in Patrick V. Kirch and T. L. Hunt, eds., *Historical Ecology in the Pacific Islands: Prehistoric Environmental and Landscape Change* (New Haven, 1997), pp. 51–79.
15. David Yesner, 'Effects of Prehistoric Human Exploitation on Aleutian Sea Mammal Populations', *Arctic Anthropology* 25 (1988), 28–43.
16. Herbert D. G. Maschner, et al., 'Biocomplexity of Sanak Island', *Pacific Science* 63 (2009), 673–709.

17. Patrick D. Nunn, *Climate, Environment and Society in the Pacific during the Last Millennium* (Amsterdam, 2008).
18. Patrick V. Kirch and Jennifer Kahn, 'Advances in Polynesian Prehistory', *Journal of Archaeological Research* 15 (2007), 191–238.
19. Herbert Maschner and James W. Jordan, 'Catastrophic Events and Punctuated Culture Change: The Southern Bering Sea and North Pacific in a Dynamic Global System', in Dimitra Papagianni, Robert Layton and Herbert Maschner, eds., *Time and Change: Archaeological and Anthropological Perspectives on the Long Term in Hunter-Gatherer Societies* (Oxford, 2008), pp. 95–113.
20. Kathleen Schwerdtner Mañez and Sebastian C. A. Ferse, 'The History of Makassan Trepang Fishing and Trade', *PlosOne* 5, 6 (2010), 1: e11346. doi:10.1371/journal.pone.0011346.
21. Heather Sutherland, 'A Sino-Indonesian Commodity Chain: The Trade in Tortoiseshell in the Late Seventeenth and Eighteenth Centuries', in Eric Tagliacozzo and Wen-chin Chan, eds., *Chinese Circulations: Capital, Commodities and Networks in Southeast Asia* (Durham, NC, 2011), pp. 180–7.
22. George H. Kerr, *Okinawa: The History of an Island People* (Rutland, VT, 1957), pp. 198–207.
23. Marie-Claire Bataille-Benguigui, 'The Fish of Tonga: Prey or Social Partners?', *Journal of the Polynesian Society* 97 (1988), 185–98.
24. Waldemar Jochelson, comp., *Unangam Uniikangis Ama Tunuzangis: Aleut Tales and Narratives*, ed. Knut Bergsland and Moses L. Dirks (Fairbanks, AK, 1990), p. 707.
25. Ian van der Ploeg, Merlijn van Weerd and Gerard A. Persoon, 'A Cultural History of Crocodiles in the Philippines: Towards a New Peace Pact?', *Environment and History* 17 (2011), 232.
26. Martha Warren Beckwith, 'Hawaiian Shark Aamakua', *American Anthropologist* 19 (1917), 503–17.
27. Matthew Des Lauriers and Claudia García Des Lauriers, 'The Humalgüeños of Isla Cedros, Baja California, as Described in Father Miguel Venegas' 1739 Manuscript *Obras Californianas*', *Journal of California and Great Basin Anthropology* 26 (2006), 135, 138, 139. The Jesuit chronicler remarked with callous indifference, 'in truth, if someone had to die before receiving baptism, it should have been him, since he deserved it anyway': ibid., 139.
28. Chris Ballard, Paula Brown, R. Michael Bourke and Tracy Harwood, eds., *The Sweet Potato in Oceania: A Reappraisal* (Sydney, 2005).
29. Kerr, *Okinawa*, p. 184.
30. Paula de Vos, 'The Science of Spices: Empiricism and Economic Botany in the Early Spanish Empire', *Journal of World History* 17 (2006), 416–18.

31. Henry J. Bruman, 'Early Coconut Culture in Western Mexico', *The Hispanic American Historical Review* 25 (1945), 212–23.
32. Kenneth M. Nagata, 'Early Plant Introductions in Hawai'i', *The Hawaiian Journal of History* 19 (1985), 44.
33. Linda Newsom, *Conquest and Pestilence in the Early Spanish Philippines* (Honolulu, 2009), pp. 19, 20; Robert Boyd, *Coming Spirit of Pestilence: Introduced Infectious Diseases and Population Decline among Northwest Coast Indians, 1774–1874* (Seattle, 1999); Robert Rogers, *Destiny's Landfall: A History of Guam* (Honolulu, 1995).
34. Jennifer Newell, *Trading Nature: Tahitians, Europeans and Ecological Exchange* (Honolulu, 2010); David Trigger, 'Indigeneity, Ferality, and What "Belongs" in the Australian Bush: Aboriginal Responses to "Introduced" Animals and Plants in a Settler-Descendant Society', *Journal of the Royal Anthropological Institute* 14 (2008), 628–46.
35. Quotation from Thomas Dunlap, *Nature and the English Diaspora: Environment and History in the United States, Canada, Australia, and New Zealand* (Cambridge, 1999), p. 57.
36. Cristián Correa and Mart R. Gross, 'Chinook Salmon Invade Southern South America', *Biological Invasions* 10 (2008), 615–39.
37. Robert M. McDowall, 'The Origins of New Zealand's Chinook Salmon, Oncorhynchus Tshawytscha', *Marine Fisheries Review* 56 (1994), 1–7.
38. David Igler, *The Great Ocean: Pacific Worlds from Captain Cook to the Gold Rush* (Oxford, 2013).
39. Lyndall Ryan, *The Aboriginal Tasmanians* (Vancouver, BC, 1981).
40. Elaine Brown, *Cooloola Coast: Noosa to Fraser Island: The Aboriginal and Settler Histories of a Unique Environment* (St Lucia, Qld., 2000), pp. 170–1.
41. R. Gerard Ward, 'The Pacific Bêche-de-Mer Trade with Special Reference to Fiji', in Ward, ed., *Man in the Pacific Islands: Essays on Geographical Change in the Pacific Islands* (Oxford, 1972), pp. 91–123.
42. Dorothy Shineberg, *They Came for Sandalwood: A Study of the Sandalwood Trade in the South-West Pacific, 1830–1865* (Melbourne, 1967).
43. Daniel Francis, *The Great Chase: A History of World Whaling* (New York, 1991).
44. Safina, *The Eye of the Albatross*, pp. 150–2.
45. Robin Fisher, *Contact and Conflict: Indian–European Relations in British Columbia, 1774–1890* (Vancouver, BC, 1992).
46. John Bockstoce, *Whales, Ice, and Men: The History of Whaling in the Western Arctic* (Seattle, 1986).
47. Andreas Egelund Christensen, 'Marine Gold and Atoll Livelihoods: The Rise and Fall of the *Bêche-de-Mer* Trade on Ontong Java, Solomon Islands', *Natural Resources Forum* 35 (2011), 9–20.
48. James Estes, et al., eds, *Whales, Whaling, and Ocean Ecosystems* (Berkeley, 2006).

49. Peter White, *The Farallon Islands: Sentinels of the Golden Gate* (San Francisco, CA, 1995).
50. David C. Purcell, Jr., 'The Economics of Exploitation: The Japanese in the Mariana, Caroline and Marshall Islands, 1915–1940', *The Journal of Pacific History* 11 (1976), 202, 205.
51. Mark Peattie, *Nan'yō: The Rise and Fall of the Japanese in Micronesia* (Honolulu, 1992), p. 253.
52. Report of the Inspection of the Caroline Islands by the U.S. Pacific Fleet, August–October 1946, pp. 10, 34, RG 126, Records of the Office of Territories, San Francisco National Archives.
53. William M. Tsutsui, 'Landscapes in the Dark Valley: Toward an Environmental History of Wartime Japan', *Environmental History* 8 (2003), 294–311.
54. Stewart Firth, 'The War in the Pacific', in Donald Denoon, Stewart Firth, Jocelyn Linnekin, Malama Meleisea and Karen Nero, eds., *The Cambridge History of the Pacific Islanders* (Cambridge, 1997), p. 313.
55. Ulrike Guerlin, Barbara Egger, and Vidha Penalva, *Underwater Cultural Heritage in Oceania* (Paris, 2010), p. 18, http://unesdoc.unesco.org/images/0018/001887/188770e.pdf.
56. Judith A. Bennett, *Natives and Exotics: World War II and the Environment in the Southern Pacific* (Honolulu, 2009), p. 201.
57. Jeff Wheelwright, *Degrees of Disaster: Prince William Sound: How Nature Reels and Rebounds* (New Haven, 1994).
58. Mark D. Merlin and Ricardo M. González, 'Environmental Impacts of Nuclear Testing in Remote Oceania, 1946–1996', in J. R. McNeill and Corinna R. Unger, eds., *Environmental Histories of the Cold War* (Cambridge, 2010), pp. 167–202; Stewart Firth, *Nuclear Playground* (Sydney, 1987), p. 66.
59. Roger W. Lotchin, 'The City and the Sword: San Francisco and the Rise of the Metropolitan-Military Complex, 1919–1941', *Journal of American History* 65 (1979), 1012.
60. Mansell Blackford, *Pathways to the Present: US Development and its Consequences in the Pacific* (Honolulu, 2007), pp. 7, 107.
61. John Cullihey, *Islands in a Far Sea: Nature and Man in Hawaii* (San Francisco, 1988), pp. 116–18.
62. J. E. Randall, 'Chemical Pollution in the Sea and the Crown-of-Thorns Starfish (*Acanthaster planci*)', *Biotropica* 4 (1972), 132–44.
63. Tamara Renee Shie, 'Rising Chinese Influence in the South Pacific: Beijing's Island Fever', *Asian Survey* 47 (2007), 311.
64. Mansell G. Blackford, 'Business, Government, Tourism, and the Environment: Maui in the 1980s and 1990s', *Business and Economic*
65. Frank Quimby, 'Fortress Guahan', *Journal of Pacific History* 6 (2011), 368.

66. United States Senate Committee on Homeland Security and Governmental Affairs, *New Information about Contracting Preferences for Alaska Native Corporations (Part II)*, 15 July 2009.
67. J. E. N. Veron, *A Reef in Time: The Great Barrier Reef from Beginning to End* (Cambridge, MA, 2008); César N. Caviedes, *El Niño in History: Storming through the Ages* (Gainesville, 2001).
68. Paul Josephson, *Red Atom: Russia's Nuclear Power Program from Stalin to Today* (Pittsburgh, 2005), pp. 135, 144.
69. Rex Weyler, *Greenpeace: How a Group of Ecologists, Journalists, and Visionaries Changed the World* (Vancouver, BC, 2004).
70. Dan O'Neill, *The Firecracker Boys* (New York, 1994), pp. 125, 221.
71. Dudley and Lee, *Tsunami!*, p. 319.
72. 'Autumn Salmon Season Opens in Tsunami-hit Minami-Sanriku', *The Asahi Shimbun* (27 September 2011); 'Tsunami Dock Cleared from Agate Beach, Cleanup Continues', *The Oregonian* (5 August 2012).

第六章

1. Jerry Bentley, 'Sea and Ocean Basins as Frameworks of Historical Analysis', *Geographical Review* 89 (1999), 215–24.
2. Arif Dirlik, ed., *What Is In a Rim: Critical Perspectives on the Pacific Region Idea*, 2nd edn (Lanham, MD, 1998); O. H. K. Spate, 'The Pacific as Artefact', in Niel Gunson, ed., *The Changing Pacific: Essays in Honour of H. E. Maude* (Melbourne, 1978), pp. 32–45.
3. Andres Abalahin, '"Sino-Pacifica": Conceptualizing Greater Southeast Asia as a Sub-Arena of World History', *Journal of World History* 22 (2011), 659–92.
4. Peter Bellwood, *Prehistory of the Indo-Malaysian Archipelago* (Honolulu, 1997); Bellwood, James Fox and Darrell Tyron, eds., *The Austronesians: Historical and Comparative Perspectives* (Canberra, 2006).
5. Peter Bellwood, *Man's Conquest of the Pacific: The Prehistory of Southeast Asia and Oceania* (Oxford, 1979); Andrew Pawley, 'Prehistoric Migration and Colonisation Processes in Oceania: A View from Historical Linguistics and Archaeology', in Jan Lucassen, Leo Lucassen and Patrick Manning, eds., *Migration History in World History: Multidisciplinary Approaches* (Leiden, 2010), pp. 77–112.
6. Paul D'Arcy, 'No Empty Ocean: Trade and Interaction across the Pacific Ocean to the Middle of the Eighteenth Century', in Sally Miller, A. J. H. Latham and Dennis Flynn, eds., *Studies in the Economic History of the Pacific Rim* (London, 1998), p. 29.
7. Pierre-Yves Manguin, 'The Vanishing *Jong*: Insular Southeast Asian Fleets in Trade and War (Fifteenth to Seventeenth Centuries)', in Anthony Reid, ed., *Southeast Asia in the Early Modern Era: Trade, Power and Belief* (Ithaca, NY, 1993), pp. 197–213.
8. Luke Clossey, 'Merchants, Migrants, Missionaries and Globalisation in the Early Modern Pacific', *Journal of Global History* 1 (2006), 41–58; Dennis Flynn and Arturo Giráldez, '"Born with a Silver Spoon": The Origin of World Trade in 1571', *Journal of World History* 6 (1995), 201–21; Benito Lagarda, Jr., 'Two and a Half Centuries of the Galleon Trade', *Philippine Studies* 3 (1955), 345–72.
9. Donald Brand, 'Geographical Exploration by the Spaniards', in Herman Friis, ed., *The Pacific Basin: A History of its Geographical Exploration* (New York, 1967), pp. 109–44.
10. Leonard Blussé, 'Chinese Century: The Eighteenth Century in the China Sea Region', *Archipel* 58 (1999), 107–30; Anthony Reid, 'Flows and Seepages in the Long-term Chinese Interaction with Southeast Asia', in Reid, ed., *Sojourners and Settlers: Histories of Southeast Asia and the Chinese: In Honour of Jennifer Cushman* (St Leonards, NSW, 1996), pp. 15–50.

11. Robert J. Chandler and Stephen J. Potash, *Gold, Silk, Pioneers & Mail: The Story of the Pacific Mail Steamship Company* (San Francisco, 2007); John Niven, *The American President Lines and Its Forebears: From Paddlewheelers to Containerships* (Newark, DE, 1987); E. Mowbray Tate, *Trans-Pacific Steam: The Story of Steam Navigation from the Pacific Coast of North America to the Far East and the Antipodes, 1867–1941* (New York, 1986).
12. Frances Steel, *Oceania under Steam: Sea Transport and the Cultures of Colonialism, c. 1870–1914* (Manchester, 2011).
13. Thomas Gottschang and Diana Lary, *Swallows and Settlers: The Great Migration from North China to Manchuria* (Ann Arbor, 2000).
14. Alan Takeo Moriyama, *Imingaisha: Japanese Emigration Companies and Hawai'i, 1894–1908* (Honolulu, 1985), pp. 154–5.
15. Adam McKeown, *Melancholy Order: Asian Migration and the Globalisation of Borders* (New York, 2008).
16. *Chew Heong v. United States*, 112 US, 536, 568.
17. Thomas Cox, 'The Passage to India Revisited: Asian Trade and The Development of the Far West, 1850–1900', in J. A. Carroll, ed., *Reflections of Western Historians* (Phoenix, 1967), pp. 85–103; Daniel Meissner, 'Bridging the Pacific: California and the China Flour Trade', *California History* 76 (1997/98), 82–93; David St. Clair, 'California and Nevada Minerals in the Pacific Rim 1850–1900', in A. J. H. Latham and Heita Kawakatsu, eds, *Asia-Pacific Dynamism 1550–2000* (London, 2000), pp. 216–41.
18. Quoted in Jeffrey Frieden, *Global Capitalism: Its Fall and Rise in the Twentieth Century* (New York, 2006), p. 114.
19. Eiichi Motono, *Conflict and Cooperation in Sino-British Business, 1860–1911: The Impact of the Pro-British Commercial Network in Shanghai* (New York, 2000); Mary Wright, *The Last Stand of Chinese Conservatism: The T'ung-Chih Restoration, 1862–1874* (Stanford, 1957), pp. 232–8.
20. Tomohei Chida and Peter, Davies, *The Japanese Shipping and Shipbuilding Industries: A History of their Modern Growth* (London, 1990); Keiichiro Nakagawa, 'Japanese Shipping in the Nineteenth and Twentieth Centuries: Strategy and Organisation', in Tsunehiko Yui and Nakagawa, eds., *Business History of Shipping: Strategy and Structure* (Tokyo, 1985), pp. 1–33; William Wray, *Mitsubishi and the N.Y.K., 1870–1914: Business Strategy in the Japanese Shipping Industry* (Cambridge, MA, 1984).
21. Kaoru Sugihara, 'The Economy since 1800', ch. 8 in this volume.
22. Peter Petri, 'Is East Asia Becoming More Interdependent?' *Journal of Asian Economics* 17 (2006), 381–94; Richard Pomfret, *Regionalism in East Asia: Why Has It Flourished since 2000 and How Far Will It Go?* (Singapore, 2011).

第七章

1. Sidney Pollard, *Peaceful Conquest: The Industrialization of Europe, 1760–1970* (Oxford, 1981).
2. Figures on population and GDP in this chapter come from Angus Maddison, 'Statistics on World Population, GDP and Per Capita GDP, 1–2008 AD (Horizontal file)' http://www.ggdc.net/maddison/ (made available in 2009, accessed 31 January 2013), unless stated otherwise. For estimates, see Notes of Table 8.1.
3. According to unadjusted population data, around 60 per cent of the population may have lived in the areas categorised as North East, North, East and South East (all along the coast) between 1819 and 1957: Dwight H. Perkins, *Agricultural Development in China, 1368–1968* (Chicago, 1969), Appendix A, especially p. 212.
4. While some of the areas mentioned in footnote 3 are not directly connected to coastlines, per capita GDP in the littoral must have been higher than in the rest of China.
5. The proportions of residents in three US states facing the Pacific in the total US population were 1.4 per cent in 1860, 3 per cent in 1890, 5.5 per cent in 1920, 10 per cent in 1950 and 15.7 per cent in 1990: Susan B. Carter, et al., eds., *Historical Statistics of the United States: Earliest Times to the Present*, 5 vols. (Cambridge, 2006), I, p. 38.
6. Dennis O. Flynn, Arturo Giráldez and James Sobredo, eds., *European Entry into the Pacific: Spain and the Acapulco–Manila Galleons* (Aldershot, 2001).
7. Man-Houng Lin, *China Upside Down: Currency, Society and Ideologies, 1808–1856* (Cambridge, MA, 2006); Maria Alejandra Irigoin, 'Gresham on Horseback: The Monetary Roots of Spanish American Political Fragmentation in the Nineteenth Century', *Economic History Review* 62 (2009), 551–75.
8. David Armitage and Alison Bashford, 'Introduction: The Pacific and its Histories', ch. 1 in this volume, p. 17.
9. Douglass North, *The Economic Growth of the United States, 1790–1860* (New York, 1996), pp. 99–100.
10. Barry Eichengreen and Marc Flandreau, 'The Geography of the Gold Standard', in Jorge Braga de Maredo, Barry Eichengreen and Jamie Reis, eds., *Currency Convertibility: The Gold Standard and Beyond* (London, 1996), pp. 117–43.
11. W. W. Rostow, *The World Economy: History and Prospect* (London, 1978), pp. 70–1, Appendix B.

12. John R. Hanson, II, *Trade in Transition: Exports from the Third World, 1840–1900* (New York, 1980), pp. 139–41.
13. Kaoru Sugihara, 'The Resurgence of Intra-Asian Trade, 1800–1850', in Giorgio Riello and Tirthankar Roy, eds. (with collaboration of Om Prakash and Kaoru Sugihara), *How India Clothed the World: The World of South Asian Textiles, 1500–1850* (Leiden, 2009), p. 159. The proportion of exports and imports going through the customs in the Pacific coast in the US total fluctuated from 2 to 9 per cent between 1860 and 1900. There was also a smaller percentage of Mexican border trade: US Department of Commerce, Bureau of Census, *Historical Statistics of the United States, Colonial Times to 1970*, Part 2 (New York, 1975), pp. 885, 897.
14. C. Knick Harley, 'Ocean Freight Rates and Productivity, 1740–1913: The Primacy of Mechanical Invention Reaffirmed', *Journal of Economic History* 48 (1988), 851–76.
15. League of Nations, *Network of World Trade* (Geneva, 1942), pp. 59–61.
16. M. H. Watkins, 'A Staple Theory of Economic Growth', *Canadian Journal of Economics and Political Science* 29 (1963), 145–6.
17. For a general discussion on the Americas, see Stanley Engerman and Kenneth Sokoloff, *Economic Development in the Americas since 1500: Endowments and Institutions* (Cambridge, 2012).
18. On containerisation, see Marc Levinson, *The Box: How the Shipping Container Made the World Smaller and the World Economy Bigger* (Princeton, 2006).
19. Jagdish Bhagwati, 'The Capital Myth: The Difference between Trade in Widgets and Dollars', *Foreign Affairs* 77, 3 (May–June 1998), 7–12.
20. Calculated from IMF, *Direction of Trade Statistics Yearbook*.
21. The APEC Summit 2012 took place in Vladivostok, Russia, which I have not included in calculating the Rim GDP and trade.
22. Damon Salesa, 'The Pacific in Indigenous Time', ch. 2 in this volume.
23. Ryan Tucker Jones, 'The Environment', ch. 6 in this volume.

第八章

1. For economy and clarity, I use modern place-names throughout this chapter.
2. Damon Salesa, 'The Pacific in Indigenous Time', ch. 2 in this volume.
3. Patrick V. Kirch, 'Peopling of the Pacific: A Holistic Anthropological Perspective', *Annual Review of Anthropology* 39 (2010), 131–48.
4. Salesa, 'The Pacific in Indigenous Time'.
5. W. R. Ambrose, 'An Early Bronze Artefact from Papua New Guinea', *Antiquity* 62 (1988), 483–91.
6. S. Supomo, 'Indic Transformation: The Sanskritization of *Jawa* and the Javanization of the *Bharata*', in Peter Bellwood, James J. Fox and Darrell Tryon, eds., *The Austronesians: Historical and Comparative Perspectives* (Canberra, 1995), pp. 309–32.
7. Benito Legarda Jr., 'Cultural Landmarks and their Interactions with Economic Factors in the Second Millennium in the Philippines', *Kinaadman (Wisdom)* 23 (2001), 29–36.
8. Günter Schilder, *Australia Unveiled: The Share of the Dutch Navigators in the Discovery of Australia*, trans. Olaf Richter (Amsterdam, 1976); Regina Ganter, 'Muslim Australians: The Deep Histories of Contact', *Journal of Australian Studies* 32 (2008), 482–6.
9. Joyce E. Chaplin, 'The Pacific before Empire, *c.* 1500–1800', ch. 3 in this volume.
10. Lydia Black, *Russians in Alaska, 1732–1867* (Fairbanks, AK, 2004), pp. 222–53.
11. Stephen G. Hyslop, *Contest for California: From Spanish Colonization to the American Conquest* (Norman, OK, 2012).
12. Johannes Fabian, *Time and the Other: How Anthropology Makes its Object* (New York, 1983); Stanley Jeyaraja Tambiah, *Magic, Science, Religion, and the Scope of Rationality* (Cambridge, 1990).
13. Andrew Pawley and Malcolm Ross, 'Austronesian Historical Linguistics and Culture History', *Annual Review of Anthropology* 22 (1993), 448–52.
14. Bronwen Douglas, *Across the Great Divide: Journeys in History and Anthropology* (Amsterdam, 1998), pp. 1–25.
15. Polly Wiessner and Akii Tumu, 'A Collage of Cults', *Canberra Anthropology* 22 (1999), 34–65.
16. Thomas Widlok, 'Practice, Politics and Ideology of the "Travelling Business" in Aboriginal Religion'. *Oceania* 63 (1992). 114–36.
17. For example, Edward L. Schieffelin, 'The Unseen Influence: Tranced Mediums as Historical Innovators', *Journal de la Société des Océanistes* 33

(1977), 169–78; Michele Stephen, 'Dreams of Change: The Innovative Role of Altered States of Consciousness in Traditional Melanesian Religion', *Oceania* 50 (1979), 3–22.
18. Kenelm Burridge, *New Heaven, New Earth: A Study of Millenarian Activities* (Oxford, 1969); Peter Lawrence, *Road Belong Cargo: A Study of the Cargo Movement in the Southern Madang District, New Guinea* (Carlton, Vic., 1964).
19. Douglas L. Oliver, *Ancient Tahitian Society*, 3 vols (Canberra, 1974), II, pp. 674–87, 890–964, 1121–32.
20. Valerio Valeri, *Kingship and Sacrifice: Ritual and Society in Ancient Hawaii*, trans. Paula Wissing (Chicago, 1985), pp. 103–4.
21. M. C. Ricklefs, *A History of Modern Indonesia since c. 1200*, 4th edn (Stanford, CA, 2008), pp. 3–16.
22. Compare Adam McKeown, 'Movement', and Kaoru Sugihara, 'The Economy since 1800', chs. 7 and 8 in this volume.
23. Ricklefs, *History*, pp. 26–32, 69–79.
24. Vicente M. Diaz, *Repositioning the Missionary: Rewriting the Histories of Colonialism, Native Catholicism, and Indigeneity in Guam* (Honolulu, 2010); Alan Durston, *Pastoral Quechua: The History of Christian Translation in Colonial Peru, 1550–1650* (Notre Dame, IN, 2007).
25. Hyslop, *Contest for California*.
26. Bolton Glanvill Corney, *The Quest and Occupation of Tahiti by Emissaries of Spain during the Years 1772–1776*, 3 vols (London, 1913–19).
27. Antonio Pigafetta, *Magellan's Voyage around the World*, trans. and ed. James Alexander Robertson, 3 vols (Cleveland, 1906); Tomé Pires, *The Suma Oriental of Tomé Pires*, trans. and ed. Armando Cortesão, 2 vols (London, 1944).
28. Brett Charles Baker, 'Indigenous-Driven Mission: Reconstructing Religious Change in Sixteenth-Century Maluku' (PhD thesis, Australian National University, Canberra, 2012), pp. 12–27.
29. Antonio Galvão, *Tratado ... de todos os descobrimentos antigos & modernos* (Lisbon, 1563), fol. 68v; Galvão, *A Treatise on the Moluccas (c. 1644)*, ed. Hubert Th. Th. M. Jacobs (Rome, 1971), pp. 296–9.
30. Pigafetta, *Magellan's Voyage*, I, p. 156; II, pp. 68, 76, 112, 148; Pires, *Suma Oriental*, II, pp. 443–4.
31. Pires, *Suma Oriental*, II, p. 462.
32. Pigafetta, *Magellan's Voyage*, I, pp. 99–193.
33. Pigafetta, *Magellan's Voyage*, I, pp. 132–82.
34. Galvão, *Treatise*; Pires, *Suma Oriental*, II, p. 144; Pigafetta, *Magellan's Voyage*, II, pp. 64–74.
35. Jan Sihar Aritonang and Karel Steenbrink, eds., *A History of Christianity in Indonesia* (Leiden, 2008), pp. 19, 28–31, 103, 108.
36. For example, Adolph Heuken, 'Catholic Converts in the Moluccas, Minahasa and Sangihe Talaud, 1512–1680', in Aritonang and Steenbrink, eds., *History of Christianity in Indonesia*, pp. 23–71; Anthony Reid, 'Islamization

and Christianization in Southeast Asia: The Critical Phase, 1550–1650', in Reid, ed., *Southeast Asia in the Early Modern Era: Trade, Power, and Belief* (Ithaca, NY, 1993), pp. 152–4; Ricklefs, *History*, pp. 14–16.
37. Heuken, 'Catholic Converts', pp. 49–52.
38. Baker, 'Indigenous-Driven Mission'.
39. Reid, 'Islamization', pp. 159, 168–72; see Robin Horton, 'African Conversion', *Africa* 41 (1971), 101–7.
40. Pedro Murillo Velarde, *Historia de la Provincia de Philipinas de la Compañia de Jesus* ... (Manila, 1749).
41. John N. Schumacher, 'Syncretism in Philippine Catholicism: Its Historical Causes', *Philippine Studies* 32 (1984), 251–72.
42. Vicente L. Rafael, *Contracting Colonialism: Translation and Christian Conversion in Tagalog Society under Early Spanish Rule* (Durham, NC, 1988); Terence Ranger, 'Christianity and Indigenous Peoples: A Personal Overview', *Journal of Religious History* 27 (2003), 255–71.
43. Compare Nicholas Thomas, 'The Age of Empire in the Pacific', and Robert Aldrich, 'Politics', chs. 4 and 14 in this volume.
44. Aram A. Yengoyan, 'Religion, Morality, and Prophetic Traditions: Conversion among the Pitjantjatjara of Central Australia', in Robert W. Hefner, ed., *Conversion to Christianity: Historical and Anthropological Perspectives on a Great Transformation* (Berkeley, 1993), pp. 234–6.
45. For example, George Turner, *Nineteen Years in Polynesia: Missionary Life, Travels, and Researches in the Islands of the Pacific* (London, 1861), pp. 1–4, 82–5.
46. Oliver, *Ancient Tahitian Society*, III.
47. John Davies, *The History of the Tahitian Mission 1799–1830*, ed. C. W. Newbury (Cambridge, 1961), pp. 103, 118 (original emphasis), 120, 133.
48. Davies, *History*, pp. 138, 153, 192–5, 197–200.
49. Davies, *History*, pp. 233–4; Niel Gunson, 'Pomare II and Polynesian Imperialism', *Journal of Pacific History* 4 (1969), 67–9.
50. John Muggridge Orsmond, 1849, quoted in Davies, *History*, pp. 349–50.
51. William Pascoe Crook, 6 February 1821, 22 December 1821, in Richard Lovett, *The History of the London Missionary Society 1795–1895*, 2 vols (London, 1899), I, p. 227, 231; Gunson, 'Pomare II', 81.
52. Davies, *History*, pp. 203, 216; William Ellis, *Polynesian Researches during a Residence of Nearly Eight Years in the Society and Sandwich Islands*, 2nd edn (London, 1831), III, p. 137; Lovett, *History*, I, pp. 219–23.
53. Davies, *History*, p. 102.
54. Davies, *History*, pp. 152–90.
55. Douglas, *Across the Great Divide*, pp. 227–61.
56. John Geddie, 3 October 1854, *Missionary Register of the Presbyterian Church of Nova Scotia* (hereafter *MR*) (1855), 125, 135–6.
57. John G. Paton, 10 June 1861, *Reformed Presbyterian Magazine* (1862), 38.

58. Paton, 11 October 1861, *Home and Foreign Record of the Presbyterian Church of the Lower Provinces of British North America* (hereafter *HFR*) (1862), 100; Turner, *Nineteen Years*, pp. 18–19, 89–92.
59. John Inglis, *In the New Hebrides: Reminiscences of Missionary Life and Work, Especially on the Island of Aneityum, from 1850 till 1877* (London, 1887), pp. 30–2.
60. Turner, *Nineteen Years*, p. 18; Henry Nisbet, 'Voyage of the "John Williams" to the New Hebrides and New Caledonia Groups ...', *Samoan Reporter* 5 (1847), 4.
61. John Geddie, July 1849, in George Patterson, *Missionary Life among the Cannibals being the Life of the Rev. John Geddie, D.D.* (Toronto, 1882), p. 206.
62. Geddie, 20 August 1861, *HFR* (1862), 36.
63. John Geddie, *Misi Gete: John Geddie, Pioneer Missionary to the New Hebrides*, ed. R. S. Miller (Launceston, Tas., 1975), p. 90.
64. Geddie, 3 April 1861, *HFR* (1861), 248–9; 26 August, 12 December 1861, 23 May 1862, *HFR* (1862), 40, 159, 293.
65. Ron Adams, *In the Land of Strangers: A Century of European Contact with Tanna, 1774–1874* (Canberra, 1984), pp. 116–49.
66. Inglis, *In the New Hebrides*, p. 31.
67. Geddie, 29 November 1854, *MR* (1855), 167–8.
68. Joël Bonnemaison, *The Tree and the Canoe: History and Ethnogeography of Tanna*, trans. Josée Pénot-Demetry (Honolulu, 1994).
69. For example, Helen James, ed., *Civil Society, Religion and Global Governance: Paradigms of Power and Persuasion* (London, 2007).
70. Manfred Ernst, ed., *Globalization and the Re-shaping of Christianity in the Pacific Islands* (Suva, 2007).
71. Gerry van Klinken, 'The Maluku Wars: Bringing Society Back In', *Indonesia* 71 (2001), 1–26; Christopher R. Duncan, 'The Other Maluku: Chronologies of Conflict in North Maluku', *Indonesia* 80 (2005), 53–80.
72. Philip Gibbs, 'The Religious Factor in Contemporary Papua New Guinea Politics', *Catalyst* 28 (1998), 33–6, 40.
73. Joel Robbins, *Becoming Sinners: Christianity and Moral Torment in a Papua New Guinea Society* (Berkeley, 2004), pp. 170–9.
74. Jan Bieniek and Garry W. Trompf, 'The Millennium, not the Cargo?', *Ethnohistory* 47 (2000), 124–6.
75. George Westermark, 'History, Opposition, and Salvation in Agarabi Adventism', *Pacific Studies* 21 (1998), 54, 58.

第九章

Many people helped me to craft this chapter: I owe particular thanks to Edward Cavanagh, Alison Bashford, David Armitage, the other contributors to this volume and the members of both the NYU Colloquium in Legal History and the Princeton Workshop in American Studies. Parts of it were produced with the support of the Australian Research Council, DE120100593.

1. See Damon Salesa, 'The Pacific in Indigenous Time', ch. 2 in this volume.
2. Li Zhaojie (James Li), 'Traditional Chinese World Order', *Chinese Journal of International Law* 1 (2002), 27; Ulises Granados, 'The South China Sea and its Coral Reefs During the Ming and Qing Dynasties: Levels of Geographical Knowledge and Political Control', *East Asian History* 32 (2006), 109–28.
3. Philip E. Steinberg, *The Social Construction of the Ocean* (Cambridge, 2001), pp. 50–60.
4. Donald B. Freeman, *The Pacific* (London, 2010), p. 65; J. Arthur Lower, *Ocean of Destiny: A Concise History of the North Pacific, 1500–1978* (Vancouver, BC, 1978), p. 8.
5. Salesa, 'The Pacific in Indigenous Time'.
6. Kathleen Romoli, *Balboa of Darién, Discoverer of the Pacific* (Garden City, NY, 1953), p. 162.
7. Ricardo Padrón, 'A Sea of Denial: The Early Modern Spanish Invention of the Pacific Rim', *Hispanic Review* 77 (2009), 8; Joyce Chaplin, 'The Pacific before Empire, *c.* 1500–1800', ch. 3 in this volume.
8. *European Treaties Bearing on the History of the United States and its Dependencies*, ed. Frances G. Davenport, 4 vols (Washington, DC, 1917), I, p. 62; Lauren Benton, 'Possessing Empire: Iberian Claims and Interpolity Law', in Saliha Belmessous, ed., *Native Claims: Indigenous Law against Empire, 1500–1920* (New York, 2012), p. 21; Philip E. Steinberg, 'Lines of Division, Lines of Connection: Stewardship in the World Ocean', *Geographical Review* 89 (1999), 254–8; Steinberg, *The Social Construction of the Ocean*, pp. 75–83.
9. Cardinal of Toledo to Charles V, 27 January 1541, quoted in Paul E. Hoffman, 'Diplomacy and the Papal Donation 1493–1585', *The Americas* 30 (1973), 161.
10. Davenport, *European Treaties*, I, pp. 93–100.
11. Davenport, *European Treaties*, I, pp. 2, 148, 159–68.
12. Lauren Benton and Benjamin Straumann, 'Acquiring Empire by Law: From Roman Doctrine to Early Modern European Practice', *Law and History Review* 28 (2010), 19.
13. Benton and Straumann, 'Acquiring Empire by Law', 20–5.

14. On the contested notion of pacification, see Tamar Herzog, 'Conquista o integración: Los debates entorno a la inserción territorial (Madrid–México, siglo XVIII)', in Michel Bertrant and Natividad Planas, eds., *Les sociétés de frontière: de la Méditerranée à l'Atlantique, XVIe–XVIIIe siècle* (Madrid, 2011), pp. 149–64.
15. R. Jovita Baber, 'Law, Land, and Legal Rhetoric in Colonial New Spain: A Look at the Changing Rhetoric of Indigenous Americans in the Sixteenth Century', in Belmessous, ed., *Native Claims*, p. 48; Tamar Herzog, 'Colonial Law and "Native Customs": Indigenous Land Rights in Colonial Spanish America', *The Americas* 63 (2013), 303–21.
16. O. H. K. Spate, *The Spanish Lake* (London, 1979), pp. 157–62, 220–3; Freeman, *The Pacific*, pp. 85–7; K. R. Howe, *Where the Waves Fall: A New South Sea Islands History from the First Settlement to Colonial Rule* (Sydney, 1984), pp. 74–8; David Joel Steinberg, *The Philippines: A Singular and a Plural Place*, 3rd edn (Boulder, CO, 1994), pp. 57–8.
17. Philip E. Steinberg, 'Lines of Division, Lines of Connection: Stewardship in the World Ocean', *Geographical Review* 89 (1999), 258; Adam Clulow, 'European Maritime Violence and Territorial States in Early Modern Asia, 1600–1650', *Itinerario* 33 (2009), 72–94.
18. Pär Cassel, *Grounds of Judgment: Extraterritoriality and Imperial Power in Nineteenth-Century China and Japan* (Oxford, 2011), pp. 41–3.
19. O. H. K. Spate, *Monopolists and Freebooters* (London, 1983), pp. 39, 68–9.
20. Gough, *Distant Dominion*, pp. 15–16; Arthur Weststeijn, 'Empire by Trade: Treaties in Seventeenth-Century Dutch Colonial Expansion' (paper presented at the Empire by Treaty Symposium, University of New South Wales, August 2012).
21. John G. Butcher, 'Resink Revisited: A Note on the Territorial Waters of the Self-Governing Realms of the Netherlands Indies in the late 1800s', *Bijdragen tot de Taal-, Land- en Volkenkunde (BKI)* 164 (2008), 1–12; H. J. Leue, 'Legal Expansion in the Age of Companies: Aspects of the Administration of Justice in the English and Dutch Settlements of Maritime Asia, c. 1600–1750', in W. J. Mommsen and J. A. de Moor, eds., *European Expansion and Law: The Encounter of European and Indigenous Law in 19th and 20th-Century Africa and Asia* (Oxford, 1992), pp. 129–58.
22. Hugo Grotius, *The Free Sea*, ed. David Armitage (Indianapolis, 2004); Martti Koskenniemi, 'International Law and the Emergence of Mercantile Capitalism: Grotius to Smith' (unpublished paper): http://www.helsinki.fi/eci/Publications/Koskenniemi/MKMercantileCapitalism.pdf, 21; Benton and Straumann, 'Acquiring Empire by Law', 21–6.
23. Mónica Brito Vieira, '*Mare Liberum* vs *Mare Clausum*: Grotius, Freitas, and Selden's Debate on Dominion over the Sea', *Journal of the History of Ideas* 64 (2003), 361–77.
24. Spate, *Monopolists and Freebooters*, pp. 190–200.
25. Freeman, *The Pacific*, pp. 85–7.

26. Spate, *Monopolists and Freebooters*, pp. 189–94, 244–9.
27. Benjamin Keene, cited by Glyndwr Williams, 'The Pacific: Exploration and Exploitation', in P. J. Marshall, ed., *The Oxford History of the British Empire*, II: *The Eighteenth Century* (Oxford, 1998), p. 555.
28. Alan Frost, 'Nootka Sound and the Beginnings of Britain's Imperialism of Free Trade', in Robin Fisher and Hugh Johnson, eds., *From Maps to Metaphors: The Pacific World of George Vancouver* (Vancouver, BC, 1993), pp. 104–27.
29. Eliga H. Gould, 'Zones of Law, Zones of Violence: The Legal Geography of the British Atlantic, circa 1772', *William and Mary Quarterly* 3rd ser., 60 (2003), 471–510.
30. James Sheehan, 'The Problem of Sovereignty in European History', *American Historical Review* 111 (2006), 1–15.
31. Ian Hunter, 'Vattel in Revolutionary America: From the Rules of War to the Rule of Law', in Lisa Ford and Tim Rowse, eds., *Between Indigenous and Settler Governance* (London, 2013), pp. 12–23.
32. Jane Samson, *Imperial Benevolence: Making British Authority in the Pacific* (Honolulu, 1998).
33. Alan Frost, *Convicts and Empire: A Naval Question,* (Oxford, 1980); Mollie Gillen, 'The Botany Bay Decision, 1786: Convicts Not Empire', in Gillian Whitlock and Gail Reekie, eds., *Uncertain Beginnings: Debates in Australian Studies* (St. Lucia, Qld., 1993), pp. 25–36.
34. Daniel K. Richter, 'To "Clear the King's and Indians' Title": Treaty-Making and North American Land in England's Restoration Era' (paper presented to the Empire by Treaty Symposium, University of New South Wales, August 2012); Lisa Ford, *Settler Sovereignty: Jurisdiction and Indigenous People in America and Australia, 1788–1836* (Cambridge, MA, 2010), pp. 26–9. On the Batman Treaty (1835), see Bain Attwood, *Possession: Batman's Treaty and the Matter of History* (Carlton, Vic., 2009).
35. Stuart Banner, *Possessing the Pacific: Land, Settlers, and Indigenous People from Australia to Alaska* (Cambridge, MA, 2007), pp. 13–46.
36. Heather Douglas and Mark Finnane, *Indigenous Crime and Settler Law: White Sovereignty after Empire* (Basingstoke, 2012).
37. Anna Haebich, *Broken Circles: Fragmenting Indigenous Families, 1800–2000* (Fremantle, 2000).
38. Scottish traveller J. D. Borthwick, quoted by Banner, *Possessing the Pacific*, p. 165, more generally, see ibid., pp. 163–94.
39. Banner, *Possessing the Pacific*, pp. 195–230, 293–314.
40. Amanda Nettelbeck and Robert Foster, 'Food and Governance on the Frontiers of Colonial Australia and Canada's Northwest Territories', *Aboriginal History* 36 (2012), 21–41; Margaret Jacobs, *White Mother to a Dark Race: Settler Colonialism, Maternalism, and the Removal of Indigenous Children in the American West and Australia, 1880–1940* (Lincoln, NE, 2010).
41. Cassel, *Grounds of Judgment*.
42. Cassel, *Grounds of Judgment*, pp. 29–38.

43. Nicholas Tarling, 'The Establishment of Colonial Regimes', in Tarling, ed., *The Cambridge History of Southeast Asia,* III: *From c. 1800 to the 1930s* (Cambridge, 1999), pp. 49–55; Carl Trocki, 'Political Structures in the Nineteenth and Early Twentieth Centuries', in *The Cambridge History of South East Asia,* III, pp. 75–126.
44. Christina Duffy Burnett, 'The Edges of Empire and the Limits of Sovereignty: American Guano Islands', *American Quarterly* 57 (2005), 779–803.
45. For a complex account, see Dorothy Shineberg, *They Came for Sandalwood: A Study of the Sandalwood Trade in the South-West Pacific, 1830–1865* (Melbourne, 1967).
46. John M. Ward, *British Policy in the South Pacific, 1786–1893: A Study in British Policy towards the South Pacific Islands Prior to the Establishment of Governments by the Great Powers* (Sydney, 1948).
47. Colin Forster, 'French Penal Policy and the Origins of the French Presence in New Caledonia', *Journal of Pacific History* 26 (1991), 135–50.
48. C. H. Alexandrowicz, *The European–African Confrontation: A Study in Treaty Making* (Leiden, 1973).
49. Banner, *Possessing the Pacific,* pp. 128–62; Donald D. Johnson, *The United States and the Pacific: Private Interests and Public Policies, 1784–1899* (Westport, CT, 1995), pp. 79–112, 145–64.
50. R. G. Crocombe, *Land Tenure in the Cook Islands* (Melbourne, 1962); Banner, *Possessing the Pacific,* pp. 84–127.
51. Adrian Muckle, 'Troublesome Chiefs and Disorderly Subjects: The *Indigénat* and the Internment of Kanak in New Caledonia (1887–1928)', *French Colonial History* 11 (2010), 131–60.
52. Peter G. Sack, 'Law, Politics and Native "Crimes" in German New Guinea', in John A. Moses and Paul M. Kennedy, eds., *Germany in the Pacific and Far East, 1870–1914* (St Lucia, Qld, 1977), p. 266.
53. Quoted by Linden A. Mander, 'The New Hebrides Condominium', *Pacific Historical Review* 13 (1944), 152.
54. Greg Rawlings, 'Statelessness, Citizenship and Annotated Discriminations: Meta Documents, and the Aesthetics of the Subtle at the United Nations', *History and Anthropology* 22 (2011), 461–79; Rawlings, 'Statelessness, Human Rights and Decolonisation: Citizenship in Vanuatu, 1906–80', *Journal of Pacific History* 47 (2012), 45–68.
55. 'Status of Islands in Pacific Ocean', US Naval War College, *International Law Studies Series* 29 (1929), 50–1.
56. Susan Pedersen, 'The Meaning of the Mandates System: An Argument', *Geschichte und Gesellschaft* 32 (2006), 575.
57. Patricia O'Brien, 'Massacres in the 1920s Pacific: Australia, New Zealand, and the League of Nations' (paper presented at the Australian Historical Association Biennial Conference, Adelaide, July 2012); Susan Pedersen, 'Samoa on the World Stage: Petitions and Peoples Before the Mandates Commission of the League of Nations', *Journal of Imperial and Commonwealth History* 40 (2012), 231–61.

58. Antony Anghie, *Imperialism, Sovereignty and the Making of International Law* (Cambridge, 2004), pp. 115–95.
59. David Armitage, *The Declaration of Independence: A Global History* (Cambridge, MA, 2007), p. 103.
60. Benedict Kingsbury, 'Indigenous Peoples as an International Legal Concept', in Christian Erni, ed., *The Concept of Indigenous Peoples in Asia: A Resource Book* (Copenhagen, 2008), pp. 103–58.
61. Contrast Sāmoa.
62. Robert Aldrich, 'Politics', ch. 14 in this volume.
63. Geoff Leane and Barbara Von Tigerstrom, 'Introduction', in Geoff Leane and Barbara Von Tigerstrom, eds., *International Law Issues in the South Pacific* (Aldershot, 2005), pp. 2–3.
64. Yash Ghai, 'Constitution Making and Decolonisation', in Ghai, ed., *Law, Government and Politics in the Pacific Island States* (Suva, 1988), pp. 1–105. On France, see Robert Aldrich, *France and the South Pacific since 1940* (Honolulu, 1993).
65. Samuel Moyn, *The Last Utopia: Human Rights in History* (Cambridge, MA, 2010).
66. Miranda Johnson, 'Reconciliation, Indigeneity and Postcolonial Nationhood in Settler States', *Postcolonial Studies* 14 (2011), 187–201.
67. Kirsty Gover, 'Indigenous Jurisdiction as a Provocation of Settler State Political Theory: The Significance of Human Boundaries', in Ford and Rowse, eds., *Between Settler and Indigenous Governance*, pp. 187–99.
68. For example, Katherine J. Florey, 'Indian Country's Borders: Territoriality, Immunity and the Construction of Tribal Sovereignty', *Boston College Law Review* 51 (2010), 595–668.
69. See generally, Jon Altman and Melinda Hickson, *Coercive Reconciliation: Stabilise, Normalise, Exit Aboriginal Australia* (Melbourne, 2007).
70. F. M. Brookfield, 'Māori Customary Title in Foreshore and Seabed', *New Zealand Law Journal* 34 (2004), 34–48; Abby Suzko, 'The Marine and Coastal Area (Takutai Moana) Act 2011: A Just and Durable Resolution to the Foreshore and Seabed Debate?', *New Zealand Universities Law Review* 25 (2012), 148–79.
71. Jon Altman, 'Land Rights and Development in Australia: Caring for, Benefiting from, Governing the Indigenous Estate', in Ford and Rowse, eds., *Between Indigenous and Settler Governance*, pp. 121–34.
72. Scott Davidson, 'The Law of the Sea and Freedom of Navigation in Asia Pacific', in Leane and von Tigerstrom, eds., *International Law Issues in the South Pacific,* p. 140.
73. Robert Cribb and Michele Ford, 'Indonesia as an Archipelago: Managing Islands, Managing the Seas', in Cribb and Ford, eds., *Indonesia beyond the Water's Edge: Managing an Archipelagic State* (Singapore, 2009), pp. 1–7; John G. Butcher, 'Becoming an Archipelagic State: The Juanda

Declaration of 1957 and the "Struggle" to Gain International Recognition of the Archipelagic Principle', in Cribb and Ford, eds., *Indonesia beyond the Water's Edge*, pp. 28–48.

74. Davidson, 'The Law of the Sea and Freedom of Navigation in Asia Pacific', in Leane and von Tigerstrom, eds., *International Law Issues in the South Pacific*, pp. 132–9.

75. Francisco Orrego Vicuña, *The Exclusive Economic Zone: Regime and Legal Nature under International Law* (Cambridge, 1989), pp. 3–6.

76. Alastair Couper, *Sailors and Traders: A Maritime History of the Pacific Peoples* (Honolulu, 2009), pp. 186–206.

77. Xavier Furtado, 'International Law and the Dispute over the Spratly Islands: Whither UNCLOS?', *Contemporary Southeast Asia* 21 (1999), 386–404.

78. Jane McAdam, '"Disappearing States", Statelessness and the Boundaries of International Law', in Jane McAdam, ed., *Climate Change and Displacement: Multidisciplinary Perspectives* (Oxford, 2010), pp. 105–30.

参考文献

第十章

For particularly close and insightful readings of this chapter, I thank Simon Schaffer, James A. Secord, Alistair Sponsel and my graduate students.

1. Roy MacLeod and Philip F. Rehbock, eds., *Nature in its Greatest Extent: Western Science in the Pacific* (Honolulu, 1988), pp. 1 ff. For more on the historiographical consensus and the need to attend to indigenous knowledges, see the introduction to Tony Ballantyne, ed., *Science, Empire and the European Exploration of the Pacific* (Aldershot, 2004); compare Damon Salesa, 'The Pacific in Indigenous Time', ch. 2 in this volume.
2. This claim should be qualified. There has undoubtedly been substantial reflection already on how the Pacific impacted on scientific thought: see, for instance, Janet Browne, *Charles Darwin: Voyaging* (London, 2003) or Iain McCalman, *Darwin's Armada: Four Voyages and the Battle for the Theory of Evolution* (London, 2010).
3. Simon Schaffer, Lissa Roberts, Kapil Raj and James Delbourgo, eds., *The Brokered World: Go-betweens and Global Intelligence, 1770–1820* (Sagamore Beach, MA, 2009). See also the work on Tupaia and his engagement with James Cook: David Turnbull, '(En)-Countering Knowledge Traditions: The Story of Cook and Tupaia', in Ballantyne, ed., *Science, Empire and the European Exploration of the Pacific*, pp. 225–46.
4. The concern with cosmology on all sides has also recently been highlighted in Simon Schaffer, 'In Transit: European Cosmologies in the Pacific', in Kate Fullagar, ed., *The Atlantic World in the Antipodes: Effects and Transformations since the Eighteenth Century* (Newcastle upon Tyne, 2012), pp. 70–93.
5. Sujit Sivasundaram, 'Sciences and the Global: On Methods, Questions and Theory', *Isis* 101 (2010), 146–58.
6. See, for instance, Niel Gunson, 'Understanding Polynesian Traditional History', *Journal of Pacific History* 28 (1993), 139–58.
7. Margaret Jolly, 'Imagining Oceania: Indigenous and Foreign Representations of a Sea of Islands', *The Contemporary Pacific* 19 (2007), 515.
8. This account of *Kumulipo* relies primarily on Noenoe K. Silva, *Aloha Betrayed: Native Hawaiian Resistance to American Colonialism* (Durham, NC, 2004), esp. pp. 97–104, and *The Kumulipo: A Hawaiian Creation Chant*, ed. and trans. Martha Warren Beckwith (Chicago, 1951).
9. Lilikal'a Kame'eleihiwa, *Native Land and Foreign Desires: How Shall We Live in Harmony?* (Honolulu, 1992), p. 3.
10. Queen Lili'uokalani, *An Account of the Creation of the World According to Hawaiian Tradition* (Boston, 1897).
11. *The Kumulipo*, pp. 58–9.
12. Valero Valeri, *Kingship and Sacrifice: Ritual and Society in Ancient Hawaii*, trans. Paula Wissing (Chicago, 1985), p. 5.
13. Valeri, *Kingship and Sacrifice*, p. 6.

14. Silva, *Aloha Betrayed*, p. 97.
15. *Hoike a ka Papa Kuauhau o na Alii Hawaii = Report of the Board of Genealogy of the Hawaiian Chiefs* (Honolulu, 1884), pp. 12, 14–15.
16. For more on this see Gunson, 'Understanding'.
17. David Malo, *Hawaiian Antiquities (Moolelo Hawaii)*, trans. Nathaniel Bright Emerson (Honolulu, 1898), p. viii. See also *The Kumulipo*, p. 2, for Malo's training.
18. Jon Kamakawiwoʻoele Osorio, *Dismembering Lāhui: A History of the Hawaiian Nation to 1897* (Honolulu, 2002), pp. 14–15.
19. Malo, *Hawaiian Antiquities*, pp. 3–4. Note that this is Nathaniel Emerson's translation.
20. This section relies heavily on William Eisler, *The Furthest Shore: Images of Terra Australis from the Middle Ages to Captain Cook* (Cambridge, 1995).
21. O. H. K. Spate, '"South Sea" to "Pacific Ocean": A Note on Nomenclature', *Journal of Pacific History* 12 (1977), 205–11.
22. Quoted in Eisler, *Furthest Shore*, p. 34.
23. Günter Schilder, *The Southland Explored: The Voyage of Willem Hesselsz. de Vlamingh in 1696–97, with the Coastal Profiles and a Chart of Western Australia in Full-size Colour Reproduction* (Alphen aan den Rijn, 1984), p. 18.
24. Schilder, *The Southland Explored*, p. 27.
25. Schilder, *The Southland Explored*, pp. 13–14.
26. Günter Schilder, 'New Holland: The Dutch Discoveries', in Glyndwr Williams and Alan Frost, eds., *Terra Australis to Australia* (Melbourne, 1988), p. 111.
27. Cited in Schilder, *The Southland Explored*, p. 14.
28. Schilder, *The Southland Explored*, pp. 15–16.
29. Richard Sorrenson, 'The Ship as Scientific Instrument', *Osiris* 2nd ser., 11 (1996), 230.
30. For the long history of coral reef formation, see David R. Stoddart, 'Darwin, Lyell and the Geological Significance of Coral Reefs', *British Journal for the History of Science* 9 (1976), 199–218. The following discussion of coral reef science up to Dana also draws on David R. Stoddart, '"This Coral Episode": Darwin, Dana and the Coral Reefs of the Pacific', in Roy MacLeod and Philip F. Rehbock, eds. *Darwin's Laboratory: Evolutionary Theory and Natural History in the Pacific* (Honolulu, 1994), pp. 21–48.
31. J. R. Forster, *Observations Made during a Voyage Round the World* (London, 1778), p. 145.
32. Forster, *Observations*, p. 159.
33. Charles Darwin to W. D. Fox, [7–11] March 1835, Christ's College Library, Cambridge, Fox 47, in *The Correspondence of Charles Darwin*, gen. eds. Frederick Burkhardt and Sydney Smith, 19 vols. to date (Cambridge, 1985–), I, p. 433.

34. Charles Darwin to Charles Lyell, 19(?) December 1837, American Philosophical Society, Philadelphia, APS 9, in *The Correspondence of Charles Darwin*, II, p. 65.
35. Charles Darwin to Caroline Darwin, 29 April 1836, Cambridge University Library, CUL: DAR 223:34, in *The Correspondence of Charles Darwin*, I, p. 495.
36. This draws on a short essay by Frederick Burkhardt, 'Darwin's Early Notes on Coral Reefs', republished online as 'Darwin & Coral Reefs', Darwin Correspondence Project, http://www.darwinproject.ac.uk/darwin-coral-reefs, accessed 13 February 2013.
37. Charles Darwin, 'Recollections of the Development of my Mind and Character', Cambridge University Library, CUL: DAR 26.1–121, p. 76.
38. Charles Darwin, *Charles Darwin's Beagle Diary*, ed. Richard Darwin Keynes (Cambridge, 1988), p. 418 (entry for 12 April 1836).
39. Charles Darwin, *Journal and Remarks, 1832–1836*, in Robert FitzRoy and Darwin, *Narrative of the Surveying Voyages of His Majesty's Ships Adventure and Beagle, Between the Years 1826 and 1836*, 4 vols (London, 1839), III, p. 569.
40. Charles Darwin to Charles Lyell, 16 June 1856, American Philosophical Society, AP 131, in *The Correspondence of Charles Darwin*, VI, p. 144. For Darwin on missing continents, see E. Alison Kay, 'Darwin's Biogeography and the Oceanic Islands of the Central Pacific, 1859–1909', in MacLeod and Rehbock, eds. *Darwin's Laboratory*, pp. 49–69.
41. Katharine Anderson, 'Coral Jewellery', *Victorian Review* 34 (2008), 47–52.
42. Janet Browne, 'Missionaries and the Human Mind: Charles Darwin and Robert FitzRoy', in MacLeod and Rehbock, eds. *Darwin's Laboratory*, pp. 263–82.
43. Robert FitzRoy and Charles Darwin, 'A Letter, Containing Remarks on the Moral State of Tahiti, New Zealand, &c.' (28 June 1836), in *Charles Darwin's Shorter Publications, 1829–1883*, ed. John van Wyhe (Cambridge, 2009), pp. 15–31.
44. Sujit Sivasundaram, *Nature and the Godly Empire: Science and Evangelical Mission in the Pacific, 1795–1850* (Cambridge, 2005).
45. John Williams, *A Narrative of Missionary Enterprises in the South Sea Islands* (London, 1837), p. 25
46. Williams, *Narrative of Missionary Enterprises*, p. 76.
47. The summary of Dana draws on Stoddart, '"This Coral Episode"'; see also David Igler, 'On Coral Reefs, Volcanoes, Gods, and Patriotic Geology: Or, James Dwight Dana Assembles the Pacific Basin', *Pacific Historical Review* 79 (2010), 23–49.
48. James Dwight Dana, 'Plan of Development in the Geological History of North America with a Map', republished in Dana, *Science and the Bible: A Review of "The Six Days of Creation" of Prof. Tayler Lewis* (Andover, MA, 1856), pp. 4–5.

49. Dana, 'Plan of Development', p. 5.
50. Roy MacLeod, 'Imperial Reflections in the Southern Seas: The Funafuti Expeditions, 1896–1904', in MacLeod and Philip F. Rehbock, eds., *Nature in its Greatest Extent: Western Science in the Pacific* (Honolulu, 1988), pp. 159–94.
51. MacLeod, 'Imperial Reflections'.
52. For more on the context for nuclear test explosions in the Pacific, see Mark D. Merlin and Ricardo M. Gonzàlez, 'Environmental Impacts of Nuclear Testing in Remote Oceania, 1946–1996', in J. R. McNeill and Corinna R. Unger, eds., *Environmental Histories of the Cold War* (Cambridge, 2010), pp. 167–202; see also Ryan Tucker Jones, 'The Environment', ch. 6 in this volume.
53. This is to quote the award-winning journalist who researches and writes on this topic, Beverly Deepe Keever, 'Un-Remembered Origins of "Nuclear Holocaust": World's First Thermonuclear Explosion, November 1, 1952' originally published by *Honolulu Weekly,* now online at: www.wagingpeace.org/articles/2004/05/24_keever_origins-nuclear-holocaust.htm, accessed 15 August 2012.
54. Richard N. Salvador, 'The Nuclear History of Micronesia and the Pacific' online at: www.wagingpeace.org/articles/1999/08/00_salvador_micronesia.htm, accessed 15 August 2012.
55. See Keever, 'Un-Remembered Origins'.
56. This is the argument of Scott Kirsch, 'Watching the Bombs Go Off: Photography, Nuclear Landscapes and Spectator Democracy', *Antipode* 29 (1997), 227–55.
57. For some thought on this see Peggy Rosenthal, 'The Nuclear Mushroom Cloud as Cultural Image', *American Literary History* 3 (1991), 63–92.
58. For a very valuable overview of the changing idea of coral reefs in science from 'mysterious, powerful and resilient' to 'fragile', see Alistair Sponsel, 'From Cook to Cousteau: The Many Lives of Coral Reefs', in John Gillis and Franziska Torma, eds., *Fluid Frontiers: Exploring Oceans, Islands, and Coastal Environments* (forthcoming).
59. T. P. Hughes, et al. 'Climate Change, Human Impacts and the Resilience of Coral Reefs', *Science* 301 (2003), 930.
60. Karen Elizabeth McNamara and Chris Gibson, '"We do not want to leave our land": Pacific Ambassadors at the United Nations Resist the Category of "Climate Refugees"', *Geoforum* 40 (2009), 478; Carol Farbotko and Heather Lazrus, 'The First Climate Refugees? Contesting Global Narratives of Climate Change in Tuvalu', *Global Environmental Change* 22 (2012), 382–90.
61. Quoted in McNamara and Gibson, '"We do not want to leave our land"', 481.
62. For treatment of the Caribbean along these lines, see Richard Drayton, 'Maritime Networks and the Making of Knowledge', in David Cannadine, ed., *Empire, the Sea and Global History: Britain's Maritime World, c. 1760–c. 1840* (Basingstoke, 2007), pp. 72–82.

第十一章

1. Harilanto Razafindrazaka, et al., 'Complete Mitochondrial DNA Sequences Provide New Insights into the Polynesian Motif and the Peopling of Madagascar', *European Journal of Human Genetics* 18 (2010), 575–81; Atholl Anderson, 'Subpolar Settlement in South Polynesia', *Antiquity* 79 (2005), 791–800; Alice A. Storey, et al., 'Pre-Columbian Chickens, Dates, Isotopes, and mtDNA', *Proceedings of the National Academy of Sciences of the United States of America* 105, 48 (December 2008), E99.
2. For example, Bronwen Douglas, 'Slippery Word, Ambiguous Praxis: "Race" and Late-18th-Century Voyagers in Oceania', *Journal of Pacific History* 41 (2006), 1–29.
3. Miriam Eliav-Feldon, Benjamin Isaac and Joseph Ziegler, 'Introduction', in Eliav-Feldon, Isaac and Ziegler, eds., *The Origins of Racism in the West* (Cambridge, 2009), pp. 1–31.
4. Joanne Rappaport, '"Asi lo paresçe por su aspeto": Physiognomy and the Construction of Difference in Colonial Bogotá', *Hispanic American Historical Review* 91 (2011), 601–31.
5. James Belich, 'Myth, Race, and Identity in New Zealand', *New Zealand Journal of History* 31 (1997), 9–22.
6. Peter C. Perdue, 'Nature and Nurture on Imperial China's Frontiers', *Modern Asian Studies* 43 (2009), 254. Also see Mu-chou Poo, *Enemies of Civilization: Attitudes towards Foreigners in Ancient Mesopotamia, Egypt and China* (Albany, NY, 2005).
7. S. B. Miles, 'Imperial Discourse, Regional Elite, and Local Landscape on the South China Frontier, 1577–1722', *Journal of Early Modern History* 12 (2008), 99–136.
8. Charles Patterson Giersch, *Asian Borderlands: The Transformation of Qing China's Yunnan Frontier* (Cambridge, MA, 2006).
9. Luke Clossey, 'Merchants, Migrants, Missionaries, and Globalization in the Early-Modern Pacific', *Journal of Global History* 1 (2006), 41–58.
10. Adam McKeown, 'Global Migration, 1846–1940', *Journal of World History* 15 (2004), 156–60.
11. James Reardon-Anderson, *Reluctant Pioneers: China's Expansion Northward, 1644–1937* (Stanford, CA, 2005), p. 98.
12. Hugh R. Clark, 'Frontier Discourse and China's Maritime Frontier: China's Frontiers and the Encounter with the Sea through Early Imperial History', *Journal of World History* 20 (2009), 1–33.
13. John L. Cranmer-Byng and John E. Wills, Jr., 'Trade and Diplomacy with Maritime Europe, 1644–c.1800', in Wills, ed., *China and Maritime*

Europe, 1500–1800: Trade, Settlement, Diplomacy, and Missions (Cambridge, 2011), p. 191.
14. Clossey, 'Merchants, Migrants, Missionaries'.
15. William B. Cohen, *The French Encounter with Africans: White Responses to Blacks, 1530–1880* (Bloomington, IN, 1980), p. 83.
16. Paracelsus, quoted in Annemarie de Waal Malefijt, *Images of Man: A History of Anthropological Thought* (New York, 1974), p. 42.
17. Michael Banton, *The Idea of Race* (London, 1977); Banton, *Racial Theories* (Cambridge, 1987).
18. See, for example, Kay Anderson and Colin Perrin, 'How Race Became Everything: Australia and Polygenism', *Ethnic and Racial Studies* 31 (2008), 962–90.
19. *Sydney Morning Herald* (11 April 1860, 17 April 1860), quoting the *Times* and the *Daily News*.
20. John Savage, *Some Account of New Zealand; Particularly the Bay of Islands, and Surrounding Country* (London, 1807), pp. 88–90.
21. Edward Markham, *New Zealand or Recollections of It*, ed. E. H. McCormick (Wellington, NZ, 1963), p. 83.
22. A. S. Atkinson, Journal, 5 June 1863, in Guy H. Scholefield, ed., *The Richmond–Atkinson Papers*, 2 vols. (Wellington, NZ, 1960), II, p. 49.
23. Edward Tregear, *The Aryan Maori* (Wellington, NZ, 1885); *El Reno Democrat* (23 April 1892), quoted in B. H. Johnson, 'Booster Attitudes of Some Newspapers in Oklahoma Territory – "The Land of the Fair God"', *Chronicles of Oklahoma* 43 (1965), 242–64; Tony Ballantyne, *Orientalism and Race: Aryanism in the British Empire* (Basingstoke, 2002).
24. Bronwen Douglas, '*Terra Australis* to Oceania: Racial Geography in the "Fifth Part of the World"', *Journal of Pacific History* 45 (2010), 179–210.
25. Serge Tcherkézoff, 'A Long and Unfortunate Voyage Towards the "Invention" of the Melanesia/Polynesia Distinction 1595–1832', trans. Isabel Ollivier, *Journal of Pacific History* 38 (2003), 175–96.
26. *The Voyages of Pedro Fernandez de Quiros, 1595–1606*, ed. Clements Markham (London, 1904), p. 27.
27. Russell R. Menard, *Sweet Negotiations: Sugar, Slavery, and Plantation Agriculture in Early Barbados* (Charlottesville, 2006), p. 119.
28. Anthony Pagden, 'The Peopling of the New World: Ethnos, Race and Empire in the Early-Modern World', in Eliav-Feldon, Isaac and Ziegler, eds., *Origins of Racism in the West*, p. 298.
29. C. J. Jaenen and D. Standen, 'Regeneration or Degeneration? Some French Views of the Effects of Colonization', *Proceedings of the Annual Meeting of the French Colonial Historical Society* 20 (1994), 1–10.
30. Arthur Thomson, *The Story of New Zealand: Past and Present – Savage and Civilized*, 2 vols. (London, 1859), II, p. 309.

31. Roderich Ptak, 'The Demography of Old Macao, 1555–1640', *Ming Studies* 15 (1982), 27–35.
32. Toby Green, *The Rise of the Trans-Atlantic Slave Trade in Western Africa, 1300–1589* (Cambridge, 2012).
33. Massimo Livi Bacci, *Conquest: The Destruction of the American Indios* (Cambridge, 2008), p. 17; George M. Fredrickson, 'Mulattoes and Métis: Attitudes Toward Miscegenation in the United States and France Since the Seventeenth Century', *International Social Science Journal* 57 (2005), 103–12.
34. On Siberia see Anna Reid, *The Shaman's Coat: A Native History of Siberia* (London, 2002); Yuri Slezkine, 'The Sovereign's Foreigners: Classifying the Native Peoples in Seventeenth-Century Siberia', *Russian History* 19 (1992), 475–85; on Alaska, Andrei V. Grinev, 'A Fifth Column in Alaska: Native Collaborators in Russian America', trans. Richard L. Bland, *Alaska History* 22 (2007), 1–21; Gwenn A. Miller, *Kodiak Kreol: Communities of Empire in Early Russian America* (Ithaca, NY, 2010).
35. María Elena Martínez, *Genealogical Fictions: Limpieza de Sangre, Religion, and Gender in Colonial Mexico* (Stanford, 2008).
36. Peter B. Villella, '"Pure and Noble Indians, Untainted by Inferior Idolatrous Races": Native Elites and the Discourse of Blood Purity in Late Colonial Mexico', *Hispanic American Historical Review* 91 (2011), 633–63.
37. P. J. Bakewell, *A History of Latin America: Empires and Sequels 1450–1930* (Oxford, 1997), p. 298.
38. Rappaport, "Asi lo paresçe por su aspeto".
39. Ibid., 604.
40. Alexandra Minna Stern, 'Eugenics and Racial Classification', in Ilona Katzew and Susan Deans-Smith, eds., *Race and Classification: The Case of Mexican America* (Stanford, 2009), p. 152.
41. Nicolás Palacios, *Raza chilena: libro escrito por un chileno i para los chilenos* (Valparaiso, 1904), p. 4, quoted in Michela Coletta, 'The Role of Degeneration Theory in Spanish American Public Discourse at the *Fin de Siècle*: *Raza Latina* and Immigration in Chile and Argentina', *Bulletin of Latin American Research* 30 (2011), 97–8.
42. Richard Whately, 'On the Origin of Civilisation', in Whately, *Miscellaneous Lectures and Reviews* (London, 1861), p. 35.
43. Peter Buck (Te Rangi Hīroa), in M. P. K. Sorrenson, ed., *Na to hoa aroha = From Your Dear Friend: The Correspondence between Sir Apirana Ngata and Te Rangi Hīroa, 1925–50*, 3 vols (Auckland, 1986–88), II, p. 78.
44. New Caledonia's neo-French grew into a substantial minority, but except for convicts did not supply much manual labour. See Alice Bullard, '"Becoming Savage?": The First Step toward Civilization and the Practices of Intransigence in New Caledonia', *History and Anthropology* 10 (1998), 319–74, and David A. Chappell, 'Frontier Ethnogenesis: The

Case of New Caledonia', *Journal of World History* 4 (1993), 307–24.
45. M. Magliari, 'Free Soil, Unfree Labor: Cave Johnson Couts and the Binding of Indian Workers in California, 1850–1867', *Pacific Historical Review* 73 (2004), 349–90.
46. In New Zealand a commission of inquiry in 1871 favoured Chinese migration, as did a US–Chinese treaty in 1868, while the Australian colonies repealed their restrictions on it between 1861 and 1867.
47. Eva-Maria Stolberg, 'The Siberian Frontier between "White Mission" and "Yellow Peril", 1890s–1920s', *Nationalities Papers* 32 (2004), 165–81.
48. W. E. Griffis, quoted in Morris Low, 'The Japanese Nation in Evolution: W. E. Griffis, Hybridity and the Whiteness of the Japanese Race', *History and Anthropology* 11 (1999), 203–34.
49. Hiroshi Unoura, 'Samurai Darwinism: Hiroyuki Katō and the Reception of Darwin's Theory in Modern Japan from the 1880s to the 1900s', *History and Anthropology* 11 (1999), 235–55; Ken Ishida, 'Racisms Compared: Fascist Italy and Ultra-Nationalist Japan', *Journal of Modern Italian Studies* 7 (2002), 380–91.
50. Mariko Asano Tamanoi, 'Introduction', in Tamanoi, ed., *Crossed Histories: Manchuria in the Age of Empire* (Honolulu, 2005), p. 9. Also see Yoshihisa Tak Matsusaka, *The Making of Japanese Manchuria, 1904–1932* (Cambridge, MA, 2001); Sandra Wilson, 'The "New Paradise": Japanese Emigration to Manchuria in the 1930s and 1940s', *International History Review* 17 (1995), 249–86; R. M. Myers and M. R. Peattie, eds., *The Japanese Colonial Empire, 1895–1945* (Princeton, 1984).
51. Nicholas Hudson, 'From "Nation" to "Race": The Origin of Racial Classification in Eighteenth-Century Thought', *Eighteenth-Century Studies* 29 (1996), 247–64.
52. Charles Price, *The Great White Walls are Built: Restrictive Immigration to North America and Australasia, 1836–1888* (Canberra, 1974).
53. For example, Matthew Jordan, 'Rewriting Australia's Racist Past: How Historians (Mis)Interpret the "White Australia" Policy', *History Compass* 3 (2005), 1–32; Daniel Gorman, 'Wider and Wider Still? Racial Politics, Intra-Imperial Immigration, and the Absence of an Imperial Citizenship in the British Empire', *Journal of Colonialism and Colonial History* 3, 3 (2002), 1–24.

第十二章

1. Charles Darwin, quoted in F. W. Nicholas and J. M. Nicholas, *Charles Darwin in Australia* (Cambridge, 2002), p. 97.
2. Lyndall Ryan, *Tasmanian Aborigines: A History Since 1803* (Sydney, 2012), p. 197.
3. Ryan, *Tasmanian Aborigines*, pp. 268–70.
4. Bernard Smith, *The Spectre of Truganini* (Sydney, 1980).
5. Vivienne Rae Ellis, *Trucanini: Queen or Traitor?* (Canberra 1981).
6. Lyndall Ryan and Neil Smith, 'Trugernanner (Truganini) (1812?–1876)', *Australian Dictionary of Biography*, 18 vols (Melbourne, 1966–2007), VI, p. 305.
7. Vivian Lee Nyitray 'Confucian Complexities: China, Japan, Korea and Vietnam', in Teresa A. Meade and Merry E. Wiesner-Hanks, eds., *A Companion to Gender History* (Oxford, 2006), pp. 281–2.
8. Barbara Watson Andaya, 'Gender History, Southeast Asia and the "World Regions" Framework', in Meade and Wiesner-Hanks, eds., *A Companion to Gender History*, p. 324.
9. *The Qianlong Emperor's Edict on the Occasion of Lord Macartney's Mission to China* (September 1793): http://afe.easia.columbia.edu/ps/china/qianlong_edicts.pdf, accessed 30 January 2013.
10. Gail Hershatter, 'State of the Field: Women in China's Long Twentieth Century', *The Journal of Asian Studies* 63 (2004), 992.
11. Gail Hershatter and Wang Zheng, 'Chinese History: A Useful Category of Gender Analysis', *American Historical Review* 113 (2008), 1404–21.
12. Patty O'Brien, *The Pacific Muse: Exotic Femininity and the Colonial Pacific* (Seattle, 2006).
13. Margaret Mead, *Coming of Age in Samoa: A Psychological Study of Primitive Youth for Western Civilization* (New York, 1928); Mead, *Growing Up in New Guinea: A Comparative Study of Primitive Education* (London, 1931); Mead, *From the South Seas: Studies of Adolescence and Sex in Primitive Societies* (New York, 1939); Derek Freeman, *Margaret Mead and Samoa: The Making and Unmaking of an Anthropological Myth* (Cambridge, MA, 1983).
14. Bronisław Malinowski, *The Sexual Life of Savages in North-Western Melanesia: An Ethnographic Account of Courtship, Marriage, and Family Life among the Natives of the Trobriand Islands, British New Guinea* (London, 1929).
15. Gananath Obeyesekere, *The Apotheosis of Captain Cook: European Mythmaking in the Pacific* (Princeton, 1992); Marshall Sahlins, *How 'Natives' Think: About Captain Cook, For Example* (Chicago, 1995).
16. Bernard Smith, *European Vision and the South Pacific* (Oxford, 1960).

17. See, for example, Bernard Smith, *Imagining the Pacific: In the Wake of Cook* (Melbourne, 1992); Teresia Teaiwa, 'Bikinis and other S/pacific N/oceans', *The Contemporary Pacific* 6 (1994), 87–109; Haunani-Kay Trask, *From a Native Daughter: Colonialism and Sovereignty in Hawai'i* (Honolulu, 2012).
18. O'Brien, *The Pacific Muse*, pp. 109–10; Noelani Arista, 'Captive Women in Paradise 1796–1826: The *Kapu* on Prostitution in Hawaiian Historical Legal Context', *American Indian Culture and Research Journal* 35 (2011), 39–55.
19. Patricia O'Brien, 'Think of Me as a Woman: Queen Pomare of Tahiti and Anglo-French Imperial Contest in the 1840s Pacific', *Gender and History* 18 (2006), 108–29; Viviane Fayaud, 'A Tahitian Woman in Majesty: French Images of Queen Pomare', *History Australia* 3 (2006), 121–6; O'Brien, *The Pacific Muse*, pp. 209–10.
20. *Mandated Territory of Western Samoa Tenth Report of the Government of New Zealand on the Administration for the Year ended the 31st March 1930* (Wellington, NZ, 1930), p. 5; Faamu Faumuina, Paisami Tuimalealiifano and Ala Tamasese to the Administrator of Western Samoa, 10 September 1930, Archives New Zealand, IT1 41 EX1/23/8, part 19.
21. Michael King, *Whina: A Biography of Whina Cooper* (Auckland, NZ, 1983), pp. 8, 216.
22. O'Brien, *The Pacific Muse,* pp. 115–64; Jean Gelman Taylor, *The Social World of Batavia: European and Eurasian in Dutch Asia* (Madison, WI, 1983); Ann Laura Stoler, *Race and the Education of Desire: Foucault's History of Sexuality and the Colonial Order of Things* (Durham, NC, 1995).
23. Damon Salesa, *Racial Crossings: Race, Intermarriage, and the Victorian British Empire* (Oxford, 2011).
24. Patricia Grimshaw and Helen Morton, 'Theorizing Māori Women's Lives: Paradoxes of the White Male Gaze', in Robert Borofsky, ed., *Remembrance of Pacific Pasts: An Invitation to Remake History* (Honolulu, 2000), pp. 269–86; Patricia Grimshaw, 'Interracial Marriages and Colonial Regimes in Victoria and Aotearoa/New Zealand', *Frontiers: A Journal of Women Studies* 23 (2002), 12–28.
25. Caroline Ralston, *Grass Huts and Warehouses: Pacific Beach Communities of the Nineteenth Century* (Canberra, 1977), pp. 20, 137–8.
26. Amirah Inglis, *Not a White Woman Safe: Sexual Anxiety and Politics in Port Moresby 1920–1934* (Canberra, 1974), pp. 12–20.
27. A. E. Wisdom to J. G. McLaren, 9 July 1924, cited in Roger C. Thompson, 'Making a Mandate: Australia's New Guinea Policies 1919–1925', *Journal of Pacific History* 25 (1990), 74–5.
28. Ann McGrath, *Born in the Cattle: Aborigines in Cattle Country* (Sydney, 1987).
29. Ann Laura Stoler, *Carnal Knowledge and Imperial Power: Race and the Intimate in Colonial Rule* (Berkeley, 2002).

30. Margaret Tucker, *If Everyone Cared* (Sydney, 1977); Glenyse Ward, *Unna You Fullas* (Broome, 1991); Doris Pilkington (Nugi Garimara), *Follow the Rabbit Proof Fence* (St Lucia, Qld., 1996).
31. Victoria Haskins, *One Bright Spot* (New York, 2005).
32. George Brian Souza, *The Survival of Empire: Portuguese Trade and Society in China and the South China Sea, 1630–1754* (Cambridge, 1986), p. 14.
33. O'Brien, *The Pacific Muse*, pp. 22–3.
34. Miriam Estensen, *Terra Australis Incognita: The Spanish Quest for the Mysterious Great South Land* (Sydney, 2006), p. 15.
35. Claudia Knapman, *White Women in Fiji 1835–1930: The Ruin of Empire?* (Sydney, 1986), pp. 4–9; John Young, 'Race and Sex in Fiji Re-Visited', *Journal of Pacific History*, 23 (1988), 214–22.
36. Jane Haggis, 'Gendering Colonialism or Colonizing Gender?', *Women's Studies International Forum* 13 (1990), 111–12.
37. James Belich, *Replenishing the Earth: The Settler Revolution and the Rise of the Anglo-World, 1783–1939* (Oxford, 2009).
38. Joy Damousi, *Depraved and Disorderly: Female Convicts Sexuality and Gender in Colonial Australia* (Cambridge, 1997).
39. Marilyn Lake, 'Frontier Feminism and the Marauding White Man', *Journal of Australian Studies* 20 (1996), 12–20.
40. Marilyn Lake and Henry Reynolds, *Drawing the Global Colour Line: White Men's Countries and the International Challenge of Racial Equality* (Cambridge, 2008).
41. Wang Qingshu, 'The History and Current Status of Chinese Women's Participation in Politics', in Shirley Mow, Tao Jie and Zheng Bijun, eds., *Holding Up Half the Sky: Chinese Women Past, Present and Future* (New York, 2004), pp. 93–5.
42. Compare Adam McKeown, 'Movement', ch. 7 in this volume.
43. See Geoffrey Dutton, *White on Black: The Australian Aborigine Portrayed in Art* (Melbourne, Vic., 1974), plate 147.
44. O'Brien, *The Pacific Muse*, pp. 227–8.
45. *Fukuzawa Yukichi on Japanese Women: Selected Works*, ed. Eiichi Kiyooka (Tokyo, 1988); Martha Tocco, 'Made in Japan: Meiji Women's Education', in Barbara Molony and Kathleen Uno, eds., *Gendering Modern Japanese History* (Cambridge MA, 2005), p. 39.
46. Jun Uchida, *Brokers of Empire: Japanese Settler Colonialism in Korea, 1876–1945* (Cambridge, MA, 2011), pp. 375–6.
47. Elisa Camiscioli, *Reproducing the French Race: Immigration, Intimacy and Embodiment in the Early Twentieth Century* (Durham, NC, 2009).
48. Compare Akira Iriye, 'A Pacific Century?', ch. 5 in this volume.
49. Kathy E. Ferguson and Monique Mionesco, eds., *Gender and Globalization in Asia and the Pacific: Method, Practice, Theory* (Honolulu, 2008).

第十三章

1. Jean-Pierre Gomane, et al., eds., *Le Pacifique: 'nouveau centre du monde'* (Paris, 1983).
2. Robert Aldrich, 'Rediscovering the Pacific: A Critique of French Geopolitical Analysis', *Journal de la Société des Océanistes* 87 (1989), 57–71; Aldrich, 'Le Lobby colonial de l'Océanie française', *Revue Française d'Histoire d'Outre-Mer* 76 (1989), 411–24.
3. Paul W. Blank, 'The Pacific: A Mediterranean in the Making?', *The Geographical Review* 89 (1999), 265–77.
4. Chris Dixon and David Drakakis-Smith, 'The Pacific Asian Region: Myth or Reality?', *Geografiska Annaler* 77 (1995), 75–91.
5. Lisa Ford, 'Law', ch. 10 in this volume.
6. Peter K. Bol, *Neo-Confucianism in History* (Cambridge, MA, 2008), pp. 144–52.
7. David C. Kang, *East Asia before the West: Five Centuries of Trade and Tribute* (New York, 2010), esp. chs 2, 4.
8. Milton Osborne, *Southeast Asia: An Introductory History* (Sydney, 1995), ch. 3.
9. O. W. Wolters, *History, Culture and Region in Southeast Asian Perspectives*, rev. edn (Ithaca, NY, 1999), p. 117.
10. Anthony Milner, *The Malays* (Oxford, 2011), esp. ch. 3.
11. Clifford Geertz, *Negara: The Theatre-State in Nineteenth-Century Bali* (Princeton, 1980).
12. Douglas L. Oliver, *Oceania: The Native Cultures of Australia and the Pacific Islands* (Honolulu, 1989).
13. James C. Scott, *The Art of Not Being Governed: An Anarchist History of Upland Southeast Asia* (New Haven, 2010).
14. Adam McKeown, 'Movement', ch. 7 in this volume; see also McKeown, *Melancholy Order: Asian Migration and the Globalization of Borders* (New York, 2008).
15. See Colin Newbury, *Patrons, Clients and Empire: Chieftaincy and Over-Rule in Asia, Africa, and the Pacific* (Oxford, 2003).
16. Takashi Fujitani, *Splendid Monarchy: Power and Pageantry in Modern Japan* (Berkeley, 1998).
17. See Deryck M. Schreuder and Stuart Ward, eds., *Australia's Empire* (Oxford, 2008).
18. Albert Métin, *Le socialisme sans doctrines: la question agraire et la question ouvrière en Australie et Nouvelle-Zéland* (Paris, 1901).
19. James Belich, 'Race', and Patricia O'Brien, 'Gender', chs 12 and 13 in this volume.

20. Benedict Anderson, *Under Three Flags: Anarchism and the Anti-Colonial Imagination* (London, 2008).
21. Pankaj Mishra, *From the Ruins of Empire: The Revolt Against the West and the Remaking of Asia* (London, 2012), p. 1.
22. Quoted in Mishra, *From the Ruins of Empire*, p. 221.
23. Mishra, *From the Ruins of Empire*, p. 8; Akira Iriye, 'A Pacific Century?', ch. 5 in this volume.
24. Peter Zarrow, *After Empire: The Conceptual Transformation of the Chinese State, 1885–1924* (Stanford, 2012).
25. Erez Manela, *The Wilsonian Moment: Self-Determination and the International Origins of Anticolonial Nationalism* (Oxford, 2007).
26. Kamisese Mara, *The Pacific Way: A Memoir* (Honolulu, 1997).
27. Bronwen Douglas, 'Religion', ch. 9 in this volume.

后　记

1. Paul W. Blank and Fred Spier, eds., *Defining the Pacific: Opportunities and Constraints* (Aldershot, 2002); Donald Freeman, *The Pacific* (London, 2010); Matt K. Matsuda, *Pacific Worlds: A History of Seas, Peoples, and Cultures* (Cambridge, 2012).
2. David Armitage and Michael J. Braddick, eds., *The British Atlantic World, 1500–1800*, 2nd edn (Basingstoke, 2009); Armitage and Alison Bashford, 'Introduction: The Pacific and its Histories', ch. 1 in this volume; Karen Ordahl Kupperman, *The Atlantic in World History* (New York, 2012).
3. See also Arif Dirlik and Rob Wilson, eds., *Asia-Pacific as Space of Cultural Production* (Durham, NC, 1996); Greg Dening, *Performances* (Chicago, 1996); Hans K. Van Tilburg, *Chinese Junks on the Pacific: Views from a Different Deck* (Gainesville, 2007).
4. Ryan Tucker Jones, 'The Environment', ch. 6 in this volume; see also J. R. McNeill, ed., *Environmental History in the Pacific World* (Ashgate, 2001).
5. Albert Wendt, *Inside Us the Dead: Poems, 1961–1974* (Auckland, NZ, 1976).
6. Damon Salesa, 'The Pacific in Indigenous Time', ch. 2 in this volume; compare Salesa, 'Remembering Samoan History', in Tamasa'ilau Suaalii-Sauni, I'uogafa Tuagalu, Tofilau Nina Kirifi-Alai and Naomi Fuamatu, eds., *Su'esu'e Manogi—In Search of Fragrance: Tui Atua Tupua Tamasese Ta'isi and the Samoan Indigenous Reference* (Apia, 2008), pp. 215–28.
7. Akira Iriye, 'A Pacific Century?', ch. 5 in this volume; see also Iriye, *Global and Transnational History: Past, Present, and Future* (Basingstoke, 2013).
8. Joyce E. Chaplin, 'The Pacific before Empire, *c*.1500–1800', ch. 3 in this volume; see also Chaplin, *Round About the Earth: Circumnavigation from Magellan to Orbit* (New York, 2012).
9. Nicholas Thomas, 'The Pacific in the Age of Empire', ch. 4 in this volume; see also Thomas, *Islanders: The Pacific in the Age of Empire* (New Haven, 2010).
10. Bronwen Douglas, 'Religion', ch. 9 in this volume; compare Douglas, 'From Invisible Christians to Gothic Theatre: The Romance of the Millennial in Melanesian Anthropology', *Current Anthropology* 42 (2001), 615–50; Douglas, *Science, Voyages and Encounters in Oceania, 1511–1850* (Basingstoke, 2014).
11. Sujit Sivasundaram, 'Science', ch. 11 in this volume; see also Sivasundaram, *Nature and the Godly Empire: Science and Evangelical Mission in the Pacific, 1795–1850* (Cambridge, 2005).
12. Robert Aldrich, 'Politics', ch. 14 in this volume; compare Aldrich, *Greater France: A History of French Overseas Expansion* (Basingstoke, 1996); Aldrich, ed., *The Age of Empires* (London, 2007).

13. Lisa Ford, 'Law', ch. 10 in this volume; see also Ford, *Settler Sovereignty: Jurisdiction and Indigenous Peoples in America and Australia, 1788–1836* (Cambridge, MA, 2010).
14. Adam McKeown, 'Movement', ch. 7 in this volume; compare McKeown, *Chinese Migrant Networks and Cultural Change: Peru, Chicago, Hawaii, 1900–1936* (Chicago, 2001).
15. Kaoru Sugihara, 'The Economy Since 1800', ch. 8 in this volume; compare Sugihara, ed., *Japan, China and the Growth of the Asian International Economy, 1850–1949* (Oxford 2005); Sugihara, 'Oceanic Trade and Global Development, 1500–1995', in Sølvi Sogner, ed., *Making Sense of Global History: The 19th International Congress of the Historical Sciences Oslo 2000 Commemorative Volume* (Oslo, 2001), pp. 55–70.
16. Patricia O'Brien, 'Gender', ch. 13 in this volume; see also Lenore Manderson and Margaret Jolly, eds., *Sites of Desire, Economies of Pleasure: Sexualities in Asia and the Pacific* (Chicago, 1997); Jolly, 'Women of the East, Women of the West: Region and Race, Gender and Sexuality on Cook's Voyages', in Kate Fullagar, ed., *The Atlantic World in the Antipodes: Effects and Transformations since the Eighteenth Century* (Newcastle upon Tyne, 2012), pp. 2–32.
17. James Belich, 'Race', ch. 12 in this volume; compare Belich, *The New Zealand Wars and the Victorian Interpretation of Racial Conflict* (Auckland, NZ, 1986); Belich, *Making Peoples: A History of the New Zealanders: From Polynesian Settlement to the End of the Nineteenth Century* (Auckland, NZ, 1996).
18. See, for example, Ryan Tucker Jones, 'A "Havock Made among Them": Island Biogeography, Empire, and Environmentalism in the Russian North Pacific, 1741–1810', *Environmental History* 16 (2011), 585–609; David Igler, *The Great Ocean: Pacific Worlds from Captain Cook to the Gold Rush* (Oxford, 2013); Tonio Andrade, *How Taiwan Became Chinese: Dutch, Spanish, and Han Colonization in the Seventeenth Century* (New York, 2008); Andrade, *Lost Colony: The Untold Story of China's First Great Victory over the West* (Princeton, 2011); Rainer Buschmann, *Defending the Spanish Lake: Iberian Visions of the Pacific Ocean, 1507–1899* (Basingstoke, 2014).
19. For example, Ryan Tucker Jones, 'Running into Whales: The History of the North Pacific from Below the Waves', *American Historical Review* 118 (2013), 349–77; Shankar Aswani, 'Socioecological Approaches for Combining Ecosystem-Based and Customary Management in Oceania', *Journal of Marine Biology* 2011 (2011), 1–13.